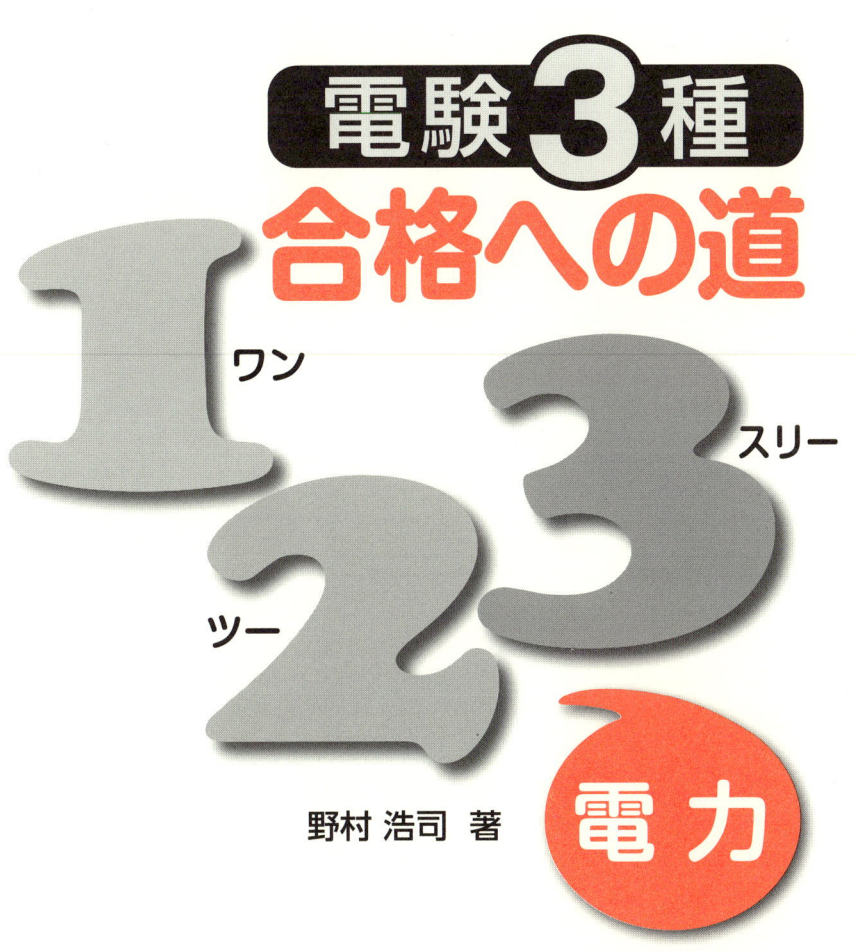

電験3種
合格への道

1 ワン
2 ツー
3 スリー

電力

野村 浩司 著

電気書院

はじめに

　電験3種「電力」科目に合格するには，水力・汽力・原子力発電，自然エネルギー発電，変電所，送電・地中線路，配電線路および電気材料に関する項目について幅広い知識が必要となります．

　学習する範囲が広く，何から手を付ければよいか少し心配になります．そこで本書は，初めて電験3種を受験される受験生を対象としていますので，過去に出題された問題の傾向を分析し，出題頻度の多い項目と重要と思われる項目に絞り，Lesson 名で表しています．

　各 Lesson は，基礎的内容を STEP1 で，応用的内容を STEP2 で解説し，STEP 毎の練習問題で理解度を確認しています．なお，STEP1，STEP2 の練習問題は「A問題」レベル，STEP3 の総合問題は「B問題」レベルを選定し，力だめしに使用してください．

　本書の特徴は，各 STEP の解説において，専門用語にはルビをふり，説明文を理解しやすいように図を多く掲載し，重要な記述には朱記で表し，添付の赤色シートを利用して重要ポイントをチェックしながら学習できます．また，各種装置，機器には，英記号と英語記述を括弧書き（　）で表しました．

　計算問題においては，計算過程を極力簡略せずに詳細に表し，理解しやすいようにしました．

　「電力」科目の設備，装置の仕組み，概要を更に理解するには，本書を片手にして，発電所，変電所，送電・地中線路および配電線路を実際に目で見ることが大切と思います．そのため，電力会社の電力館，発変電所等の見学をお勧めします．

　最後に，本書を活用いただき，受験生の皆さんが電験3種の栄誉を手に入れられることを祈念いたします．

平成 25 年 8 月　　　　　　　　　　　　　　　　　　　　　　　野村浩司

本書の特長

本書は，はじめて電験を受験される方など初学者向けのテキストです．「電力」に含まれる内容を，9のテーマ，9章に大別し，各章をいくつかのLessonに分けました．さらに，各Lessonのなかを次のように構成しています．

- **STEP0　事前に知っておくべき事項**

その Lesson を勉強するにあたって，知っておいた方がよい予備知識を簡単にまとめています．Lesson の勉強の最初にご一読ください．

- **覚えるべき重要ポイント**

その Lesson での特に重要な事項，覚えるべき重要なポイントをまとめています．STEP1，STEP2 の学習をひと通り終えたら，その Lesson のキーワードや公式を覚えているかチェックするのに活用できます．

- **STEP1，STEP2**

試験に出題される要点を解説しています．各 STEP のあとに練習問題を配し，その STEP での内容を理解したか確認できるようになっています．

STEP1，STEP2 に分けましたが，難易度の違いではなく，STEP1 を学習した後に STEP2 を勉強した方が理解しやすいため階段を上がるように段階を踏んで学習が進められるようになっています．

重要な語句や公式については赤字になっているので付属の赤シートで要点を理解できたかチェックしながら進めましょう．

- **練習問題**

穴埋め問題や計算問題など各 STEP で学んだ内容が理解できているか確認しましょう．

- **STEP3**

各章の総まとめとして，Lesson をまたがった問題や B 問題相当のレベルの問題を用意しました．

試験概要

○試験科目

表に示す4科目について行われます．

科目	試験時間	出題内容	解答数
理論	90分	電気理論，電子理論，電気計測，電子計測	A問題14問 B問題3問*
電力	90分	発電所および変電所の設計および運転，送電線路および配電線路（屋内配線を含む）の設計および運用，電気材料	A問題14問 B問題3問
機械	90分	電気機器，パワーエレクトロニクス，電動機応用，照明，電熱，電気化学，電気加工，自動制御，メカトロニクス，電力システムに関する情報伝送および処理	A問題14問 B問題3問*
法規	65分	電気法規（保安に関するものに限る），電気施設管理	A問題10問 B問題3問

＊理論・機械のB問題は選択問題1問を含む

○出題形式

　A問題とB問題で構成されており，マークシートに記入する多肢選択式の試験です．A問題は，一つの問に対して一つを解答，B問題は，一つの問の中に小問が二つ設けられ，小問について一つを解答する形式です．

○試験実施時期

　毎年9月上旬

○受験申込みの受付時期

　平成25年は，郵便受付が5月中旬～6月上旬，インターネット受付が5月中旬～6月中旬です．

試験概要

○科目合格制度

　試験は科目ごとに合否が決定され，4科目すべてに合格すれば第3種電気主任技術者試験に合格したことになります．一部の科目のみ合格した場合は，科目合格となり，翌年度および翌々年度の試験では，申請により合格している科目の試験が免除されます．つまり，3年以内に4科目合格すれば，第3種電気主任技術者合格となります．

○受験資格

　受験資格に制限はありません．どなたでも受験できます．

○受験手数料（平成25年）

　郵便受付の場合5,200円，インターネット受付の場合4,850円です．

○試験結果の発表

　例年，10月中旬にインターネット等にて合格発表され，下旬に通知書が全受験者に発送されています．

　詳細は，受験案内もしくは，一般財団法人　電気技術者試験センターにてご確認ください．

もくじ

第1章 水力発電 …………………………………… 1
- Lesson 1 ベルヌーイの定理 ………………………… 2
- Lesson 2 河川の流量と測定 ………………………… 5
- Lesson 3 水力発電所の諸設備 ……………………… 7
- Lesson 4 水車 ……………………………………… 13
- Lesson 5 水車の比速度と調速機 …………………… 21
- Lesson 6 水車発電機 ……………………………… 27
- Lesson 7 揚水発電所 ……………………………… 30
- Lesson 8 水力発電所の試験 ………………………… 36

第2章 汽力発電 …………………………………… 43
- Lesson 1 蒸気の性質 ……………………………… 44
- Lesson 2 熱サイクル ……………………………… 48
- Lesson 3 燃料と燃焼装置 ………………………… 54
- Lesson 4 汽力発電所の諸効率 ……………………… 59
- Lesson 5 ボイラ …………………………………… 63
- Lesson 6 蒸気タービン …………………………… 71
- Lesson 7 復水器と給水設備 ………………………… 75
- Lesson 8 タービン発電機 ………………………… 78
- Lesson 9 タービン発電機の特殊運転 ……………… 84
- Lesson 10 大気汚染対策 …………………………… 88
- Lesson 11 ガスタービン発電 ……………………… 91
- Lesson 12 コンバインドサイクル発電 ……………… 94

第3章 原子力発電 ………………………………… 103
- Lesson 1 原子の核反応 …………………………… 104
- Lesson 2 原子炉の構成 …………………………… 107
- Lesson 3 原子炉の種類 …………………………… 111
- Lesson 4 原子炉の安全性と防護装置 ……………… 119
- Lesson 5 燃料サイクル …………………………… 122

第4章　その他発電　……………………………………………… 127

　　Lesson 1　ディーゼル発電 ……………………………………… 128
　　Lesson 2　風力発電 ……………………………………………… 130
　　Lesson 3　太陽光発電 …………………………………………… 134
　　Lesson 4　地熱発電 ……………………………………………… 137
　　Lesson 5　燃料電池発電 ………………………………………… 140

第5章　変電　……………………………………………………… 145

　　Lesson 1　変電所 ………………………………………………… 146
　　Lesson 2　変電所の母線 ………………………………………… 150
　　Lesson 3　開閉器 ………………………………………………… 154
　　Lesson 4　避雷器 ………………………………………………… 159
　　Lesson 5　調相設備 ……………………………………………… 165
　　Lesson 6　変圧器 ………………………………………………… 171
　　Lesson 7　変圧器の並行運転 …………………………………… 182
　　Lesson 8　計器用変成器 ………………………………………… 187
　　Lesson 9　パーセントインピーダンス ………………………… 195
　　Lesson 10　発変電所の塩害対策 ………………………………… 203

第6章　送電線路　………………………………………………… 207

　　Lesson 1　線路定数 ……………………………………………… 208
　　Lesson 2　電圧降下と送電損失 ………………………………… 216
　　Lesson 3　送電電力 ……………………………………………… 222
　　Lesson 4　フェランチ現象 ……………………………………… 225
　　Lesson 5　電線 …………………………………………………… 231
　　Lesson 6　支持物とがいし ……………………………………… 235
　　Lesson 7　微風振動，コロナ放電 ……………………………… 242
　　Lesson 8　雪害，塩じん害 ……………………………………… 246
　　Lesson 9　送電線路における異常電圧 ………………………… 252
　　Lesson 10　中性点接地方式 ……………………………………… 257
　　Lesson 11　誘導障害 ……………………………………………… 267
　　Lesson 12　安定度向上対策，短絡容量低減対策 ……………… 272
　　Lesson 13　たるみ ………………………………………………… 277

ix

　　　　Lesson 14　直流送電方式 ……………………………… 280
第7章　地中電線路 ………………………………………287
　　　　Lesson 1　電力用ケーブル ……………………………… 288
　　　　Lesson 2　ケーブル布設方法 …………………………… 293
　　　　Lesson 3　ケーブルの電力損失 ………………………… 298
　　　　Lesson 4　ケーブルの故障点測定 ……………………… 306
第8章　配電線路 …………………………………………313
　　　　Lesson 1　配電方式 ……………………………………… 314
　　　　Lesson 2　スポットネットワーク方式 ………………… 320
　　　　Lesson 3　電気方式（単相）…………………………… 323
　　　　Lesson 4　電気方式（三相）…………………………… 332
　　　　Lesson 5　V結線配電方式 ……………………………… 337
　　　　Lesson 6　配電線路の電圧降下 ………………………… 343
　　　　Lesson 7　負荷の力率改善 ……………………………… 350
　　　　Lesson 8　高圧配電線の電圧調整 ……………………… 356
　　　　Lesson 9　配電系統の保護 ……………………………… 362
　　　　Lesson 10　配電線路の短絡電流 ………………………… 367
　　　　Lesson 11　配電線路の地絡電流 ………………………… 374
　　　　Lesson 12　配電線路の諸設備 …………………………… 383
　　　　Lesson 13　高圧配電線路の雷害対策 …………………… 386
　　　　Lesson 14　支線の強度計算 ……………………………… 389
　　　　Lesson 15　高圧受電設備 ………………………………… 392
第9章　電気材料 …………………………………………401
　　　　Lesson 1　導電材料 ……………………………………… 402
　　　　Lesson 2　磁性材料 ……………………………………… 404
　　　　Lesson 3　絶縁材料 ……………………………………… 411
総合問題の解答・解説……………………………………418
索引…………………………………………………………451

第1章
水力発電

Lesson 1　ベルヌーイの定理

覚えるべき重要ポイント

- 位置水頭，圧力水頭，速度水頭
- 連続の原理
- ベルヌーイの定理

STEP 1

(1) 水頭

水力学では，エネルギーの量を高さで表すものが水頭です．流水の有するエネルギーは，位置水頭，圧力水頭，速度水頭から構成されています．

(a) 位置水頭

位置エネルギーに相当し，高さ H〔m〕にある流体 m〔kg〕を落下したとき，W〔J〕の仕事をします．その高さにある流体は，H〔m〕の位置水頭があるといいます．

$$W = 9.8mH = mgH \text{〔J〕} \quad ①$$

(b) 圧力水頭

圧力エネルギーに相当し，容器の水深 H〔m〕から管を取り付けた場合の水柱の水面は，容器の水面と同一になります．

水深 H〔m〕での圧力 P〔Pa〕は，水の単位体積当たりの重量 ρ〔kg/m³〕とすると，

$$P = 9.8\rho H = \rho g H \text{〔Pa〕}$$

$$H = \frac{P}{\rho g} = \frac{P}{1\,000g} \text{〔m〕} \quad ②$$

②式より，圧力 P を持つ流体は，H〔m〕の圧力水頭を持つことになります．

(c) 速度水頭

運動エネルギーに相当し，運動している質量 m〔kg〕の流体が速度 v〔m/s〕のときの流体の運動エネルギー W〔J〕は，

$$W = \frac{1}{2}mv^2 = mgH \text{ [J]}$$

運動エネルギーに等しい位置エネルギーを持つ高さ H [m] は，

$$H = \frac{v^2}{2g} \text{ [m]} \quad \quad \text{③}$$

③式は，速度 v [m/s] が持つ速度水頭となります．

(d) 損失水頭

水管壁面との間の摩擦によってエネルギーが消費され，これを高さ（水頭）で表し，損失水頭といいます．

(2) 連続の原理

管の断面積 A [m²]，流量 Q [m³] とすると速度 v [m/s] は，

$$v = \frac{Q}{A} \text{ [m/s]}$$

第1.1図に示すように，点 A，B における管の断面積 A_1 [m²]，A_2 [m²]，平均流速 v_1 [m/s]，v_2 [m/s] とすると，単位時間における点 A から流入する水量は，点 B から流出する水量であり，両者の水量は常に等しくなります．これを連続の原理といいます．

$$Q = A_1 v_1 = A_2 v_2 \text{ [m³]}$$

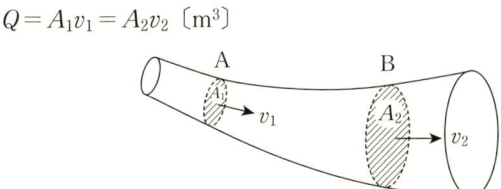

第1.1図 連続の原理

(3) ベルヌーイの定理

損失水頭を考慮しなければエネルギー不滅の法則により，位置水頭，速度水頭，圧力水頭の和（全水頭）は一定不変となります．これをベルヌーイの定理といい，流水の1地点と他の地点それぞれのエネルギーの和は一定です（第1.2図参照）．

$$h_A + \frac{v_A^2}{2g} + \frac{P_A}{\rho g} = h_B + \frac{v_B^2}{2g} + \frac{P_B}{\rho g} = H \text{（全水頭）一定}$$

ただし，h_A, h_B：位置水頭

$\dfrac{v_A^2}{2g}$, $\dfrac{v_B^2}{2g}$：速度水頭

$\dfrac{P_A}{\rho g}$, $\dfrac{P_B}{\rho g}$：圧力水頭

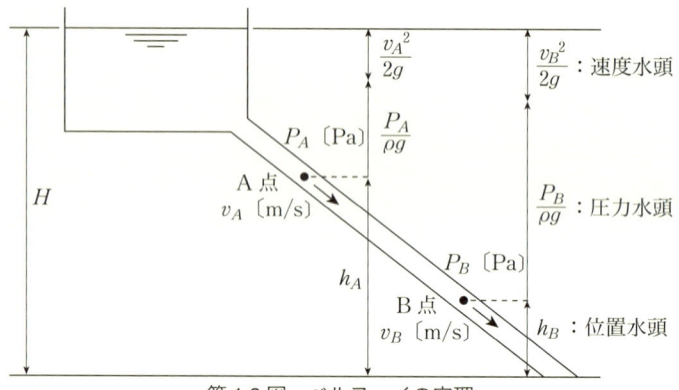

第1.2図　ベルヌーイの定理

練習問題1

有効落差500〔m〕の水力発電所がある．ペルトン水車のノズルから噴出する水の速度を理論値の0.95倍とするときの水の噴出速度を求めよ．

【解答】　94.0〔m/s〕

【ヒント】　速度 $v = 0.95\sqrt{2gH}$ 〔m/s〕

練習問題2

水圧鉄管の断面積が一定で流速4〔m/s〕，放水面から80〔m〕の高さにあるA点の圧力が500〔kPa〕であるとき，放水面より20〔m〕の高さのB点の圧力水頭を求めよ．

【解答】　111〔m〕

【ヒント】　ベルヌーイの定理

$$h_A + \dfrac{v_A^2}{2g} + \dfrac{P_A}{1\,000g} = h_B + \dfrac{v_B^2}{2g} + \dfrac{P_B}{1\,000g}$$

2 河川の流量と測定

覚えるべき重要ポイント

- 河川の流況曲線から流量の種類

STEP 1
流況曲線

河川流量は，水力発電所の建設や発電計画に必要な最大使用水量，常時使用水量を決める重要な要素になります．

流況曲線は，流量の変化状況を示すグラフで，横軸に日数，縦軸に河川流量とし，1年間356日の流量を大きい順に並び替えたものです（第1.3図参照）．

流況曲線から流量の種類を次のように決めます．

(a) 渇水量：1年のうち355日はこれよりも下らない流量
(b) 低水量：1年のうち275日はこれよりも下らない流量
(c) 平水量：1年のうち185日はこれよりも下らない流量
(d) 豊水量：1年のうち95日はこれよりも下らない流量
(e) 高水量：1年のうち1～2回生ずる程度の流量
(f) 洪水量：3～5年間に1回起こる程度の流量
(g) 最大洪水量：今までにおける最大の流量

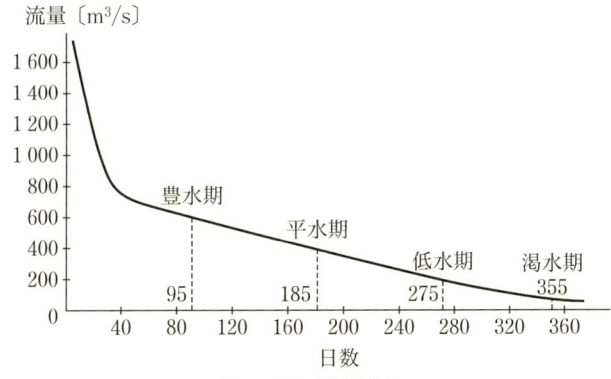

第1.3図　流況曲線

1 水力発電

> **練習問題1**
> 流況曲線は，横軸に (1) を，縦軸に (2) をとり，流量の (3) 方から順次配列して，これらの点を結んだ曲線である．平水量および渇水量は，曲線の第 (4) 日目および (5) 日目の流量である．

【解答】 (1) 年間日数，(2) 流量，(3) 大きい，(4) 185，(5) 355

> **練習問題2**
> ある流況曲線の河川に設けたダムの直下に調整池式発電所を施設する．この発電所の最大使用水量は豊水量に等しいという．この発電所の最大使用水量を求めよ．
> ただし，流況曲線の式は $Q=66-0.3n+0.0004n^2$ 〔m³/s〕とする．なお，n は日数を表す．

【解答】 41.1〔m³/s〕

【ヒント】 豊水量のため Q の式において $n=95$ を代入します．

3 水力発電所の諸設備

覚えるべき重要ポイント

- 水力発電所の分類
- 諸設備の役割と特徴

STEP 1

(1) 水力発電所の分類

河川の水を発電所の水車に導く方法により，<ruby>水路式<rt>すいろしき</rt></ruby>，ダム式，ダム水路式に分類されます．

(a) <ruby>水路式発電所<rt>すいろしきはつでんしょ</rt></ruby>

河川の水をそのまま使用して，緩やかな<ruby>勾配<rt>こうばい</rt></ruby>で水路をつくって水を水槽へ導く発電方式です（第1.4図参照）．

〈水の流れ〉

<ruby>取水<rt>しゅすい</rt></ruby>ダム→<ruby>取水口<rt>しゅすいこう</rt></ruby>→<ruby>沈砂池<rt>ちんさち</rt></ruby>→<ruby>導水路<rt>どうすいろ</rt></ruby>→<ruby>水槽<rt>すいそう</rt></ruby>→<ruby>水圧管<rt>すいあつかん</rt></ruby>→<ruby>水車<rt>すいしゃ</rt></ruby>→<ruby>放水路<rt>ほうすいろ</rt></ruby>

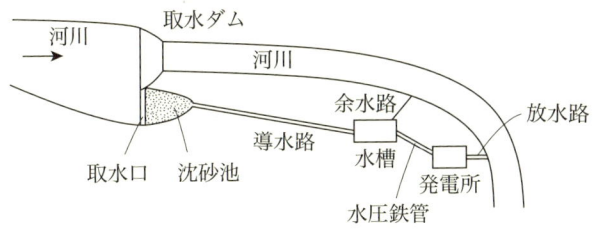

第1.4図　水路式発電所

(b) ダム式発電所

ダムの上流側と下流側との間で<ruby>落差<rt>らくさ</rt></ruby>が生じます．この落差を利用する発電方式です（第1.5図参照）．

〈水の流れ〉

ダム→取水口→水圧管→水車→放水路

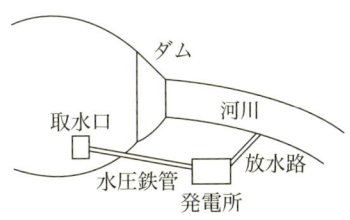

第1.5図　ダム式発電所

(c) ダム水路式発電所

ダムによって上流側と下流側とで落差をつくり，取水した水を緩やかな勾配の水路で発電所まで導く発電方式です（第1.6図参照）．

〈水の流れ〉
ダム→取水口→圧力水路→サージタンク→水圧管→水車→放水路

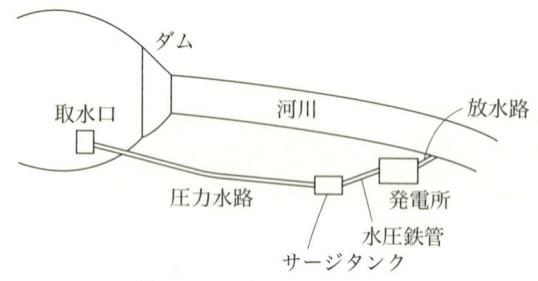

第1.6図　ダム水路式発電所

(2) **ダムの分類**

ダムは，コンクリートダムとフィルダムとに分類されます．

(a)　コンクリートダム

（i）　重力ダム

ダムの自重を大きくして，水圧などの外力に耐え，転倒しないようにコンクリートを多くしたダムです．

工法が簡単で，工事期間が短く，強度が強いが，建設費が高くなります（第1.7図参照）．

(ii)　アーチダム

ダムの上流面に働く外力を両岸の強い岩盤に伝え，そこで支持しています．ダムの厚みを薄くできるので，コンクリート量は重力ダムに比べて非常に少なくできます（第1.8図参照）．

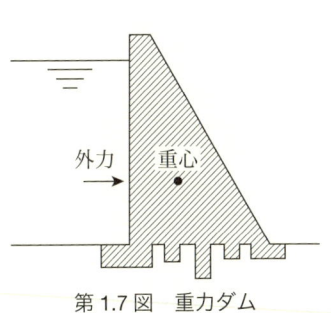
第1.7図　重力ダム

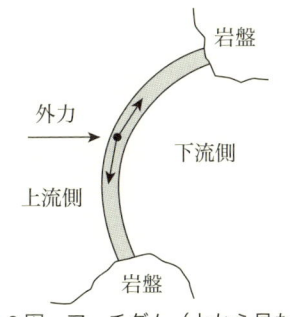
第1.8図　アーチダム（上から見た図）

(b)　フィルダム

(i)　ロックフィルダム

岩石を主材料としたダムです．堤体中心部には水の浸透を防止するために粘土などを使用した遮水壁を設けています．また，上流面には石張，鉄筋コンクリートなどの表面遮水壁を設けています（第1.9図参照）．

(ii)　アースダム

土壌を主材料としたダムです．粘土，砂，砂利などを混合して造られています（第1.10図参照）．

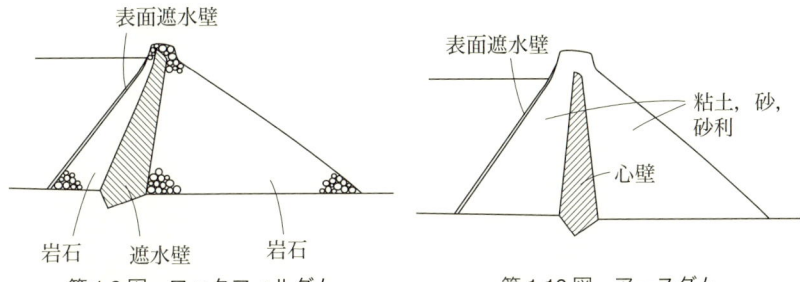
第1.9図　ロックフィルダム　　第1.10図　アースダム

(3)　その他諸設備

(a)　取水ダム

河川の水を水路に取り入れるため，いったん水をせき止める堰を取水ダムといいます．取水ダムは，高さが低いので，流入が多いときには頂上を乗り越えて水が流れます．

(b) 取水口

河川の水を水路に導くための入口を取水口といいます．取水量の調整と流木やごみが流入しないように，ごみよけのスクリーンを設置しています．一方，重力ダムなどの取水口では，水位変動が生じても取水に支障をきたさないように鉛直方向に長い流入口を設けています．

(c) 沈砂池

取水口から流入した水には土砂が混入しやすいので，土砂が導水路に入らないように取水口の後に沈砂池を設けて，土砂を沈殿させています．

(d) 導水路

取水口から水槽までの水路を導水路といい，土砂や落葉が混入しないようにトンネルを用います．トンネル（水路）には，上部に空間を残して水を流す無圧水路と水を充満させて流す圧力水路があります．

(e) 水槽

導水路と水圧管を接続する部分で，無圧水路の場合を水槽，圧力水路の場合をサージタンクといいます．

　(i) 水槽

負荷変動によって生じる流量変動の調整と土砂，ちりなどを最終的な排除を行います．

　(ii) サージタンク

水圧の急激な変動（水圧サージ）を吸収するために設けています．
負荷遮断などにより発電機負荷が急減すると水車のガイドベーンを急閉止します．これにより，圧力水路内の水圧が急上昇し，水撃作用（ウォータハンマ）が発生します．これを防ぐため水圧変化のクッションの役割を担うのがサージタンクです．

(f) 放水路

水車からの放水を安全に河川に放出するためのものです．

練習問題1

ダム式発電所の特徴は次のとおり．
① 貯水(ちょすい)が可能なため，ピーク時に発電機出力を [(1)] でき，同時に [(2)] 調整ができる．
② 洪水調整や各種用水として利用できる．
③ 一般に長い水路や [(3)] 池などが不要である．
④ ダム建設に莫大な [(4)] 費用が必要となる．

【解答】 (1) 増加，(2) 出力，(3) 沈砂，(4) 建設

練習問題2

アーチダムの特徴は次のとおり．
① アーチダムの場所は，川幅が [(1)] く，両岸が高く，堅固な [(2)] からなる地点が望ましい．
② 重力ダムと比べて [(3)] の厚さを薄くできるため，材料および工費が少なくすみ，工期が [(4)] なる．

【解答】 (1) 狭，(2) 岩盤，(3) コンクリート，(4) 短く

STEP 2

(1) 水撃作用

水が流れている水圧管の管端の弁(べん)を急に遮断すると，水の運動エネルギーが圧力エネルギーに変わって，弁の直前の圧力が高くなります．

その圧力は，圧力波(あつりょくは)となって上流に伝わり，水圧管の入口で反射し，負の圧力波となり，弁の方に伝わります．

この弁に到着した圧力波は，正反射して上流に向かい，上記と同様なことを繰り返します．この現象を水撃作用といいます．

(2) 水車の入口弁

水圧管の末端部のケーシングの直前に設けられ，水車の始動，停止に伴い開閉操作する止水弁(しすいべん)です．

> **練習問題 1**
> 　今，ある負荷を持って運転している水力発電所で，発電機故障により負荷遮断となり，水車入口弁が急閉止し，水圧鉄管内で (1) が発生した．これは，水車入口弁付近の流水が零となり，この場所での速度水頭がすべて (2) になったためである．この現象を (3) といい，この現象を軽減するため (4) が設置されている．

【解答】 (1) 水圧上昇, (2) 圧力水頭, (3) 水撃作用, (4) サージタンク

4 水車

覚えるべき重要ポイント

- 水車の種類と特徴
- キャビテーションの概要と防止策

STEP 1

(1) 水車の種類

水の持つエネルギーを機械エネルギーに変換する機械が水車です．

(a) 衝動水車

水圧管の末端にノズルを設け，水をジェットにして噴出し，バケットに衝撃を与えてランナを回転させます．このような水車を衝動水車といい，ペルトン水車があります．

(b) 反動水車

ランナに流入した流水は，ランナベーンによって向心方向から軸方向に変化させて吸出し管に流出します．この間に水の速度が圧力に変化し，そのエネルギーでランナを回転させます．

これを反動水車といい，フランシス水車，斜流水車，プロペラ水車およびカプラン水車があります．

反動水車では，吸出し管を用いて大気の圧力を落差として利用できます．

(2) 高落差から低落差の水車

(a) ペルトン水車（第1.11図参照）

水車の出力調整は，ニードル弁で行い，水車負荷が急減した場合には，デフレクタ（そらせ板）を急閉し，ニードル弁からのジェットをさえぎってバケットに当てずに放水して，ニードル弁を閉鎖します．

1 水力発電

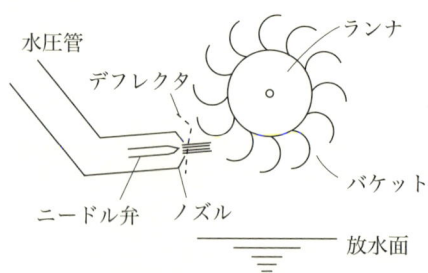

第 1.11 図　ペルトン水車

〈特徴〉
(i) 高落差（おもに 200〔m〕以上），小流量に適用
(ii) 水車の中心から放水面までの落差を利用できない
(iii) 部分負荷での効率がよい
(iv) 構造が簡単で保守が容易

(b) フランシス水車（第 1.12 図参照）

　水圧管に連結したケーシングは，ランナを取り巻き，水はガイドベーンを通って，ランナに流入します．ガイドベーンの角度を変えて流入水量を調整します．

　反動水車では，水車負荷が急減した場合は，制圧機（せいあつき）（ケーシングの一部にある排水弁（はいすいべん））により，ガイドベーンの急閉止時に開いて排水（はいすい）し，圧力上昇を抑制しています．

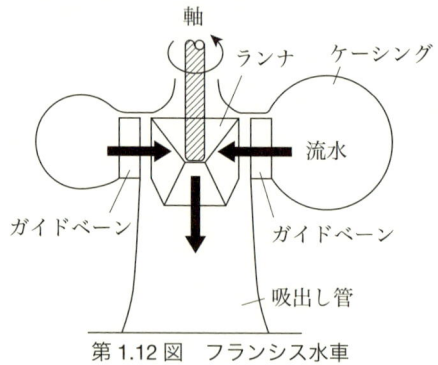

第 1.12 図　フランシス水車

〈特徴〉
(i) 広範囲の落差（おもに 50〜500〔m〕）に適用

(ii)　水車の中心から放水面までの落差を利用できる

　(iii)　部分負荷での効率低下が大きい

　負荷変化に追従してガイドベーン開度を調整しますが，ランナ軸に流入する角度が変わるため，軽負荷時の効率が著しく低下します．

(c)　斜流水車（第1.13参照）

　フランシス水車とカプラン水車を組み合わせたような構造で，ランナベーンが固定のものと可動のものがあります．

　フランシス水車と違い，ランナ内の流水の流れがランナ軸に対して斜め方向に通過します．

　ランナベーンが可動形のもので，ガイドベーン開度に応じて自動的にランナベーンの角度を変化できるものを斜流水車（デリア水車）といいます．

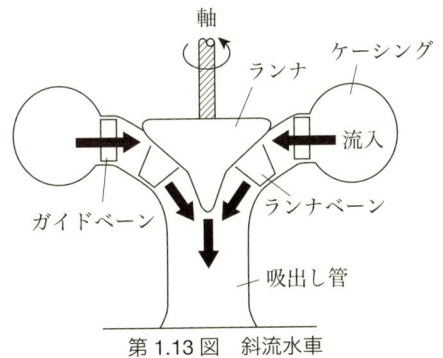

第1.13図　斜流水車

〈特徴〉

　(i)　中落差（おもに40～180〔m〕）に適用

　(ii)　部分負荷での効率がよい

　ランナベーンが可動羽根であるため，負荷変動，落差変動による効率低下が少ない

　(iii)　構造が複雑で保守が難しい

(d)　プロペラ水車（第1.14図参照）

　ランナを船のプロペラに似た形状にした水車です．流水の流れは，ガイドベーンから軸に直角に流入し，途中で軸方向に変わりながらランナに入ります．

15

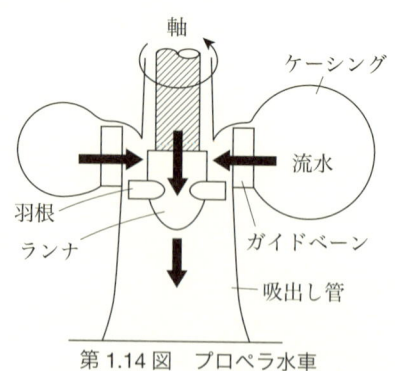

第 1.14 図　プロペラ水車

〈特徴〉
(i) 低落差から中落差（おもに 5～80〔m〕），大流量に適用
(ii) 落差，負荷一定または台数の多い発電所のベースロード用として用いると経済的
(iii) 部分負荷での効率低下が大きい

ランナベーンが固定羽根であるため，軽負荷時の効率低下が大きい

(3) 超低落差の水車

およそ落差 20〔m〕以下の低落差に採用される水車には，カプラン水車，チューブラ（S形）水車，バルブ水車およびクロスフロー水車があります．

(a) カプラン水車（第 1.15 図参照）

プロペラ水車の一種で，負荷変化に追従してガイドベーン開度に応じて自動的に可動ランナベーンの角度を変え，流水とランナベーンの当たる角度を調整しています．

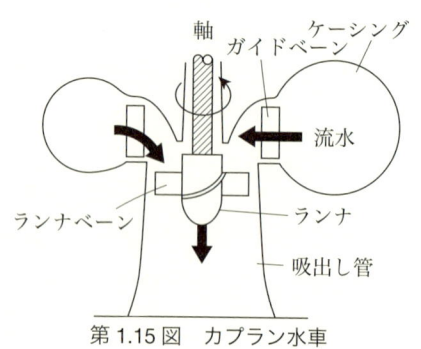

第 1.15 図　カプラン水車

〈特徴〉
  (i)　出力調整はガイドベーンにより行い，比速度が大きい
  (ii)　部分負荷での効率低下が少ない
  (iii)　構造が複雑で保守が難しい
(b)　チューブラ（S形）水車（第1.16図参照）
円筒形のケーシング内に横軸プロペラ水車を設けたもので，発電機は流水路外に設置しています．

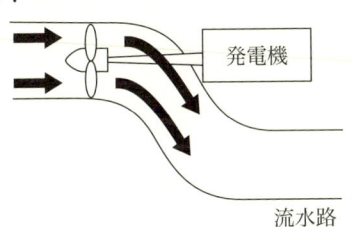

第1.16図　チューブラ（S形）水車

〈特徴〉
  (i)　部分負荷での効率低下が大きい
  (ii)　出力調整ができない
  (iii)　同期発電機または誘導発電機を採用
(c)　バルブ水車（第1.17図参照）
チューブラ水車と同様に円筒形のケーシング内に横軸プロペラ水車を設け，発電機は流水路内のバルブ内に納めたものです．

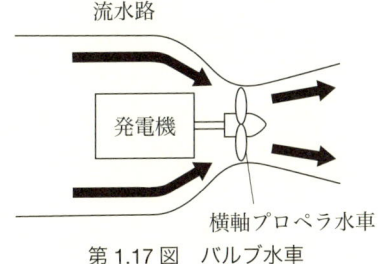

第1.17図　バルブ水車

〈特徴〉
  (i)　部分負荷での効率低下が少ない
ランナベーン角度を自動的に変えることができるため，効率低下は少ない

(ⅱ) 出力調整ができない
(ⅲ) 構造が複雑であり保守が難しい
(ⅳ) 同期発電機または誘導発電機を採用

(d) クロスフロー水車（第1.18図参照）

水流が円筒形ランナ軸と直角方向に流入してランナ内を貫通する，衝動水車です．

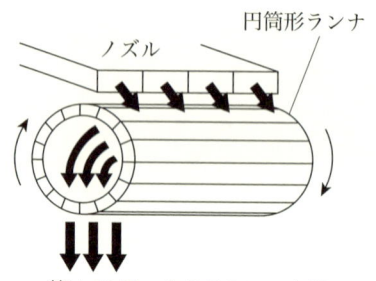

第1.18図　クロスフロー水車

〈特徴〉
(ⅰ) 部分負荷での効率低下が少ない

流量変化をノズルの数で調整できるため，高い効率を維持できます．

(ⅱ) 構造が簡単で保守が容易
(ⅲ) 同期発電機を採用

> **練習問題1**
>
> 　水力発電に用いられる水車の水のエネルギーの利用の仕方と水車に流入する水量の調整方法は，水車の形式によって異なり，ペルトン水車では水の (1) エネルギーを利用して (2) で水量を加減する方法をとり，フランシス水車などの (3) 水車では，主として水の (4) エネルギーを利用して (5) で水量を加減する方法をとっている．

【解答】(1) 運動，(2) ニードル弁，(3) 反動，(4) 圧力，
　　　　(5) ガイドベーン

STEP 2

(1) **キャビテーション**

　水車出口の圧力が零または負になると，流水部に空洞（真空部）が生じます．この空洞の発生をキャビテーション（空洞現象）といいます．

　キャビテーションが生じると，水が蒸発し，空気が遊離して泡を発生します．この泡は，圧力の大きいところに移動したときに急激に押しつぶされ，大きな衝撃力を発生し，ランナベーン，バケットその他流水に接触する金属部分を浸食（壊食）します．

　(a) 影響
　　(i) 振動の発生や騒音の増大を起こす
　　(ii) 水車効率の低下になる
　　(iii) 長期間キャビテーションが続くと金属部分が壊食し，ついには大きな穴を開けてしまい運転継続ができなくなる

　(b) 防止策
　　(i) 吸出し管の高さをあまり高くしない（6～7〔m〕以内）
　　(ii) ランナの表面仕上げを滑らかにする
　　(iii) 吸出し管の上部に空気を抽気して圧力の低下を少なくする
　　(iv) 13クロム鋼，18-8ニッケル・クロム鋼（18-8ステンレス鋼）などの耐食性のある材料を用いる
　　(v) 水車の比速度を高くしない
　　(vi) 部分負荷運転や過負荷運転を避ける

(2) **水車の吸出し管**

　吸出し管は，反動水車のランナ出口から放水面までの間の接続管で，鋼板またはコンクリートでつくられています．

　(a) 吸出し管の目的
　　(i) ランナと放水面間の落差を有効に利用できる
　　(ii) ランナから放出された水の持つ運動エネルギーを位置エネルギーとして回収する

練習問題 1

水車においてキャビテーションが生じると，その生じた部分に (1) を生じるほか， (2) を生じて異音を発し，また， (3) が低下する．

キャビテーションを防ぐには，一般に (4) 速度を高くとりすぎないこと． (5) を低くすること．また， (6) の運転を避けることなどに注意しなければならない．

【解答】 (1) 浸食または壊食, (2) 振動, (3) 水車効率, (4) 比,
(5) 吸出し管, (6) 部分負荷

5 水車の比速度と調速機

覚えるべき重要ポイント

- 比速度(ひそくど)
- 水力発電所の出力
- 水車調速機(すいしゃちょうそくき)
- 速度調定率(そくどちょうていりつ)

STEP 1

(1) 水車の比速度

(a) 比速度とは

水車を幾何学的に相似な形に縮小した模型ランナで，有効落差 1 [m] で 1 [kW] 出力のときの回転速度を比速度 n_s といいます．

$$n_s = n \frac{P^{\frac{1}{2}}}{H^{\frac{5}{4}}} \ [\text{m} \cdot \text{kW}]$$

ただし，n：水車の定格回転速度 [min^{-1}]，H：有効落差 [m]
P：有効落差におけるランナ1個当たり，ノズル1個当たりの最大出力 [kW]

(b) 比速度の限界

水車別の比速度の限界式と範囲を第 1.1 表に示します．

第 1.1 表 水車別の比速度

水車	比速度の限界式	比速度の範囲 [m・kW]
ペルトン	$n_s \leq \frac{4\,300}{H+200} + 14$	15〜25
フランシス	$n_s \leq \frac{23\,000}{H+30} + 40$	70〜350
斜流	$n_s \leq \frac{21\,000}{H+20} + 40$	140〜350
プロペラ(カプラン)	$n_s \leq \frac{21\,000}{H+16} + 50$	250〜980

(c) 比速度を大きくするとどうなるか
 (i) 回転速度が大きくなり，水車，発電機の形状や重量が小さくなり経済的
 (ii) あまり大きくすると，水車効率の低下，キャビテーションが発生しやすくなり，振動やランナの壊食などの障害が起きる

(2) 水力発電所の理論出力
(a) 理論出力 P

$$P = 9.8QH \ [\text{kW}]$$

ただし，Q：使用水量〔m³/s〕，H：有効落差〔m〕

(b) 落差の変化による理論出力の影響

水圧管の断面積 A〔m²〕，落差が H〔m〕から H'〔m〕に変化すると流量は，

$$\frac{Q'}{Q} = \frac{Av'}{Av} = \frac{k\sqrt{2gH'}}{k\sqrt{2gH}} = \left(\frac{H'}{H}\right)^{\frac{1}{2}}$$

よって，流量は，有効落差の1/2乗に比例して変化します．
理論出力 P は，

$$\frac{P'}{P} = \frac{9.8Q'H'}{9.8QH} = \left(\frac{H'}{H}\right)^{\frac{1}{2}} \times \frac{H'}{H} = \left(\frac{H'}{H}\right)^{\frac{3}{2}}$$

よって，理論出力は，有効落差の3/2乗に比例して変化します．

(3) 水力発電所の出力

$$P = 9.8QH\eta_T\eta_G \ [\text{kW}]$$

ただし，Q：使用水量〔m³/s〕，H：有効落差〔m〕，η_T：水車効率，η_G：発電機効率

練習問題 1

有効落差 400〔m〕，水車出力 20 000〔kW〕，比速度 25〔m・kW〕の立軸4ノズルペルトン水車の定格回転速度を求めよ．

【解答】 632〔min⁻¹〕

【ヒント】 比速度 $n_s = n\dfrac{P^{\frac{1}{2}}}{H^{\frac{5}{4}}}$ 〔m・kW〕

> **練習問題2**
> 有効落差 50〔m〕において出力 7 500〔kW〕の水車がある．有効落差が 2.5〔m〕だけ低下すれば出力は何〔kW〕となるか．
> ただし，水車のガイドベーンの開きは一定とし，水車の効率の変化は無視するものとする．

【解答】 6 940〔kW〕

【ヒント】 $\dfrac{P'}{P} = \left(\dfrac{H'}{H}\right)^{\frac{3}{2}}$

STEP 2

(1) 水車調速機

(a) 調速機

水車発電機が運転中に急に負荷が減少すると，水車は過剰エネルギーにより加速されて回転速度が上昇します．逆に負荷が増加するとエネルギー不足となり，回転速度は低下します．

負荷が変化しても水車発電機の回転速度が一定となるように，回転速度の変化を検出し，それに応じてニードル弁のジェットの噴出量やガイドベーンの開度を，自動的に調整する装置を調速機（ガバナ）といいます．

(b) 調速機の種類

機械式と電気式があり，現在，ほとんど電気式を採用しています．

(ⅰ) 機械式

フランシス水車で説明すると，水車発電機の速度検出をスピーダで検出し，フローティングレバー，配圧弁，サーボモータにより，ガイドベーンの開度を調整します（第 1.19 図参照）．

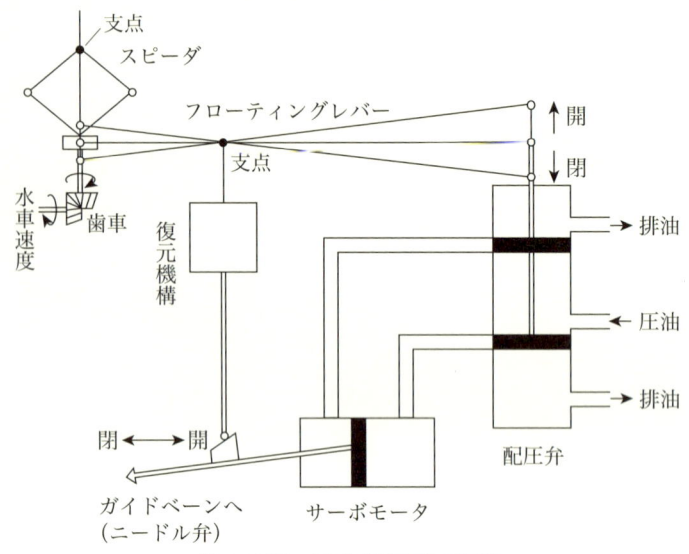

第 1.19 図　機械式調速機の原理

　(ii)　電気式

　速度検出を水車発電機に直結した回転速度検出装置で周波数変化を検出します．その後，周波数変化を電圧変化量に変換して増幅し，電気出力を機械力に変換して配圧弁を動かします．

(2)　**速度変動率**

　水車を定格回転速度で運転中に負荷遮断により，無負荷となったときに上昇した最大回転速度を定格回転速度に対するパーセントで表します．

$$\delta = \frac{N_m - N}{N} \times 100 \ [\%]$$

　　　ただし，N_m：無負荷時の最大回転速度〔min^{-1}〕
　　　　　　N：定格回転速度〔min^{-1}〕

(3)　**速度調定率**

　調速機には，負荷が増加すると水車の回転速度が低下する特性を持たせています．この特性の度合を示すのが速度調定率です．

$$R = \frac{\dfrac{N_2 - N_1}{N_n}}{\dfrac{P_1 - P_2}{P_n}} \times 100 \ [\%]$$

ただし, N_1：発電機出力 P_1〔kW〕のときの回転速度〔min^{-1}〕
N_2：発電機出力 P_2〔kW〕のときの回転速度〔min^{-1}〕
N_n：定格回転速度〔min^{-1}〕
P_n：定格出力〔kW〕

第1.20図参照.

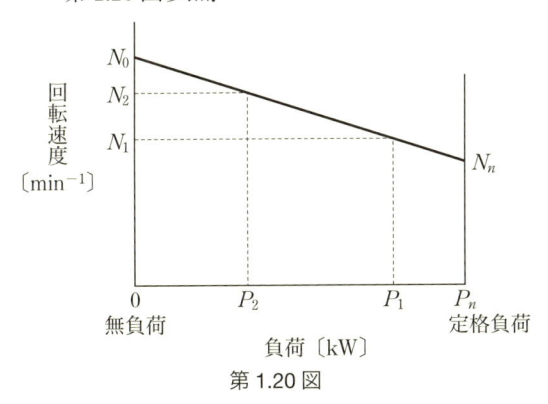

第1.20図

練習問題1

水車の調速機は, 負荷が変化しても回転速度を規定値に保つために, 負荷の増減に応じて水車の ⎡(1)⎤ を加減する装置で, ⎡(2)⎤ 水車では ⎡(3)⎤ 弁を, フランシス水車では ⎡(4)⎤ の開度を加減する.

【解答】(1) 流入水量, (2) ペルトン, (3) ニードル, (4) ガイドベーン

練習問題2

定格出力5 000〔kW〕の水車発電機が1 000〔kW〕の出力で50〔Hz〕の周波数で電力系統に連系している. いま, 系統の周波数が49.5〔Hz〕に低下したとき, この水車発電機の出力を求めよ. ただし, この水車発電機の速度調定率は4〔%〕とし, 直線的な特性を持っているものとする.

【解答】　2 250〔kW〕

【ヒント】　速度調定率 $R = \dfrac{\dfrac{f_1 - f_2}{f_n}}{\dfrac{P_2 - P_1}{P_n}} \times 100$ 〔%〕

第1章 Lesson 6 水車発電機

覚えるべき重要ポイント

- 水車発電機の安定度向上対策
- 誘導発電機の特徴

STEP 1

(1) 水車発電機の安定度向上対策

(a) 制動巻線を設ける

制動巻線は，発電機の磁極表面に取り付けた短絡巻線です．
　事故遮断や不平衡負荷運転の場合，発電機に回転むらが生じると，電機子電流による磁束を切り，渦電流を短絡巻線に流し，発電機の回転むら（トルクの脈動）を電気エネルギーとして消費させることで，脈動の抑制効果があります（第1.21図参照）．

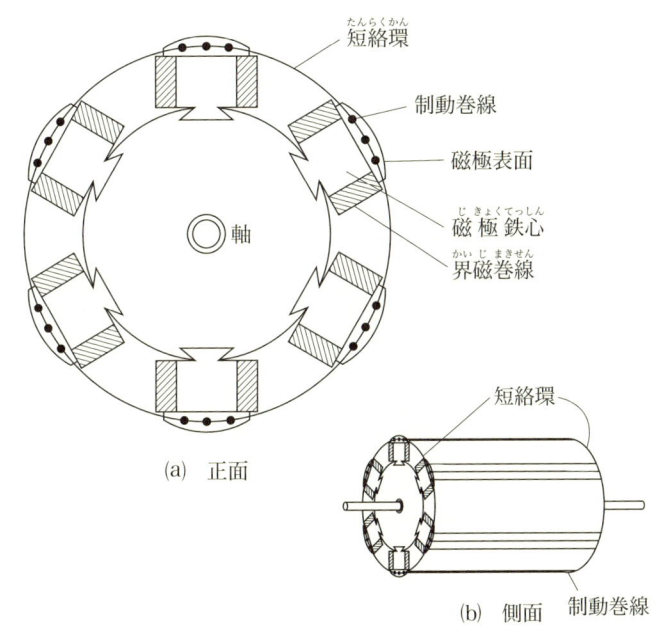

(a) 正面

(b) 側面

第1.21図　回転子の制動巻線

27

(b) はずみ車効果を大きくする

事故遮断によって発電機が無負荷になったときに速度上昇を抑制します．

(c) 短絡比を大きくする

短絡比を大きくすることは，発電機の同期インピーダンスを小さくすることで，発電機端子電圧と内部誘起電圧の相差角が小さくなり，安定度が向上します．

(d) 速応励磁方式の採用

事故で電圧低下が発生した場合，自動電圧調整器（AVR：Automatic Voltage Regulator）の感度を高くし，励磁電流を急速に高めて，電圧の回復速度を高めるものです．

(2) 小水力発電所に用いられる発電機

低落差，小容量の水力発電所では，同期発電機のほかにかご形誘導発電機を使用しています．

〈誘導発電機の特徴〉

(a) 長所
  (i) 短絡電流が少なく，継続時間も短い
  (ii) 構造が簡単で価格が安い
  (iii) 励磁機や調速機が不要で，運転操作が簡単
  (iv) 同期化が不要のため，同期検定器等の設備が不要

(b) 短所
  (i) 単独運転ができない
  (ii) 系統から励磁電流を取っているため，遅れ無効電力をとるのみで，無効電力の制御ができない
  (iii) 系統の力率が悪くなるため，力率改善用コンデンサが必要

練習問題 1

誘導発電機（かご形）の特徴に関する記述である．誤っているのは次のうちどれか．
(1) 同期発電機に比べ，小形・軽量で，価格が安価である．
(2) 構造が簡単で堅ろうであり，点検・保守が簡単で，操作が容易である．
(3) 電力系統より励磁電流を受けるので，単独運転ができない．
(4) 系統並列時に突入電流が流れる．
(5) 力率・電圧調整が容易にできる．

【解答】(5)

練習問題 2

水車発電機の安定度向上対策に関する記述である．誤っているのは次のうちどれか．
(1) 速応励磁方式を採用する．
(2) 短絡比を小さくする．
(3) はずみ車効果を大きくする．
(4) 低励磁運転を行う．
(5) 制動巻線を設ける．

【解答】(2), (4)

第1章 Lesson 7 揚水発電所

覚えるべき重要ポイント

- 揚水発電所の役割
- 発電電動機の始動方式
- 可変速揚水

STEP 1

(1) 揚水発電所の役割

夜間に深夜の余剰電力を使用して下池から上池へポンプでくみ上げ，水の位置エネルギーを上池に貯水します．

昼間のピーク時間帯に発電して，水の位置エネルギーを電気エネルギーへ変換する発電所を揚水発電所といいます．

(a) 揚水発電所のポンプ入力

$$P_M = \frac{9.8 Q_P (H_0 + h_P)}{\eta_P \eta_M} \text{〔kW〕}$$

ただし，H_0：総落差〔m〕，h_P：揚水損失水頭〔m〕，
Q_P：揚水量〔m³/s〕，η_P：ポンプ水車効率，η_M：電動機効率

(b) 揚水発電所の発電出力

$$P_G = 9.8 Q_G (H_0 - h_G) \eta_T \eta_G \text{〔kW〕}$$

ただし，H_0：総落差〔m〕，h_G：発電損失水頭〔m〕，
Q_G：発電使用水量〔m³/s〕，η_T：水車効率，η_G：発電機効率

(c) 揚水発電所の総合効率

$$\eta = \frac{H_0 - h_G}{H_0 + h_P} \eta_T \eta_G \eta_P \eta_M \times 100 \text{〔％〕}$$

揚水発電所の総合効率は，約70％前後です．

(2) 発電電動機の始動方式

揚水発電所の発電電動機に同期機を使用しているため，大容量の同期電動機は自己始動ができないため，ほかの装置を使って始動することになります．始動方式には，制動巻線始動，直結電動機始動，同期始動およびサイリス

タ始動があり，定格回転速度まで達してから系統に並列しています．

(a) 制動巻線始動方式

固定子巻線に電圧を加え，生じる回転磁界と回転子の制動巻線により，かご形誘導電動機の原理によって回転トルクを発生させて，発電電動機を始動させます．

同期速度に近くなったときに，回転子巻線に励磁を加えて同期させて系統へ並列します．

〈特徴〉
(ⅰ) 中小容量機，主機台数の多少にかかわらず適用可
(ⅱ) 自己始動が可能で，始動時間が短い
(ⅲ) 主回路，制御回路とも簡単
(ⅳ) 始動時の始動電流が大きく，系統に与える影響が大きいため，全電圧始動ではなく，半電圧始動（低減電圧始動）を採用している
(ⅴ) 制動巻線の温度上昇や電力系統の制限により発電電動機の容量が決定される

(b) 直結電動機始動方式

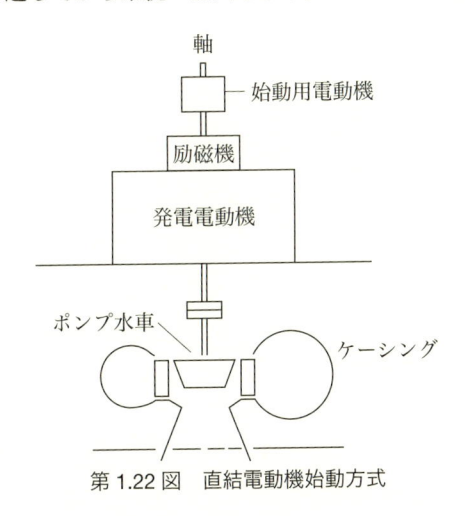

主機の定格速度よりもわずかに高い速度で回転する巻線形誘導電動機を始動用電動機として主機に直結し，この始動用電動機により発電電動機を始動し，同期速度に達してから系統へ並列します．

第1.22図　直結電動機始動方式

始動用電動機（巻線形誘導電動機）は，二次側の液体抵抗器により一定トルク制御を行います（第 1.22 図参照）．

〈特徴〉
　(i)　大容量機，主機台数が少ない場合に有利
　(ii)　自己始動が可能で，始動時間が比較的長い（5〜10 分）
　(iii)　始動時に系統に与える影響が少ない
　(iv)　始動用電動機，液体抵抗器などの付属設備が多い
　(v)　始動用電動機が発電電動機の同軸上に直結されるため軸長となり，建屋が高くなる

(c)　同期始動方式（第 1.23 図）

発電機と発電電動機を停止時に電気的に直結して両機に励磁を与えて発電機を始動します．

発電機が始動すると，発電電動機が同期しながら速度が上昇し，同期速度に達してから系統へ並列します．その後，発電機を停止します．

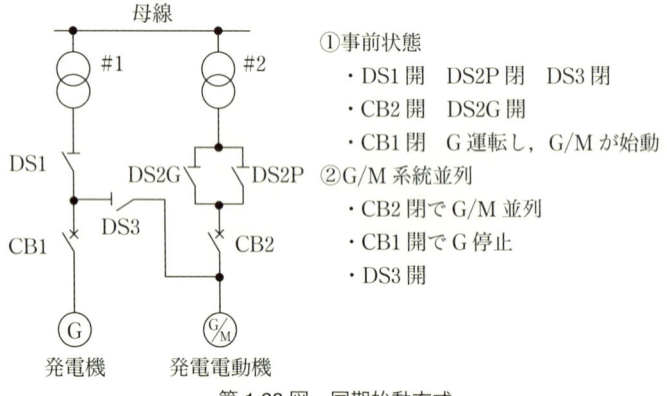

①事前状態
・DS1 開　DS2P 閉　DS3 閉
・CB2 開　DS2G 開
・CB1 閉　G 運転し，G/M が始動

②G/M 系統並列
・CB2 閉で G/M 並列
・CB1 開で G 停止
・DS3 開

第 1.23 図　同期始動方式

〈特徴〉
　(i)　大中容量機，主機台数が多い場合に有利
　(ii)　始動用の発電機が必要
　(iii)　主回路構成，制御回路が複雑
　(iv)　始動時に系統に与える影響が少ない
　(v)　複数台の同時始動が可能

(d) サイリスタ始動方式（第1.24図）

停止中の発電電動機に励磁を与えておき，サイリスタ始動装置から固定子巻線に回転子の磁極位置に応じた電流を供給します．

界磁束の相互作用で発生したトルクにより発電電動機を始動し，同期速度に達してから系統へ並列します．

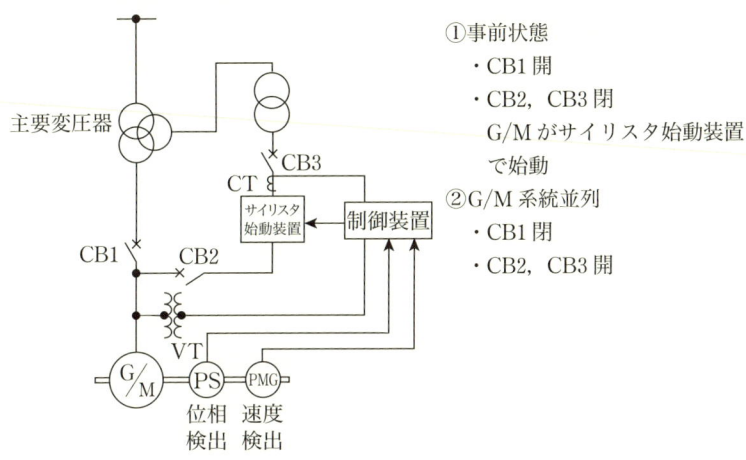

①事前状態
・CB1 開
・CB2，CB3 閉
G/M がサイリスタ始動装置で始動

②G/M 系統並列
・CB1 閉
・CB2，CB3 開

第1.24図　サイリスタ始動方式

〈特徴〉
(i) 大容量機，主機台数が多い場合に有利
(ii) 自己始動が可能
(iii) 始動時に系統に与える影響が少ない
(iv) 静止形の始動装置のため保守が容易

練習問題1

揚水発電所は，電気エネルギーを水の [(1)] エネルギーに変換して蓄え，これを必要に応じて再び [(2)] エネルギーに変換して供給する [(3)] 設備の一つである．

【解答】(1) 位置, (2) 電気, (3) 電力貯蔵

1 水力発電

> **練習問題2**
>
> 総落差200〔m〕の揚水式発電所がある．使用水量60〔m³/s〕このときの損失水頭が総落差の4〔%〕，揚水ポンプ効率86〔%〕，揚水電動機98〔%〕のとき，揚水電動機の所要電力〔MW〕はいくらか．

【解答】　145〔MW〕

【ヒント】　所要電力 $P = \dfrac{9.8QH}{\eta_P \eta_M}$

STEP 2

(1) 可変速揚水

(a) 導入の背景

電力系統の周波数調整は，昼間は水力および火力発電所で行い，夜間は電力需要が減少するため，大半の火力機は停止し，残った火力と原子力発電所で調整しています．

従来の揚水発電所のポンプ水車は一定回転速度のため，深夜に複数台数を運転すると周波数調整容量（AFC容量：Automatic Frequency Control）不足が生じてきました．

ポンプ水車動力は，回転速度の3乗に比例して変化するため，回転速度を可変速することにより，電力系統の負荷電力を調整して周波数調整容量を解消しています．

(b) 可変速揚水の構成

発電電動機の一次巻線（固定子巻線）には交流電源を接続し，二次巻線（回転子巻線）にはサイクロコンバータなどの交流励磁装置に接続して，二次励磁周波数（滑り周波数）を変えることにより，発電電動機を可変速運転ができるようにしています（第1.25図参照）．

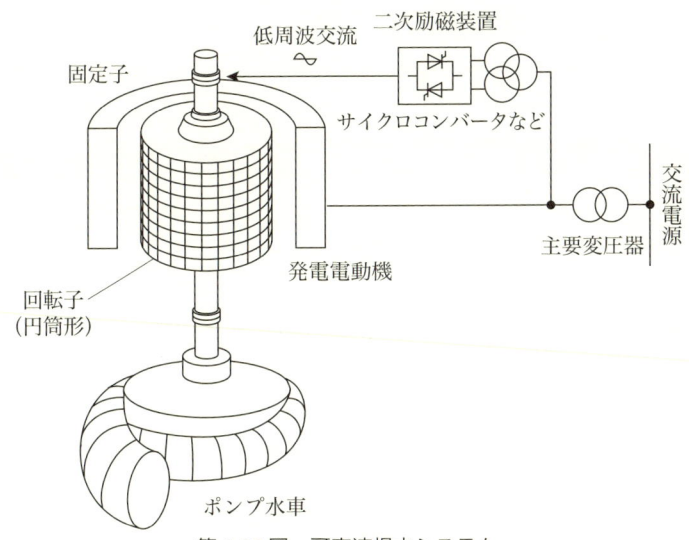

第1.25図　可変速揚水システム

(c) 従来の回転速度一定の発電電動機との違い
  (i) 回転子が円筒形で三相分布巻線
  (ii) 回転子の巻線に低周波交流励磁を与えている
(d) 特徴
  (i) 有効電力と無効電力の調整が独立してできる
  (ii) 電力系統の周波数調整（AFC）ができる

> **練習問題 1**
> 　最近の大容量揚水発電所では，揚水運転時に発電電動機の　(1)　巻線側に変換装置を設け，　(2)　周波数の交流で回転子巻線に交流励磁をしている．これにより，　(3)　を常に系統と同期しながら回転速度を上下6～10〔％〕程度変化させることができる　(4)　発電システムが採用されている．

【解答】　(1) 回転子，(2) 滑り，(3) 発電電動機，(4) 可変速揚水

第1章 Lesson 8 水力発電所の試験

覚えるべき重要ポイント

- 水力発電所の試験目的と内容
- 電圧上昇率，速度変動率，水圧変動率

STEP 1

水力発電所のおもな試験には負荷遮断試験，非常停止試験，負荷試験などがあります．

揚水発電所では，上記に加えてポンプ入力遮断試験を追加します．

(1) 負荷遮断試験

(a) 試験目的

水車発電機運転中に事故が発生したと同じように負荷遮断を行い，水車の水圧，回転速度，発電機電圧および水圧鉄管の圧力などを測定します．

測定値が設備の許容値を超えることなく，水車発電機が安全に無負荷運転に移行できることを確かめます．

(b) 試験内容

水車発電機が複数台ある場合は1台ごとに行い，試験前の回転速度，発電機電圧，力率などはなるべく定格値で行います．

最大出力の $\frac{1}{4}$，$\frac{2}{4}$，$\frac{3}{4}$，$\frac{4}{4}$ の順に試験を開始し，段階ごとに水圧，回転速度，発電機電圧などをオシログラフで測定します．

測定値が許容値内か検討したうえで安全なことを確認してから，順次遮断負荷を増やしていきます．負荷遮断は，手動操作で遮断器を開放して行います．

(2) 非常停止試験

(a) 試験目的

水車発電機が運転中に発電機，主要変圧器の内部故障が生じた場合に，継電器などの動作により非常停止の動作が安全に行われることを確認します．

(b) 試験内容

通常，1/4程度の負荷で，非常停止用継電器の接点をメイクさせて非常停止動作を行い，発電機用遮断器の開放など所定の順序に従って，水車が停止することを確認します．

(3) **負荷試験**

(a) 試験目的

発電設備が認可された性能を持ち，最大出力で安全に連続運転に耐えることを確認します．

(b) 試験内容

回転速度，発電機電圧，力率などはなるべく定格値に保ち，定格出力の状態で連続運転させます．

発電機巻線，軸受け，主要変圧器油など温度を測定し，温度が飽和するまで行い，測定値が規定値内であるか確認します．

あわせて，水車，発電機の振動の有無，各部の漏油，漏水，異音，補機系統異常の有無を確認します．

(4) **ポンプ入力遮断試験**

(a) 試験目的

揚水発電所において全出力で揚水運転中に事故が発生したと同じようにポンプの入力遮断を行い，ポンプ水車の水圧，回転速度，発電機電動機電圧および水圧鉄管の圧力などを測定します．

測定値が設備の許容値を超えることなく，ポンプ水車と発電電動機が安全に停止できることを確かめます．

(b) 試験内容

ポンプ水車電動機が複数台ある場合は1台ごとに行い，試験前の回転速度，発電電動機電圧，力率は定格値で行います．

最初から全入力遮断となるため，ガイドベーンの閉鎖特性をあらかじめ検討します．また，前回の記録があれば無水試験時に比較しておきます．

1 水力発電

> **練習問題1**
>
> 水車発電機の負荷を遮断した場合，__(1)__ が上昇するため，急速に流量を減らす必要がある．一方，あまり急激に流量を減らすと，__(2)__ が上昇するので，適切な水口 __(3)__ を選ぶことが必要である．
>
> __(1)__ の上昇を発電機側で抑える方法として，発電機の __(4)__ を大きく設計する方法があるが，あまり大きくすると経済性を損なうことがある．

【解答】(1) 回転速度，(2) 水圧，(3) 閉鎖時間，(4) はずみ車効果

> **練習問題2**
>
> 水車発電機の負荷遮断試験の目的は，水車発電機が安全に __(1)__ 運転に移行できることを確かめることである．試験時に注意することは，回転速度，__(2)__，力率はなるべく __(3)__ で行うこと．試験結果は設備保全上問題となる最大水圧値，最大回転速度，最大発電機電圧などが __(4)__ 内にあるか確認する．

【解答】(1) 無負荷，(2) 発電機電圧，(3) 定格値，(4) 許容値

STEP 2

水車発電機の負荷遮断試験の測定結果から，電圧上昇率，速度変動率および水圧変動率を求めます．

(1) **電圧上昇率**

$$\delta_v = \frac{V_{max} - V_i}{V_n} \times 100 \,〔\%〕$$

ただし，V_{max}：負荷遮断後の発電機端子の最大電圧〔kV〕
V_i：遮断前の電圧〔kV〕，V_n：定格電圧〔kV〕

(2) **速度変動率 δ_n**

$$\delta_n = \frac{n_{max} - n_i}{n_n} \times 100 \,〔\%〕$$

ただし，n_{max}：負荷遮断後の水車の最大回転速度〔min^{-1}〕
n_i：遮断前の回転速度〔min^{-1}〕，n_n：定格速度〔min^{-1}〕

(3) 水圧変動率 δ_H

$$\delta_H = \frac{h_{max} - P_{st}}{H_{st}} \times 100 \ [\%]$$

ただし，h_{max}：水車中心における負荷遮断後の最大水圧〔m〕
　　　　P_{st}：水車中心における水車停止時の静水圧〔m〕
　　　　H_{st}：静落差〔m〕

練習問題1

発電機の極数が10で定格周波数50〔Hz〕で運転している水力発電所で負荷遮断試験を行ったところ，最大回転速度は785〔min^{-1}〕であった．速度上昇率（速度変動率）はいくらか．

【解答】　31〔%〕

【ヒント】　速度変動率 $\delta_n = \dfrac{n_{max} - n_i}{n_n} \times 100$ 〔%〕，

　　　　　同期速度 $n_n = \dfrac{120f}{p}$ 〔min^{-1}〕

練習問題2

定格周波数60〔Hz〕で運転している水力発電所で負荷遮断試験を行ったところ，速度上昇率（速度変動率）が30〔%〕であった．この発電機の極数を14とすれば，最大回転速度はいくらか．

【解答】　669〔min^{-1}〕

【ヒント】　速度変動率 $\delta_n = \dfrac{n_{max} - n_i}{n_n} \times 100$ 〔%〕

　　　　　発電機の同期速度 $n_n = \dfrac{120f}{p}$ 〔min^{-1}〕

STEP-3 総合問題

【問題1】 図のような立軸フランシス水車がある．流量2.0〔m³/s〕で運転している．吸出し管入口の直径を0.5〔m〕，出口の直径を1.0〔m〕，吸出し管出口は放水面より1.5〔m〕の深さにあり，放水面に働く大気の圧力は101.2〔kPa〕とし，内部損失は無視するものとする．次の問に答えよ．

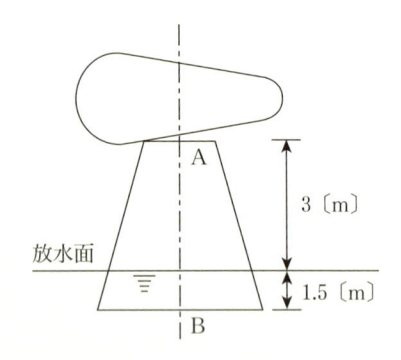

(a) 吸出し管入口 A の速度水頭〔m〕はいくらか．

(b) 吸出し管入口 A の圧力〔kPa〕はいくらか．

【問題2】 勾配 $\frac{1}{1500}$，こう長3〔km〕の開きょを持つ水力発電所がある．この発電所の取水口と放水口との高低差170〔m〕，水圧管の損失落差1.5〔m〕，放水口の損失落差1.0〔m〕，最大使用水量を50〔m³/s〕とし，水車の効率を86〔％〕，発電機の効率を96〔％〕とする．次の問に答えよ．

(a) 水力発電所の最大出力〔kW〕はいくらか．

(b) 水力発電所が年負荷率60〔％〕で運転する場合の年間発電電力量〔kW·h〕はいくらか．

【問題3】 有効落差100〔m〕で7500〔kW〕を発生する水車発電機があり，水車と発電機の効率はそれぞれ85〔％〕および95〔％〕で一定とし，水車のガイドベーン開度は変わらないものとする．いま，有効落差が81〔m〕に減少した．次の問に答えよ．

(a) 水車の流量〔m³/s〕はいくらか．

(b) 発電機出力〔kW〕はいくらか．

【問題4】 有効落差256〔m〕，出力40000〔kW〕，周波数50〔Hz〕のフランシス形水車の水力発電所がある．次の問に答えよ．

水車の比速度の限度 N_S の概数は，

$$N_S = \frac{23\,000}{H+30} + 40$$

で表され，H〔m〕は有効落差とする．
(a) 水車の比速度の限度 N_S〔m・kW〕はいくらか．
(b) 水車発電機の回転速度〔min^{-1}〕はいくらか．

【問題5】 有効揚程180〔m〕，ポンプ効率87〔%〕，電動機効率98〔%〕の揚水式発電所がある．揚水によって有効揚程および効率は変わらないものとする．次の問に答えよ．
(a) 下部池から4 000 000〔m³〕の水を揚水するために必要な電力量〔MW・h〕はいくらか．
(b) 揚水量を45〔m³/s〕としたとき，下部池の4 000 000〔m³〕の水を全て上部池へ揚水する所要時間〔h〕はいくらか．

【問題6】 定格周波数50〔Hz〕で運転している水力発電所で負荷遮断試験を行ったところ，速度変動率が30〔%〕であった．この発電機の極数は10とする．次の問に答えよ．
(a) 最大回転速度〔min^{-1}〕はいくらか．
(b) 負荷遮断直前の発電機出力が定格出力であり，速度調定率が3〔%〕とする場合の無負荷安定時の回転速度〔min^{-1}〕はいくらか．

第2章
汽力発電

第2章 Lesson 1 蒸気の性質

覚えるべき重要ポイント

- 飽和蒸気，臨界状態，湿り蒸気，乾き蒸気，過熱蒸気
- エンタルピー

STEP 1

(1) 蒸気の性質

水の場合で考えます．

(a) 顕熱

標準気圧において，温度0〔℃〕の水1〔kg〕を加熱して100〔℃〕まで上げるための熱のことを顕熱といいます．この状態では，沸騰飽和水となります．

標準気圧での熱量は，418.6〔kJ〕(100〔kcal〕) です．

(b) 潜熱

沸騰飽和水から飽和蒸気に変化するときに必要とされる熱のことを潜熱といいます．

標準気圧での熱量は，2 256.3〔kJ〕(539〔kcal〕) です．

(c) 飽和蒸気

一定の圧力のもとで水を加熱，沸騰して，水および蒸気の温度が上昇しない状態にある水を飽和水といい，このときの圧力を飽和圧力，温度を飽和温度といいます．

標準気圧での水1〔kg〕を飽和蒸気になるまでの熱量は，

$$418.6〔kJ〕+2\,256.3〔kJ〕=2\,674.9〔kJ〕(639〔kcal〕)$$

です．

この状態では，飽和水の温度も飽和蒸気の温度も同じとなり，標準気圧において100〔℃〕になります．

100〔℃〕で飽和蒸気となったときの飽和圧力は，温度が下がると飽和圧力も低下します．

〈参考〉

標準気圧（1〔atm〕）＝ 760〔mmHg〕＝ 1.033〔kgf/cm²〕＝ 101.325〔kPa〕
1気圧（1〔at〕）＝ 735.5〔mmHg〕＝ 1.0〔kgf/cm²〕＝ 98.1〔kPa〕

1〔kcal〕とは，水1〔kg〕を温度14.5〔℃〕から15.5〔℃〕に高めるのに必要な熱量をいいます．1〔kcal〕＝ 4.186〔kJ〕です．

(d) 臨界状態

ボイラの圧力を次第に高くして水を加熱していくと，第2.1図に示すとおり，飽和水と飽和蒸気の比重量〔kg/m³〕が等しくなります．この状態を臨界状態といいます．臨界状態では潜熱は0となり，水が一瞬にして飽和蒸気になります．

このときの圧力を臨界圧力，温度を臨界温度といい，臨界圧力は22.12〔MPa〕(225.56〔kgf/cm²〕)，臨界温度は374.15〔℃〕となります．

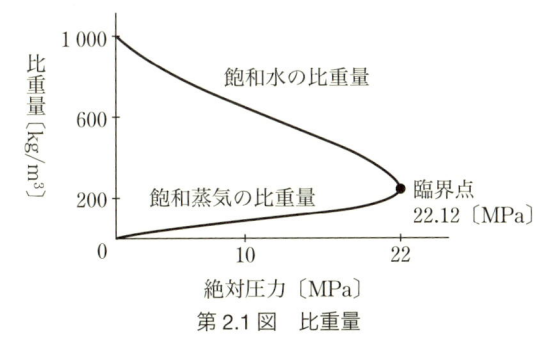

第2.1図　比重量

(e) 湿り蒸気と乾き蒸気

飽和蒸気のほかに微小な水滴が含まれている蒸気を湿り蒸気といい，水分を含んでいない完全な飽和蒸気を乾き蒸気といいます．湿り蒸気と乾き蒸気の関係を第2.2図に示します．

1〔kg〕の湿り蒸気中にx〔kg〕の乾き蒸気があるときに，乾き度と湿り度は次の式から求めます．

　　　x　：湿り蒸気の乾き度
　　　$1-x$：湿り度

第2.2図　湿り蒸気と乾き蒸気

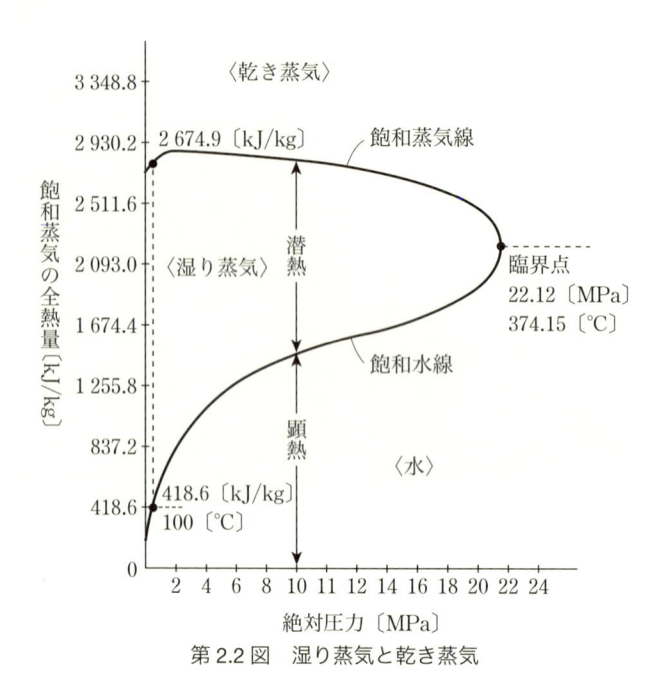

(f) 過熱蒸気

乾き蒸気をさらに加熱すると，温度が上昇します．このような蒸気を過熱蒸気といい，その蒸気の温度を過熱温度といいます．

また，過熱温度と飽和温度の差を過熱度といいます．

(2) **エンタルピー**

水や蒸気の保有する熱量をエンタルピーといい，0〔℃〕における水1〔kg〕の持っている熱量を基準（0）とし，単位は〔kJ/kg〕，記号は i で表します．

(3) **エントロピー**

水や蒸気の状態変化量を表すもので，単位は〔kJ/K・kg〕，記号は s で表します．エントロピーは，熱が加えられ，熱が奪われたときに増減します．$T-s$ 線図を第2.3図に示します．

温度 T 〔K〕
エントロピー s 〔kJ/K・kg〕
臨界点 22.12〔MPa〕 374.15〔℃〕
飽和水線　飽和蒸気線
水　湿り蒸気　乾き蒸気

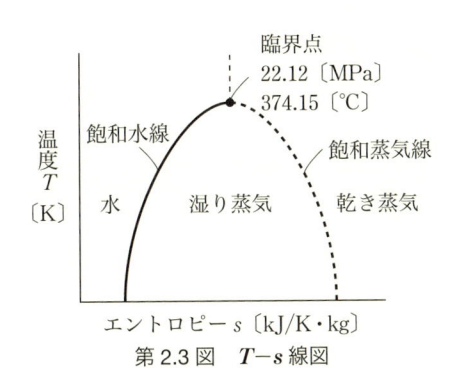

第2.3図　$T-s$ 線図

練習問題1

　水762〔kJ/kg〕のエンタルピーでボイラに給水され，加熱されて生じた蒸気は2 800〔kJ/kg〕のエンタルピーであった．1〔t〕の蒸気が得た熱量〔kJ〕はいくらか．

【解答】　$2\,038\times10^3$〔kJ〕

【ヒント】　i_2-i_1

練習問題2

　蒸気600〔kg〕の中に20〔kg〕の水分がある場合の湿り度と乾き度を求めよ．

【解答】　湿り度：0.0333（3.33〔%〕），乾き度：0.967（96.7〔%〕）

【ヒント】　$1-x$

第2章 Lesson 2 熱サイクル

覚えるべき重要ポイント
- ランキンサイクル，再熱サイクル，再生サイクル
- サイクル効率
- 熱効率の向上対策

STEP 1

(1) ランキンサイクル

ランキンサイクルは，蒸気タービンを用いた汽力発電所で利用される基本的な熱サイクルです．第2.4図にその構成概要，$T-s$ 線図および $P-v$ 線図を示します．

各過程の状態変化

- $1 \to 2$：給水ポンプによる断熱圧縮
- $2 \to 3$：ボイラでの等圧加熱
- $3 \to 4$：ボイラでの等温等圧加熱（乾き蒸気）
- $4 \to 5$：過熱器での等圧加熱（過熱蒸気）
- $5 \to 6$：タービンでの断熱膨張
- $6 \to 1$：復水器での等温等圧冷却

サイクル効率 η〔%〕は，各点のエンタルピーを $i_1 \sim i_6$〔kJ/kg〕とします．ただし，Q_1 はタービンにより仕事に変えられた熱量，Q_2 は復水に持ちさられる熱量とします．

$$\eta = \frac{仕事に変わった熱量\ (Q_1)}{加えられた全熱量\ (Q_1+Q_2)} \times 100 \,〔\%〕$$

$$= \frac{(i_5-i_6)-(i_2-i_1)}{i_5-i_2} \times 100 = \frac{(i_5-i_6)-(i_2-i_1)}{(i_5-i_1)-(i_2-i_1)} \times 100$$

$$\fallingdotseq \frac{i_5-i_6}{i_5-i_1} \times 100 \,〔\%〕$$

(a) 構成概要

(b) T−s 線図　　(c) P−v 線図

第 2.4 図　ランキンサイクル

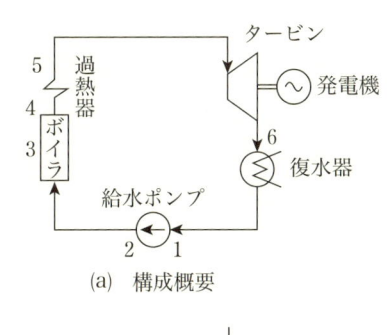

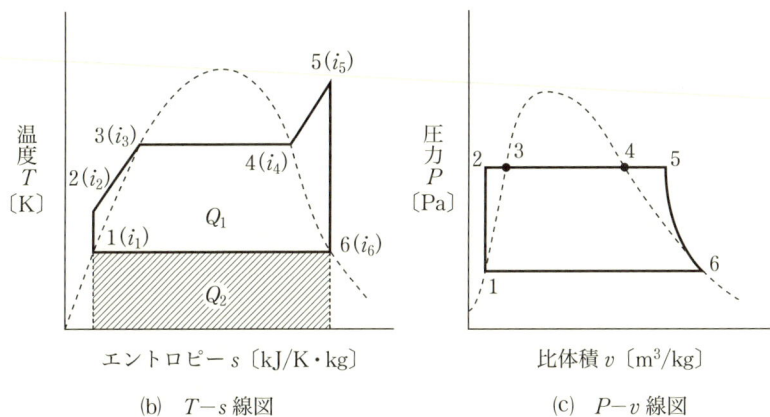

(2) 再熱サイクル

再熱サイクルは，高圧蒸気タービンで仕事をした蒸気を再びボイラへ送って再加熱し，過熱度を高めてから再び中圧，低圧蒸気タービンへ送って最終圧力まで膨張させるものです．

単位蒸気当たりの出力が増加し，熱効率も向上します．構成概要と $T-s$ 線図を第 2.5 図に示します．

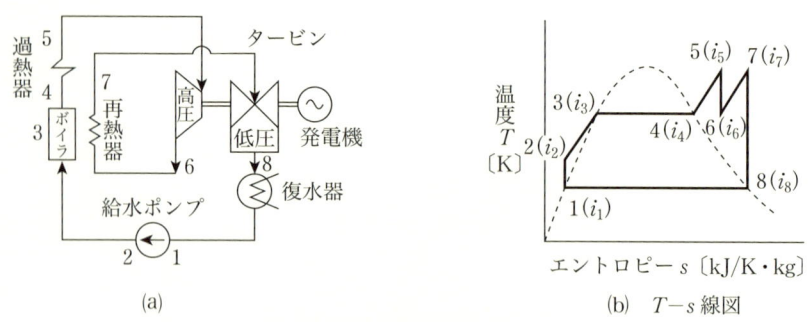

② 汽力発電

第2.5図　再熱サイクル

(a)

(b) $T-s$ 線図

サイクル効率 η〔%〕は，各点のエンタルピーを $i_1 \sim i_8$〔kJ/kg〕とすると，

$$\eta = \frac{(i_5-i_6)+(i_7-i_8)-(i_2-i_1)}{(i_5-i_2)+(i_7-i_6)} \times 100 \text{〔%〕}$$

(3) 再生サイクル

再生サイクルは，復水器の冷却水による放出（熱損失）を軽減するため，蒸気タービン内で膨張している途中の蒸気の一部を抽出（抽気）し，その蒸気をボイラ給水の加熱に利用するものです．

抽気することによりタービン出力は若干減少しますが，給水温度の上昇によりボイラで使用する燃料の節約にもなり，サイクル効率は向上します．

タービン排気量が減少しますので，タービン最終段翼の小形化ができます．構成概要と $T-s$ 線図を第2.6図に示します．

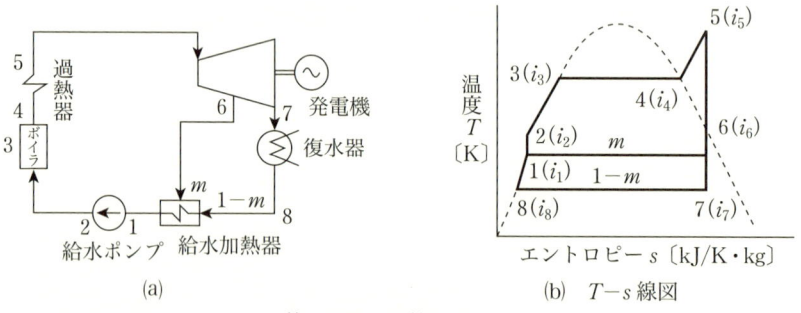

第2.6図　再熱サイクル

(a)

(b) $T-s$ 線図

第2.6図に示す1段抽気の場合，抽気割合を m とすると，mi_6 の熱エネルギーが回収されますが，仕事は $m(i_6-i_1)$ 熱だけ減少します．

(a) 抽気割合 m を求める

抽気割合を m とすると，給水加熱器において次式が成り立ちます．
$$mi_6+(1-m)i_8 = mi_1+(1-m)i_1$$
$$i_1 = m(i_6-i_8)+i_8$$

以上より，抽気割合 m は，
$$m = \frac{i_1-i_8}{i_6-i_8}$$

(b) サイクル効率 η〔％〕は，各点のエンタルピーを $i_1 \sim i_8$〔kJ/kg〕とすると，
$$\eta = \frac{(1-m)(i_6-i_7)+(i_5-i_6)}{i_5-i_1} \times 100$$
$$= \frac{(i_5-i_7)-m(i_6-i_7)}{i_5-i_1} \times 100 \text{〔％〕}$$

練習問題1

汽力発電所の熱サイクルの基本となるのは (1) サイクルであるが，実際には，高圧タービンから出た蒸気を再びボイラで加熱して温度を高める (2) サイクルおよびタービンの途中から蒸気を取り出して給水を加熱する (3) サイクルならびにこれらを組み合わせた (4) サイクルが用いられている．

【解答】 (1) ランキン，(2) 再熱，(3) 再生，(4) 再熱再生

練習問題2

ランキンサイクルで熱効率向上のため (1) を上げると，タービン内の膨張過程の終わりで，蒸気の (2) が増し，タービン効率の低下，タービン翼の浸食等を起こす．また，最初から (3) を高くとるのも材料強度上好ましくない．このため，ある圧力まで膨張した蒸気をボイラに戻し，(4) で加熱し，再びタービンに送る方式がとられるが，これを (5) サイクルという．

【解答】 (1) 蒸気圧力，(2) 湿り度，(3) 蒸気温度，(4) 再熱器，
(5) 再熱

STEP-2

(1) 熱効率向上策

(a) 高温，高圧蒸気の採用

高温，高圧蒸気の採用により，タービン入口の蒸気温度と圧力が高くなり，流入エネルギーが大きくなります．

(b) 復水器の真空度を上げる

復水器の真空度を増加すればタービン出口背圧は低くなり，排出エネルギーは小さくなります．

また，タービン内の熱落差を増加させることができるので，熱サイクル効率は向上します．

(c) 再熱サイクルの採用

高圧タービンから排出した蒸気を取り出し，再熱器で加熱し，再びタービンの中圧段または低圧段に戻すもので，低圧段における蒸気の湿りを減少させ，熱効率を向上させます．

(d) 再生サイクルの採用

タービンからの抽気を利用することにより，給水を加熱するので熱効率が向上します．また，排熱や復水器の冷却水で奪われる熱損失が減少します．

(e) 空気予熱器の設置

排ガスの熱で燃焼用の空気を予熱すると，炉内温度が高くなり，燃料の蒸発量と燃料温度が増加し，燃料が完全燃焼となり燃焼効率が向上します．

(f) 節炭器の設置

排ガスの熱で給水を加熱するため，熱効率が向上します．

練習問題1

汽力発電所の熱効率の低下の原因として，誤っているのは次のうちどれか．

(1) ボイラの給水温度低下
(2) ボイラの排ガス温度低下
(3) 復水器の真空度低下
(4) ボイラの主蒸気温度低下
(5) ボイラの排ガス酸素濃度上昇

【解答】 (2)

> **練習問題 2**
> 　毎時 320〔t〕の蒸気を使うタービン出力 75 000〔kW〕の汽力発電所がある．タービン入口蒸気エンタルピー $i_1 = 3\,390.7$〔kJ/kg〕，復水器入口蒸気エンタルピー $i_2 = 2\,344.2$〔kJ/kg〕，および復水のエンタルピー $i_3 = 146.5$〔kJ/kg〕であるときタービンの有効効率〔%〕と熱効率〔%〕を求めよ．

【解答】 タービンの有効効率：80.6〔%〕，熱効率：26.0〔%〕

【ヒント】 タービンの有効効率 η_C〔%〕

$$\eta_C = \frac{75\,000\,\text{〔kW〕} \times 3\,600\,\text{〔s〕}}{320 \times 10^3\,\text{〔kg〕} \times (i_1 - i_2)\,\text{〔kJ/kg〕}} \times 100$$

熱効率 η〔%〕

$$\eta = \frac{75\,000\,\text{〔kW〕} \times 3\,600\,\text{〔s〕}}{320 \times 10^3\,\text{〔kg〕} \times (i_1 - i_3)\,\text{〔kJ/kg〕}} \times 100$$

3 燃料と燃焼装置
Lesson

覚えるべき重要ポイント
- 燃料の種類と特徴
- 理論空気量，実際空気量

STEP 1

(1) 燃料の種類

汽力発電所のボイラに使用される燃料は，固体燃料，液体燃料および気体燃料に分類されます．

(a) 固体燃料

石炭，コークスがあり，石炭のうちで「れき青炭」が最も多く使用されています．

石炭には炭素，水素，硫黄などの可燃成分と灰分などの不燃成分が含まれています．

〈石炭の成分（一例）〉

炭素 62〔％〕，水素 5〔％〕，酸素 12〔％〕，硫黄 24〔％〕，水分 1〔％〕，灰分 10～20〔％〕

〈発熱量〉

20 930～31 400〔kJ/kg〕(5 000～7 500〔kcal/kg〕)

〈特徴〉

(i) 採掘された場所により，燃料の性質（揮発分，硫黄分，水分）が異なる

(ii) 硫黄分があるため，大気汚染対策装置が必要

(b) 液体燃料

重油，軽油および原油があり，おもに重油が使用されています．

(i) 原油

原油には，揮発性の軽質分が含まれているため，重油よりも比重が小さく，粘度，引火点とも低いため引火爆発の危険性が高くなります．このため，防爆対策が必要です．

(ii) 重油

重油は，原油から蒸留によりガソリン，灯油，軽油などの軽質分とアスファルト，ピッチを取り除いたものです．A重油，B重油，C重油に分けられ，残留炭素分が1〜12〔%〕でナフサ，原油よりも多く，ばいじん成分が多くなっています．

〈重油の成分（一例）〉

　炭素 86〔%〕，水素 10〜12〔%〕，硫黄 0.5〜2〔%〕

〈発熱量〉

　41 020〜43 950〔kJ/kg〕（9 800〜10 500〔kcal/kg〕）

〈特徴〉

　(i) 石炭と比較して運搬が容易で発熱量が高い

　(ii) 硫黄分があるため，大気汚染対策装置が必要

(c) 気体燃料

液化天然ガス（LNG：Liquefied Natural Gas），液化石油ガス（LPG：Liquefied Petroleun Gas），高炉ガスなどがあり，おもに液化天然ガスが使用されています．

〈液化天然ガスの成分（一例）〉

　メタン 88〔%〕，エタン 5〔%〕，プロパン 4〔%〕，ブタン 1.5〔%〕

〈発熱量〉

　41 860〜50 230〔kJ/N・m^3〕（10 000〜12 000〔kcal/N・m^3〕）

〈特徴〉

　(i) 貯蔵，輸送時は液体として，燃焼時は気体として取り扱いが容易

　(ii) 着火温度が高く（645〔℃〕），安全

　(iii) 燃焼効率がよく，すす，灰の発生がなく，硫黄分を含んでいない

(2) 燃焼装置

(a) 石炭の燃焼装置

　(i) 微粉炭燃焼

現在，大部分の石炭火力発電所では，石炭を微粉炭機（ミル）で微粉してバーナに送って燃焼する微粉炭燃焼を採用しています．

〈特徴〉

　(i) 燃焼効率がよい

(ii) 低質炭から上質炭まで使用できる

(iii) 所内動力が大きい

(ii) 流動層燃焼

多孔板上に粒径1～5〔mm〕の石炭と固形粒子（砂と石灰石）を供給し，下から空気を送って，多孔板上の粒子層を流動化して燃焼します（第2.7図参照）．

〈特徴〉

(i) NO_x（窒素酸化物）の発生を抑制できる

(ii) 石灰石により SO_x（硫黄酸化物）の排出を抑えることができる

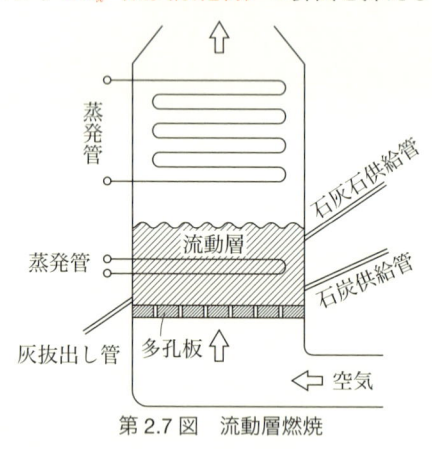

第2.7図 流動層燃焼

(b) 重油の燃焼装置

重油タンクから送油ポンプで小出しにタンクへ送り，重油を加熱した後にバーナに送って燃焼させます．

(c) 液化天然ガスの燃焼装置

LNGタンクの液体をLNG気化器に海水を散水して気体に変え，バーナに送って燃焼させます．

自然気化によってLNGタンクの上部に溜まる気化ガス（BOG：Boil Off Gas）は，そのままバーナに送って燃焼させます．

〈特徴〉

(i) ガスバーナの構造が簡単

(ii) 燃料の調整が容易

(iii) 完全燃焼ができ，硫黄含有がほとんどないため大気汚染が少ない

練習問題1

石炭の湿分とは，石炭の (1) に付着している水分をいい，石炭の水分とは，石炭 (2) に吸着，凝着している水分をいう．炭化度が進むに従って水分は減少する．

石炭の可燃成分は，おもに固定炭素と揮発分である．揮発分は炭化度が進んだものほど (3) ，固定炭素は (4) なる．

【解答】 (1) 表面，(2) 内部，(3) 少なく，(4) 多く

練習問題2

LNGは天然ガスを (1) したものであり，その主成分は (2) である．LNGは液化の過程において不要成分を分離，除去されているため，燃焼時に (3) 酸化物が生じない (4) な燃料である．

【解答】 (1) 液化，(2) メタン，(3) 硫黄，(4) クリーン

STEP 2

(1) 理論空気量

燃料を燃焼させるには空気中の酸素が必要で，大気中には約21〔％〕の酸素が含まれています．

燃焼に必要な最少の空気量を理論的に算出したものを理論空気量といいます．

〈重油を燃焼するための理論空気量の計算〉

重油の化学成分は，炭素C，水素H，硫黄Sがあり，各成分の原子量は，C＝12，H＝1，S＝32とします．

(a) 燃焼の反応式

$$C + O_2 = CO_2$$
$$2H_2 + O_2 = 2H_2O$$
$$S + O_2 = SO_2$$

(b) 理論空気量 A_0

標準気圧状態（273.15〔K〕，101.325〔kPa〕）における気体の体積は

② 汽力発電

22.41×10^{-3}〔N・m³/mol〕,空気の酸素濃度は 21〔%〕ですから,

$$A_0 = \frac{1}{0.21}\left(\frac{22.41}{12}C + \frac{22.41}{4}H + \frac{22.41}{32}S\right) \times 10^{-3} \text{〔N・m}^3\text{/g〕}$$

(c) 計算例

毎時 70〔t〕の重油をボイラで燃焼に必要な理論空気量〔N・m³/h〕を求めよ.ただし,重油の化学成分(重量)は,炭素 C = 85〔%〕,水素 H = 12〔%〕,硫黄 S = 2〔%〕とします.

炭素 C = $70 \times 10^3 \times 0.85 = 59.5 \times 10^3$〔kg〕

水素 H = $70 \times 10^3 \times 0.12 = 8.4 \times 10^3$〔kg〕

硫黄 S = $70 \times 10^3 \times 0.02 = 1.4 \times 10^3$〔kg〕

$$A_0 = \frac{1}{0.21}\left(\frac{22.41}{12} \times 59.5 + \frac{22.41}{4} \times 8.4 + \frac{22.41}{32} \times 1.4\right) \times 10^6 \times 10^{-3}$$

$\fallingdotseq 758\,000$〔N・m³/h〕

(2) **実際空気量**

燃焼において実際に供給される空気量を実際空気量といいます.

一般に,理論空気量で完全燃焼させることは不可能であり,理論空気量より多く空気を供給します.

(3) **過剰空気量**

実際空気量と理論空気量の差を過剰空気量といいます.

過剰空気量〔N・m³/g〕 = 実際空気量 − 理論空気量

(4) **空気比**

理論空気量に対する実際空気量の比を空気比といいます.

$$\text{空気比 } m = \frac{\text{実際空気量 }A}{\text{理論空気量 }A_0}$$

練習問題 1

炭素 2〔kg〕が完全に燃焼するに必要な理論空気量〔N・m³〕を求めよ.

ただし,炭素 C の原子量 12,空気の酸素濃度は 21〔%〕とする.

【解答】 17.79〔N・m³〕

【ヒント】 $A_0 = \dfrac{1}{0.21} \times \dfrac{22.41}{12} \times C \times 10^{-3}$〔N・m³/g〕

第2章 Lesson 4 汽力発電所の諸効率

覚えるべき重要ポイント

- ボイラ効率，タービン効率，タービン室効率および発電機効率
- 発電端熱効率，送電端熱効率

STEP 1

汽力発電所の諸効率

汽力発電所には各種効率があり，第2.8図の系統図より求めます．

(1) **ボイラ効率**

供給された燃料の発熱量に対する発生蒸気の吸収熱量の割合をボイラ効率といいます．

$$\text{ボイラ効率 } \eta_B = \frac{Q_B}{Q_{in}} = \frac{Z(i_s - i_w)}{BH}$$

ただし，Q_B：ボイラで水が得たエネルギー〔kJ/h〕

Q_{in}：燃料の熱エネルギー〔kJ/h〕

B：燃料の使用量〔kg/h〕

H：燃料の発熱量〔kJ/kg〕

Z：1時間当たりの蒸気，給水の流量〔kg/h〕

i_s：ボイラ出口の蒸気のエンタルピー〔kJ/kg〕

i_w：ボイラ入口の水のエンタルピー〔kJ/kg〕

(2) **タービン効率**

蒸気の熱エネルギーが有効に機械エネルギーに変換される割合をタービン効率といいます．

$$\text{タービン効率 } \eta_T = \frac{Q_T}{Q_{in}} = \frac{3\,600 P_T}{Z(i_s - i_e)}$$

ただし，Q_T：動力に変換されるエネルギー〔kJ/h〕

Q_{in}：タービンで消費されるエネルギー〔kJ/h〕

P_T：タービンの出力〔kW〕

Z：1時間当たりの蒸気の流量〔kg/h〕

i_s：タービン入口の蒸気のエンタルピー〔kJ/kg〕

i_e：タービン出口の蒸気のエンタルピー〔kJ/kg〕

(3) タービン室効率

　タービン入口から復水器出口までの間の蒸気の吐き出した熱エネルギーと変換された機械エネルギーの割合をタービン室効率といいます．

$$タービン室効率\ \eta_H = \frac{Q_T}{Q_{in}} = \frac{3\,600 P_T}{Z(i_s - i_c)}$$

　ただし，Q_T：動力に変換されるエネルギー〔kJ/h〕

Q_{in}：タービンから復水器までに消費される
　　　エネルギー〔kJ/h〕

P_T：タービンの出力〔kW〕

Z：1時間当たりの蒸気の流量〔kg/h〕

i_s：タービン入口の蒸気のエンタルピー〔kJ/kg〕

i_c：復水器出口のエンタルピー〔kJ/kg〕

(4) 発電機効率

発電機出力のタービン出力に対する比を発電機効率といいます．

$$発電機効率\ \eta_G = \frac{P_G}{P_T}$$

　ただし，P_G：発電機出力〔kW〕

P_T：タービン出力〔kW〕

(5) 発電端熱効率

燃料の熱量に対する発電機出力の比を発電端熱効率といいます．

$$発電端熱効率\ \eta_P = \frac{Q_{OUT}}{Q_{in}} = \frac{3\,600 P_G}{BH}$$

$$\eta_P = \eta_B \cdot \eta_H \cdot \eta_G$$

　ただし，Q_{OUT}：電気に変換されるエネルギー〔kJ/h〕

Q_{in}：燃料の熱エネルギー〔kJ/h〕

P_G：1時間の発電機出力〔kWh〕

B：燃料の使用量〔kg/h〕

H：燃料の発熱量〔kJ/kg〕

(6) 送電端熱効率

燃料の熱量に対する発電機出力の比を送電端熱効率といいます．

$$送電端熱効率\ \eta_S = \eta_P(1-L) = \frac{3\,600 P_G(1-L)}{BH}$$

ただし，η_P：発電端熱効率
　　　　L：所内比率
　　　　P_G：1時間の発電機出力〔kW・h〕
　　　　B：燃料の使用量〔kg/h〕
　　　　H：燃料の発熱量〔kJ/kg〕

(7) 所内比率

所内で使われるポンプなどの補機類の消費電力（所内電力）と発電電力の比を所内比率といいます．

$$所内比率\ L = \frac{所内電力\ P_L}{発電電力\ P_G}$$

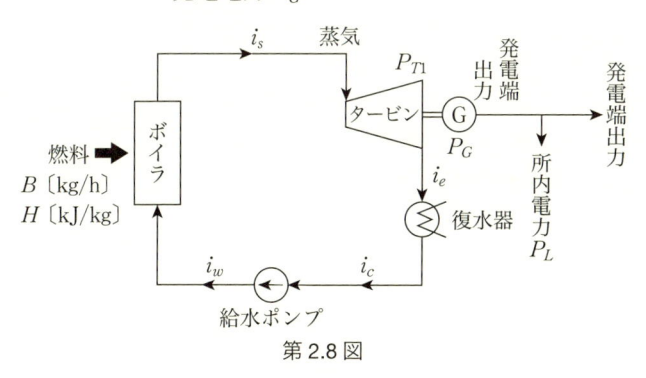

第2.8図

（注）　1〔kW〕＝1〔kJ/s〕ですから，
　　　　1〔kW・h〕＝1〔kW〕×1〔h〕
　　　　　　　　　＝1〔kJ/s〕×3 600〔s〕＝3 600〔kJ〕

② 汽力発電

(8) 汽力発電所の損失

平均的な各部の損失を第2.9図に示します．復水器での損失が最も大きくなります．

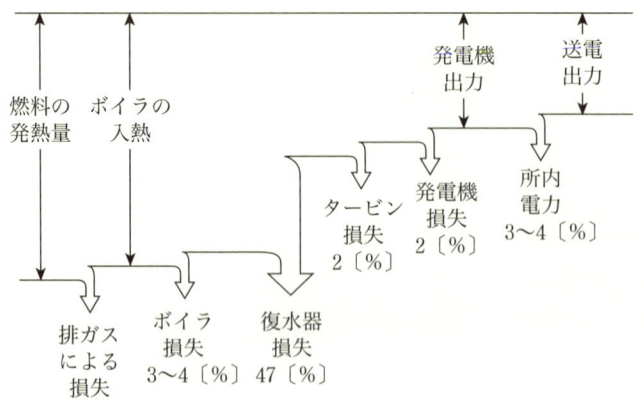

第2.9図 汽力発電所の損失

練習問題1

ボイラ入口の給水のエンタルピー1 026〔kJ/kg〕，ボイラ出口のエンタルピー3 851〔kJ/kg〕，蒸気および給水量2 200〔t/h〕，燃料消費量168〔kL/h〕，燃料発熱量41 020〔kJ/L〕の汽力発電所のボイラ効率〔%〕を求めよ．

【解答】 90.2〔%〕

【ヒント】 $\eta_B = \dfrac{Z(i_s - i_w)}{BH}$

練習問題2

出力500 000〔kW〕で運転中の火力ユニットで発熱量40 190〔kJ/L〕の重油を毎時110〔kL〕使用している．所内比率4〔%〕とすると，送電端熱効率〔%〕を求めよ．

【解答】 39.1〔%〕

【ヒント】 送電端熱効率 = 発電端熱効率 ×（1− 所内比率）

第2章 Lesson 5 ボイラ

覚えるべき重要ポイント

- ボイラの種類，付属設備，保安装置
- ボイラの熱損失
- ボイラの保安装置

STEP 1

(1) ボイラ設備

汽力発電所のボイラには，自然循環ボイラ，強制循環ボイラおよび貫流ボイラがあります．

ボイラ本体は，缶水の保有と蒸気の分離を行うドラム，加熱・蒸発を行う火炉および水冷壁によって構成されています．なお，貫流ボイラは火炉と水冷壁のみによって構成されています．

(a) 自然循環ボイラ

ドラムから下降管を降下した水は，燃焼室で発生した高温の燃焼ガスにより，水管群に熱を与え，蒸発管で蒸気となり，再びドラムに戻ってきます．

水の温度による比重差や水と蒸気の比重差により水を循環させるボイラを自然循環ボイラといい，発生した蒸気はドラムの上方で水分と分離して，タービンへ送られます（第2.10図参照）．

(b) 強制循環ボイラ

ボイラの蒸気圧が高くなると，水と蒸気の比重差が小さくなり，ドラムと水管の間での水と蒸気の自然循環が困難となります．

下降管の途中に循環ポンプを設けて強制的にボイラ水を循環されるボイラを強制循環ボイラといいます（第2.11図参照）．

〈特徴〉
  (i) ボイラの高さを低くできる
  (ii) 循環速度が速くなり，ボイラ内水量も少なくなるため，始動が速くなる

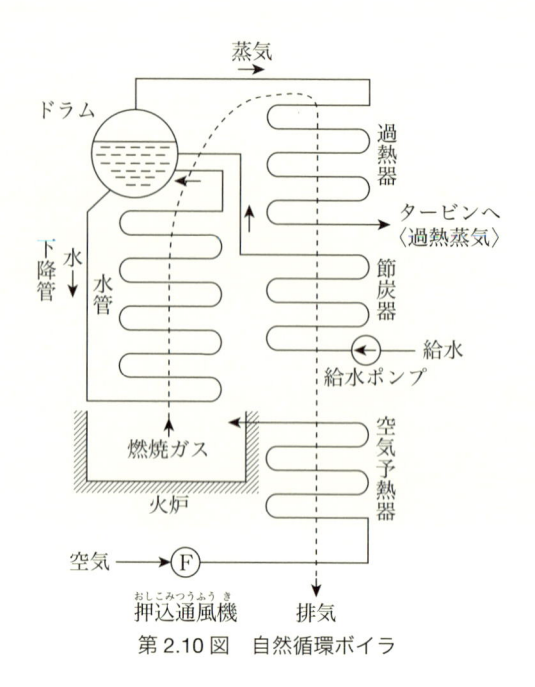

第2.10図　自然循環ボイラ

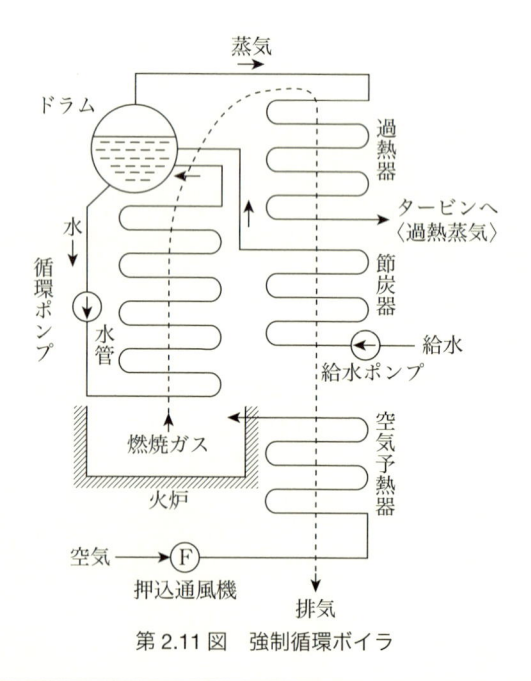

第2.11図　強制循環ボイラ

(c) 貫流ボイラ

　長い管の一端から給水ポンプで水を押し込み，途中で加熱し，発生した蒸気を過熱蒸気にして，他端からタービンへ送り込むボイラを貫流ボイラといいます．

　蒸気圧力が臨界圧力以上になると，水と蒸気の混合した状態はなくなり，飽和水から直ちに飽和蒸気になります．過熱器を経て過熱蒸気をタービンへ送り込みます（第2.12図参照）．

〈特徴〉
(ⅰ) ドラムや汽水分離器が不要
(ⅱ) 臨界圧力・臨界温度以上の蒸気を得ることができる
(ⅲ) 保有水量が少ないため，急な始動，停止ができ，出力変動に対する応答が良好

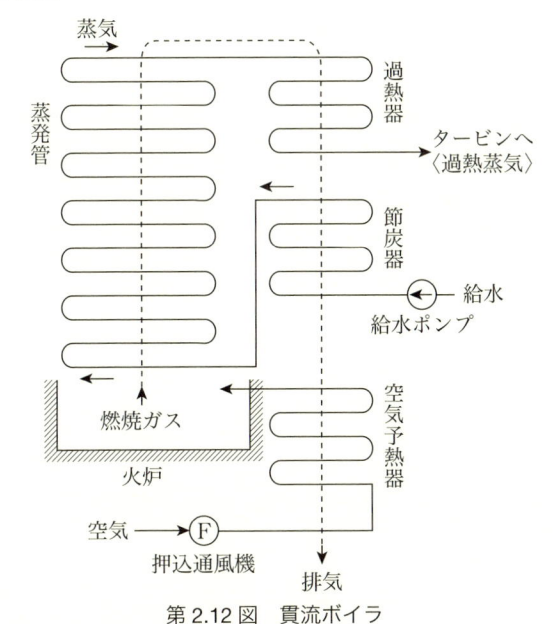

第2.12図　貫流ボイラ

(2) ボイラの付属設備

　ボイラの付属設備は第2.13図に示すように，過熱器，再熱器，節炭器，空気予熱器，通風装置および集じん装置があります．

❷ 汽力発電

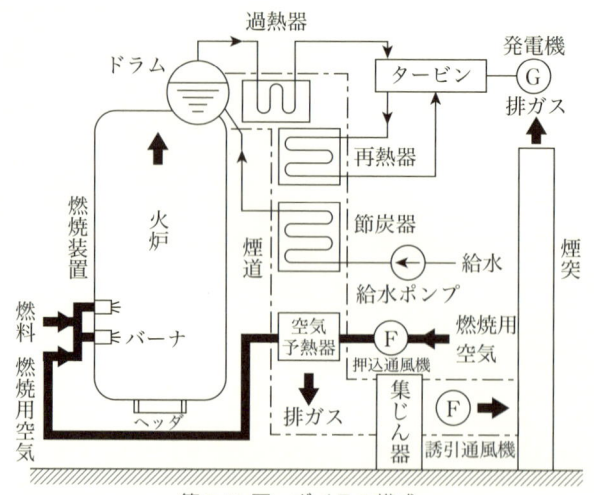

第2.13図　ボイラの構成

(a) 節炭器

ボイラの排ガスは，多くの熱量を有しています．節炭器では，この排ガスの余熱を利用してボイラ給水を飽和温度近くまで加熱することによって，燃料の節約，ボイラの熱損失が減少してボイラ効率が向上します．

(b) 空気予熱器

節炭器を通った排ガスは，まだ相当の熱量を有しています．空気予熱器は押込通風機より送られてきた燃焼用空気を排ガスで予熱するものです．

これにより，燃焼効率が高くなり，過剰空気量が少なくなり，ボイラ損失が減少してボイラ効率が向上します．

(c) 過熱器

過熱器は蒸発管で発生した飽和蒸気を過熱し，過熱蒸気にしてタービンに送り出す装置です．

(d) 再熱器

再熱器は高圧タービンで膨張して飽和温度近くになった蒸気を取り出し，再びボイラに戻して過熱温度近くまで加熱し，タービンの中圧・低圧部に送り出す装置です．

(e) 通風装置

通風装置には空気予熱器で暖めた空気を押込通風機で火炉に送るとともに，

誘引通風機により強制的に排ガスを煙突へ吸い出す装置があります．

　(f) 集じん装置

　煙突から排出される排ガス中のすす，粉じんなどの浮遊粒子を事前に取り去る装置を集じん装置といい，機械式と電気式があります．

　(i) 機械式集じん装置

　浮遊粒子を遠心力によって除去します．

　(ii) 電気式集じん装置

　浮遊粒子のコロナ放電を利用して電荷を与え，これに電界を加えてクーロン力によって浮遊粒子を除去します．

　集じん効率は約 98〔％〕と高くなっています．

練習問題 1

　汽力発電所のボイラに関する記述である．誤っているのは次のうちどれか．

(1) ドラムボイラには，自然循環ボイラと強制循環ボイラがある．
(2) 自然循環ボイラは，蒸発水管と下降管中の水の密度差によってボイラ水を循環させる．
(3) 強制循環ボイラは，ボイラ水ポンプで強制的に循環させるため，超臨界圧でも使用できる．
(4) 強制循環ボイラは，自然循環ボイラに比べて，ボイラチューブの径を小さく，また，ボイラの高さを低くすることができる．
(5) 貫流ボイラは，亜臨界圧から超臨界圧まで採用されている．

【解答】　(3)

② 汽力発電

> **練習問題2**
> 汽力発電所のボイラ関係の各装置に関する記述である．誤っているのは次のうちどれか．
> (1) 空気予熱器は，タービン排気蒸気熱を利用して供給空気を加熱し，節炭器とともにボイラプラント全体の効率を高める装置である．
> (2) 節炭器は，煙道ガスの余熱を利用しボイラ給水を加熱し，ボイラプラント全体の効率を高める装置である．
> (3) 再熱器は，再熱サイクルにおいて，熱効率の向上のため高圧タービンと低圧タービンとの間で蒸気をボイラに戻して，再過熱する装置である．
> (4) 過熱器は，ボイラ本体で発生した蒸気をさらに昇温して過熱蒸気をつくる装置である．
> (5) 通風装置は，ボイラの燃焼に必要な空気の供給と燃焼ガスをボイラの伝熱面を通過させて大気に放出するための装置である．

【解答】 (1)

STEP 2
(1) **ボイラの熱損失**

(a) 排気中水蒸気の蒸発熱による損失

燃料からの水分の蒸発と燃焼空気中の水分が持ち去る熱量です．

石炭だきのボイラにおいては，ボイラ熱損失中で最も大きくなることがあります．

(b) 排ガス損失

煙道から排出される排ガスが持ち去る熱量が排ガス損失です．排ガス損失は，排ガスの量，比熱および外気との温度差に依存しており，ボイラ損失のなかで最も大きいです．

(c) 放射熱損失

ボイラ壁などボイラ本体から外部へ放射される熱量が放射熱損失です．

(d) 不完全燃焼による損失

不完全燃焼によって煙道ガス中に CO（一酸化炭素），H_2（水素），CH（炭

化水素）などの未燃焼分が残る損失で，COが最も多いです．

　(e)　その他

　灰の中に残された燃料成分による未燃焼分損失，ボイラのブローや安全弁の吹き出しによる損失などがあります．

(2) ボイラの保安装置

　(a)　燃料遮断装置（MFT：Master Fuel Trip）

　ボイラ運転中に燃料，缶水循環，空気の各系統が異常となり，ボイラ燃焼が不安定，火炉圧の異常高，再熱器焼損などが発生し，安全に運転ができなくなったとき，直ちに燃料元弁を遮断し，バーナを消火させてボイラを停止する装置です．

　(b)　パージインターロック

　ボイラ点火時の事故を未然に防止する機能で，火炉に残っている未燃ガスを除去し，ボイラ各系統が正常であることを確認しなければ点火ができないようになっています．

　(c)　安全弁

　負荷遮断などによって蒸気圧力が規定値以上になったときに，蒸気を大気に噴出し，内部圧力を低下させて機器の破損を防止するものです．

　安全弁は，ドラム，過熱器および再過熱器に設置しています．

(3) ボイラの運転方法

　(a)　定圧運転

　蒸気圧力を一定にしたまま，加減弁開度を変化させて蒸気流量調整を行う運転を定圧運転といいます．

　(b)　変圧運転

　加減弁開度を一定にしたまま，蒸気圧力を変化させて蒸気流量調整を行う運転を変圧運転といいます．

練習問題1

汽力発電所のボイラの損失となるものを挙げた記述である．誤っているのは次のうちどれか．

(1) 燃料中の硫黄分が亜硫酸ガスとなる熱量
(2) 排ガス中の水蒸気の熱量
(3) 煙突から放出される排ガスの持ち去る熱量
(4) 不完全燃焼による未燃焼分の熱量
(5) 火炉壁，ボイラ附属設備周辺から大気中に放散される熱量

【解答】 (1)

練習問題2

ボイラの保安装置は，　(1)　の喪失，通風不良，水循環　(2)　が継続すると，ボイラチューブの破壊や炉内ガスの爆発などの重大事故が起きてしまう．このため，ボイラ設備に異常が発生し，危険な状態となった場合に，　(3)　(MFT)，　(4)　を設置してボイラ設備の破損防止を図っている．

【解答】 (1) 燃料, (2) 不良, (3) 燃料遮断装置, (4) 安全弁

第2章 Lesson 6 蒸気タービン

覚えるべき重要ポイント
- 蒸気サイクルによるタービンの分類
- 蒸気タービンの保安装置

STEP 1

(1) 蒸気タービンの分類

汽力発電所などに使用される蒸気タービンは，ノズルで蒸気の圧力を速度に変えて動翼に当てています．構造は横軸形で，衝動タービンと反動タービンに分類されます．

(a) 衝動タービン

高速の蒸気を羽根に作用させて，その衝撃によって羽根車を回転させるタービンです．

(b) 反動タービン

高速の蒸気を羽根の内部で膨張させて，その反動で羽根車を回転させるタービンです．

(2) 蒸気サイクルによる分類

(a) 単純タービン

タービン入口から入った蒸気全量を，最後の圧力段まで流すもので，復水式と背圧式があります．

　(i) 復水タービン

蒸気の全熱量を可能な限り多く利用し，蒸気タービン内で十分低圧まで膨張させ，タービンの排気を復水器で復水させて高真空を得るものです．発電事業用のタービンに使用されています．

　(ii) 背圧タービン

タービンで発電後，その排気を工場の生産用蒸気などに利用するものです．復水器がなく，主として自家用発電設備に使用されています．

(b) 再熱タービン

高圧タービンから排出した一部膨張した蒸気を取り出し，再熱器で加熱し，

再びタービンの中圧段または低圧段に戻すもので，低圧段における蒸気の湿りを減少させ，熱効率の向上を図っています．

(c) 再生タービン

多段（高圧段，低圧段）タービンの途中から蒸気の一部を抽出してボイラ給水を加熱するもので，熱効率の向上を図っています．

(d) 抽気タービン

タービンの中間段から蒸気を抽出し，工場用蒸気などに利用するタービンです．

(e) 混圧(こんあつ)タービン

多段タービンの途中に蒸気蓄熱器から蒸気や他のタービンからの排気を抽入するなど，圧力の異なった蒸気を同一タービンに入れて仕事を行うタービンです．

(3) タービンの調速機

定常運転中に急に出力変化した場合に回転速度を一定にするため，タービン入口の蒸気量を調整するものです．

(a) 調速機の構成

速度検出部，配圧弁，サーボモータ，復原機構および油圧装置から構成されています．

(b) 種類

調速機の検出原理により機械式，電気式，油圧式に分類できます．

機械式調速機を第2.14図に示します．

(4) 蒸気タービンの保安装置

タービン本体の故障や異常な運転を検出して急停止をさせるもので，主蒸気弁，加減弁，再熱止弁，中間阻止弁などの各弁を緊急遮断して，タービンを停止します．

蒸気タービンが停止すると，発電機の解列，ボイラの消火を行います．

(a) 非常調速装置(ひじょうちょうそくそうち)

全負荷運転中に負荷遮断によりタービンの回転速度が急速に上昇し，大事故になるのを防止する装置で，定格速度の111〔%〕で作動し，タービンを非常停止させます．

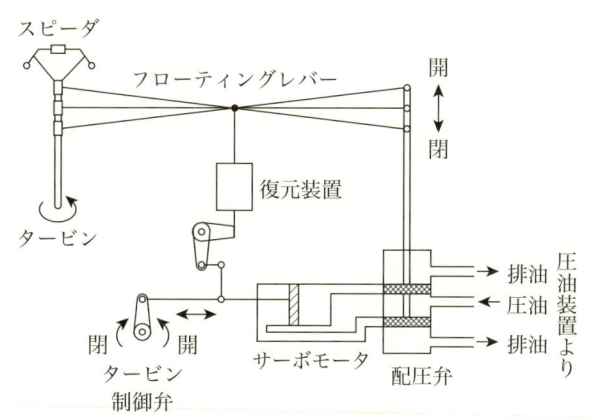

第 2.14 図　機械式調速機

(b)　推力（スラスト）軸受保護装置

推力軸受は蒸気圧などにより生じる軸方向の推力を支えて，動翼と静翼の間隔を一定の値に保っています．

推力軸受部における固定部と可動部とのギャップを油圧で検出し，所定の摩耗量以上になると推力軸受保護装置が動作し，タービンを非常停止させます．

(c)　真空トリップ装置

冷却水ポンプの故障などにより，復水器の真空度が異常低下した場合に，タービンを非常停止する装置です．

(d)　異常振動トリップ装置

タービン軸や軸受の過大な振動が発生した場合，振動の変化率や変化幅が大きくなったことを検出して，タービンを非常停止する装置です．

(e)　軸受油圧低下トリップ装置

タービン軸に直結された油圧ポンプの故障などにより，軸受の油圧低下を検出し，軸受の焼損を防止するため，タービンを非常停止する装置です．

(f)　排気室温度上昇トリップ装置

蒸気タービンの低圧排気室の温度が異常に上昇すると，低圧車室の熱変形や異常振動を発生するおそれがあるため，タービンを非常停止する装置です．

(g)　ソレノイドトリップ装置

ソレノイドによって非常調速装置，真空トリップ装置を操作して，タービ

73

ンを停止させるものです.
　タービンの故障以外の電気関係の事故にも動作します.

> **練習問題1**
> 　蒸気をノズルから噴出させる場合，一度多くの圧力を下げて噴出速度を大きくし，大きな ___(1)___ を利用するタービンを ___(2)___ タービンという．
> 　蒸気タービンの羽根を通過するときに圧力が下がりながら速度を増し，流出速度が流入速度より大きくなるようにつくられ， ___(3)___ を利用するタービンを ___(4)___ タービンという．

【解答】　(1) 衝撃力，(2) 衝動，(3) 反動力，(4) 反動

> **練習問題2**
> 　タービン運転中に事故などの原因により，タービン回転速度が異常に過速すると，タービンが ___(1)___ するおそれがある．このため，タービンが異常過速を起こして定格速度の ___(2)___ (%)になると，タービン入口の主止め弁を急閉してタービンへ流入する蒸気を ___(3)___ し，タービンを停止する装置を ___(4)___ 装置という．

【解答】　(1) 破損，(2) 111，(3) 遮断，(4) 非常調速

第2章 Lesson 7 復水器と給水設備

覚えるべき重要ポイント
- 復水器の役割
- 給水設備の種類と役割

STEP 1

(1) 復水器

　復水器は，蒸気タービンの排気した蒸気を，海水あるいは河川水を冷却水として用い冷却凝縮し，真空（720〔mmHg〕＝96〔kPa〕程度）をつくるとともに，復水を回収する装置です．表面復水器を第2.15図に示します．

(a) 復水器の役割

　蒸気タービンから排気した蒸気は，冷却水で蒸気温度を下げ，冷却水の温度に相当した飽和圧力まで降下させます．

　蒸気タービン内の熱落差を大きくすることにより，タービン出力を増加できます．

(b) 復水器の損失

　熱サイクルの中で最も大きく，燃料の持つエネルギーの約50〔%〕です．

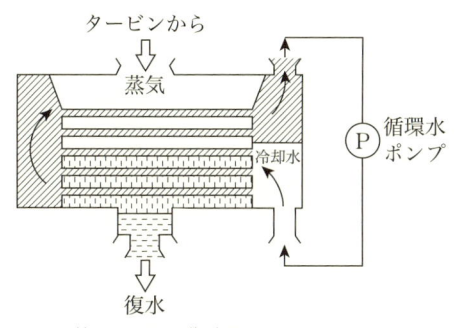

第2.15図　復水器

(2) 給水設備

　第2.16図に示すように汽力発電所の給水設備のおもなものには，復水ポンプ，給水ポンプ，給水加熱器，脱気器，節炭器などがあります．

② 汽力発電

(a) 復水ポンプ

復水ポンプは復水器で凝縮し，水となった復水を給水加熱器へ送り出すポンプです．

(b) 給水ポンプ

給水ポンプはボイラの蒸発蒸気量に相当する給水の圧力を上げてボイラに送り込むポンプです．給水の圧力を上げることにより，蒸発管の過熱を防止します．

(c) 給水加熱器

給水加熱器は復水器に捨てる熱量を軽減するため，タービンの高圧段および低圧段の途中から蒸気を抽気してボイラ給水を加熱する熱交換器です．

(d) 脱気器

脱気器は給水中に溶解している酸素，炭素ガスなどを取り除き，ボイラや配管の腐食防止を図るもので，タービンからの抽気蒸気で給水を飽和温度まで加熱し，これを霧状にしてガスを分離します．

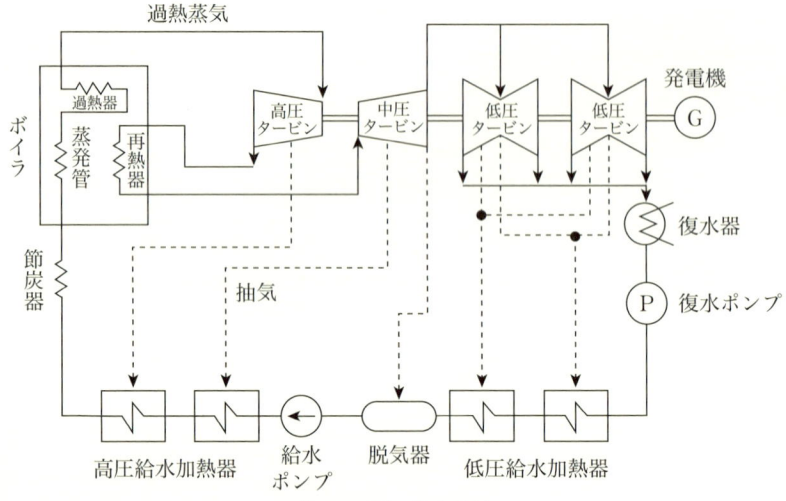

第2.16図　給水系統

練習問題1

　汽力発電所の復水装置は，タービンの (1) を冷却して水に戻し，(2) を保持してタービンの有効 (3) を増加させるとともに，復水の回収を行うものである．

　復水装置には，復水器本体，空気抽出装置，復水ポンプ，(4) ポンプなどがある．

　熱サイクルの中で復水器で失われるエネルギーが最も大きく，この損失は燃料の持つエネルギーの約 (5) 〔％〕に相当する．

【解答】　(1) 排気，(2) 真空度，(3) 熱落差，(4) 循環水，(5) 50

練習問題2

　汽力発電所の脱気器は，ボイラへの給水から酸素や (1) などを除去する装置で，これらのガスを除去することにより，ボイラやタービンの (2) を防止するのが目的である．

　タービンからの抽気によって給水を (3) し，器内の圧力を低く保つことにより，給水中の溶存ガスを (4) するものである．

【解答】　(1) 炭酸ガス，(2) 腐食，(3) 加熱，(4) 分離

第2章 Lesson 8 タービン発電機

覚えるべき重要ポイント

- タービン発電機の特徴
- 水素冷却，水冷却の特徴
- タービン発電機の励磁方式

STEP 1

(1) タービン発電機

　タービン発電機は2極機が多く，遠心力に耐えられるように円筒形（非突極形）とし，風損を少なくしています．

　発電機出力は，回転子直径の2乗と回転子軸方向の長さに比例するため，軸方向の長さを長くしています．

　回転子の軸方向が長くなると熱拡散が困難となるため，水素冷却を採用しています．構造を第2.17図に示します．

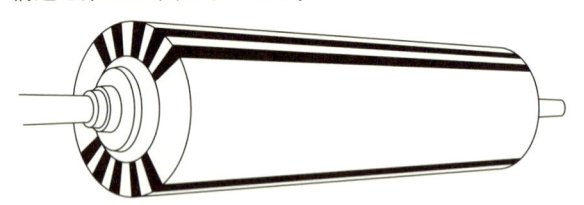

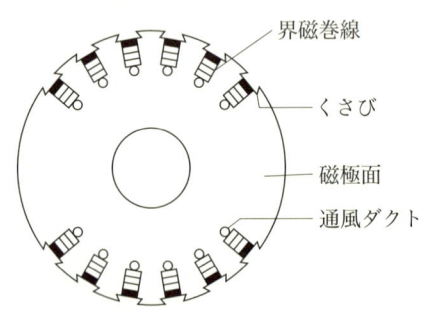

第2.17図　タービン発電機の構造

（界磁巻線／くさび／磁極面／通風ダクト）

(2) タービン発電機の冷却方式

タービン発電機の冷却媒体には，空気，水素，水があります．

小容量機では空気冷却，中容量機以上では水素冷却，大容量機では回転子巻線に水素冷却，固定子巻線に水冷却または水素冷却と水冷却の併用を行っています．

冷却構造によって，導体の冷却を絶縁物を介して冷却する普通冷却（間接冷却）方式と導体内部に冷却媒体を流して冷却する直接冷却方式があります．

(a) 水素冷却の特徴

(i) 発電機効率の向上

水素の比重は空気の約7〔％〕であり，風損を減少（約10〔％〕）することができ，発電機効率が向上（1〜2〔％〕）します．

(ii) 発電機の小形化

水素の比熱は空気の約14倍のため冷却効果が大きく，同一出力の場合には，機械寸法を小さく（60〜70〔％〕程度）できます．

(iii) 絶縁物の劣化防止

水素冷却では酸素が存在しないため，絶縁物の劣化が少なく，コロナ電圧が高いため，寿命が長くなります．

(iv) 低騒音化

水素は密度が小さく，タービンが全密閉形のため，空気冷却方式に比較して騒音は著しく少ないです．

(v) 引火，爆発対策

水素中に空気が約30〜90〔％〕混入すると，引火，爆発の危険があるため，軸受，固定子枠などは気密耐爆構造が必要です．

(vi) 水素漏れ防止対策

回転軸の貫通部には油膜を利用した水素漏れ防止（密封油装置）を設置する必要があります．

(b) 水冷却の特徴

(i) 発電機の小形化

水は冷却効果が大きいため，同一出力の場合には，機械寸法を小さくすることができます．

(ii) 安全性が高い

水は水素よりも安全性が高いです．

(iii) 冷却装置の停止対策

冷却水の循環が停止すると，水が沸騰するまでに運転可能な領域までランバックして出力低下を行う必要があります．

(3) タービン発電機の励磁方式

励磁方式には，交流励磁方式（コミュテータレス方式，ブラシレス方式）と静止形励磁方式（サイリスタ励磁方式）があります．

(a) 交流励磁方式

第2.18図に示すように主発電機に直結した交流発電機の出力電流を整流器で直流に変換して界磁巻線に供給する方式です．

一般に，交流励磁方式は，交流励磁機を用いて，整流器を別置したコミュテータレス方式（整流器別置形）をいいます．

〈特徴〉

(i) 直流励磁方式と比較して保守・点検が容易

(ii) ブラシの点検，取り換えが必要

(iii) 交流励磁機故障時には別の電源へ切り換えが可能

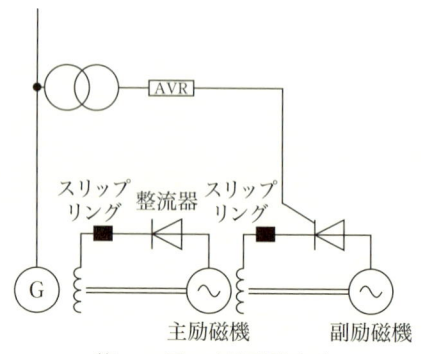

第2.18図 交流励磁方式

(b) ブラシレス励磁方式

主発電機に直結された交流発電機とともに，整流器も発電機の回転部に内蔵した方式を，ブラシレス方式（整流器内蔵形）といいます．

ブラシレス励磁方式には，コミュテータレス方式のようなスリップリング，

ブラシがありません（第 2.19 図参照）．

〈特徴〉
- (ⅰ) ブラシの点検，取り換えが不要
- (ⅱ) スリップリングがないため保守の省力化ができる
- (ⅲ) 信頼性が高い
- (ⅳ) 整流器が大きな遠心力を受けるため，これに耐える構造が必要

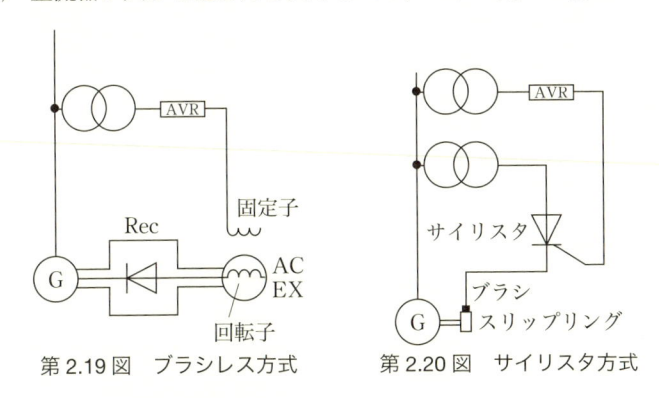

第 2.19 図　ブラシレス方式　　　第 2.20 図　サイリスタ方式

(c) サイリスタ励磁方式

主発電機の出力の一部を静止形整流器で整流し，直流を得る方式です．AVR（Automatic Voltage Regulator：自動電圧調整器）からの信号を，サイリスタのゲート回路に導き，ゲートのON, OFFによって直流にします（第2.20 図参照）．

〈特徴〉
- (ⅰ) 速応性がよい
- (ⅱ) 信頼性が高い
- (ⅲ) スリップリングとブラシがあるため保守・点検が必要

(5) **タービン発電機と水車発電機**

タービン発電機と水車発電機との違いを第 2.1 表に示します．

② 汽力発電

第2.1表　大形のタービン発電機と水車発電機の比較

項　目	タービン発電機	水車発電機
設置方式	横軸形	立軸形
回転速度	2極 3 000 または 3 600〔min⁻¹〕の高速	多極機（たきょくき） 200〜400〔min⁻¹〕の低速
回転子	円筒形 磁極は一塊鍛造品 制動巻線はなく，ウェッジで代用	突極形 磁極には成層鉄心（せいそう）を使用 制動巻線あり
冷却方式	水素冷却 固定子巻線は直接水冷却	空気冷却
危険速度	定格回転速度より低いところ	定格回転速度より十分高いところ
短絡比	0.5〜0.7	0.8〜1.2
同期インピーダンス	大きい 電圧変動率（へんどうりつ）が大きい	小さい 電圧変動率が小さい
構造	銅機械	鉄機械

練習問題1

　大容量発電機の固定子コイルの冷却には水素ガスまたは　(1)　，回転子コイルの冷却には　(2)　が主として用いられている．

　また，回転子は導体を中空としてガス通路をつくる水素　(3)　方式，固定子は中空導体の素線でコイルをつくり，内部に水を通す水　(4)　方式が使用されている．

【解答】　(1) 水，(2) 水素ガス，(3) 直接冷却，(4) 直接冷却

練習問題2
　タービン発電機のサイリスタ励磁方式の特徴を表す記述である．誤っているのは次のうちどれか．
(1)　発電機直結の励磁機が不要なため，タービン・発電機全体の軸長（じくちょう）が短くできる．
(2)　応答速度が極めて速い．
(3)　スリップリング，ブラシなどのしゅう動部がない．
(4)　界磁電流の制御はサイリスタ点弧角（てんこかく）の制御による．
(5)　発電機出力を界磁電源として利用できる．

【解答】(3)

第2章 Lesson 9 タービン発電機の特殊運転

覚えるべき重要ポイント

- 遅相運転，進相運転で注意すること
- 不平衡負荷，軸電流が流れたときの影響と対策
- 異常な周波数低下，界磁喪失したときの影響

STEP 1

(1) 遅相運転

遅相運転は，発電機の励磁電流を増加させると，内部誘起電圧が系統電圧より高くなり，系統側へ遅れ無効電力を供給し，系統電圧を上げる働きをします．

〈過度の遅相運転で注意する点〉

(a) 励磁電流増加による回転子巻線の温度上昇

(b) 電機子電流増加による固定子巻線の温度上昇

(c) 発電機端子電圧，所内電圧の上昇

(2) 進相運転

進相運転は，発電機の励磁電流を減少させると，内部誘起電圧が系統電圧より低くなり，系統側へ進み無効電力を供給し，系統電圧を下げる働きをします．

深夜や軽負荷は電力系統の電圧が上昇しますので，進相運転することによって，系統電圧の電圧上昇を抑制することができます．

〈過度の進相運転で注意する点〉

(a) 定態安定度の低下

内部誘起電圧が低下し内部相差角が大きくなり，安定度が低下します．

(b) 所内電圧の低下

発電機端子電圧が低下し，所内電圧も低下します．

(c) 固定子端部の過熱

固定子鉄心端部に漏れ磁束が鎖交し，渦電流が流れて過熱します．

(3) 不平衡負荷

タービン発電機に不平衡負荷がかかると，発電機に逆相電流が流れます．

逆相電流は，発電機内部に回転子と逆方向に回転する磁界をつくり，回転子（界磁巻線）に2倍周波数の電流（渦電流，制動電流）を誘起し，表皮効果により回転子表面に流れて過熱します．

また，電機子巻線には3倍周波数の電流を誘起します．

(a) 影響
　(i) 固定子端部の過熱
　(ii) 回転子表面の過熱

(b) 対策
　(i) 回転子に制動巻線を設ける
　(ii) 回転子のくさびに特殊耐熱材を用いる
　(iii) 逆相リレーを設置し，警報を鳴動させる

(4) 軸電流

第2.21図に示すタービンおよびタービン発電機の軸電流は，漏れ磁束や静電気の蓄積によってタービン回転軸に電圧を生じ，タービン回転軸 − 軸受 − タービン固定子 − 軸受 − タービン回転軸を閉回路として流れる電流です．

(a) 影響

軸受面の油膜の破壊，軸受メタル部の過熱損傷が起きます．

(b) 対策
　(i) 静電気作用によるもの

タービン低圧車室内の軸にブラシを取り付けて接地します．

　(ii) 軸に誘起する交番電圧によるもの

軸受と取付台の間に絶縁物を挿入します．

　(iii) 軸方向にある磁束によるもの

回転子巻線の結線方法を変更します．

　(iv) 回転子巻線の接地によるもの
　　・励磁機と本体間のカップリング部を電気的に絶縁する
　　・界磁接地リレーを設置して界磁巻線の接地を検出する

② 汽力発電

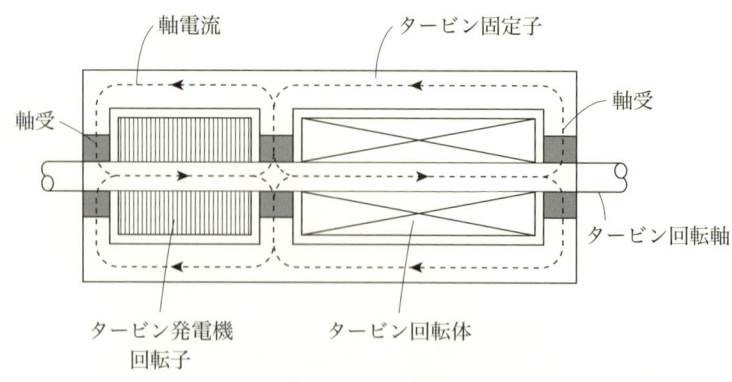

第2.21図　軸電流

(5) 異常な周波数低下

電力系統において発電機故障，電源送電線故障が発生すると，大容量の電源（火力機，原子力機）が脱落し，供給力不足になると周波数が異常に低下します．

周波数が低下すると蒸気タービン，タービン発電機，補機類に影響が生じてきます．

(a) 低圧タービン動翼の振動

低圧タービンの動翼は細長い構造のため，固有振動周波数が低く，低周波運転が続くと，動翼の振動により寿命短縮，疲労破壊が生じます．

(b) 発電機内部での冷却能力低下

冷却装置の補機類の回転速度の低下により，冷却能力の低下が生じます．

(c) 所内補機類の能力低下

復水器真空度の低下，給水量の低下などにより，ボイラの蒸気圧力を低下する必要があり，発電出力は低下します．

(6) タービン発電機の界磁喪失

界磁巻線の絶縁劣化による界磁短絡と界磁開放により，界磁喪失が発生します．

(a) 影響

　(i) 同期外れ（脱調）

界磁喪失すると発電機の励磁がなくなるため，同期運転が不可能となり，同期外れ状態（脱調）になります．

(ii) 発電機電圧の低下

同期発電機が誘導発電機となり，同期速度より高い速度で回転し，タービン調速機により蒸気量をしぼり，有効電力は減少し，発電機電圧は低下します．

(iii) 電力動揺の発生

(iv) 回転子の過熱

練習問題1

深夜軽負荷時などの系統電圧上昇を抑制するため，水車発電機を [(1)] 運転することがある．この場合，発電機の [(2)] 電流を [(3)] させるため，内部誘起電圧は [(4)] し，内部位相角が [(5)] なり，安定度が低下する．

【解答】 (1) 進相，(2) 励磁，(3) 減少，(4) 低下，(5) 大きく

練習問題2

タービン発電機に不平衡負荷がかかると，固定子巻線に [(1)] 電流が流れ，このため回転磁界と [(2)] 方向に同期速度で回転する磁界が発生し，回転子表面に系統周波数の [(3)] の制動電流が流れ，[(4)] が過熱される．

【解答】 (1) 逆相，(2) 反対，(3) 2倍，(4) 固定子端部

第2章 Lesson 10 大気汚染対策

覚えるべき重要ポイント
- 硫黄酸化物対策
- 窒素酸化物対策
- ばいじん対策

STEP 1

汽力発電所の大気汚染物質は，排煙(はいえん)に含まれる硫黄酸化物（SO_x），窒素酸化物（NO_x），ばいじんです．大気汚染対策として次のものがあります．

(1) 硫黄酸化物対策

硫黄酸化物は，燃料中の硫黄分が燃焼により空気中の酸素と反応して発生するものです．

(a) 燃料の低硫黄化

低硫黄燃料や LNG 燃料を使用します．

(b) 排煙脱硫装置(はいえんだつりゅうそうち)の設置

湿式法(しっしきほう)，乾式法(かんしきほう)などの脱硫装置により，排煙の亜硫酸(ありゅうさん)ガスを除去します．

脱硫装置の仕組みは，排ガス中の SO_x を石灰乳液に吸収させて，亜硫酸カルシウムとして除去し，空気で酸化させて石膏(せっこう)を副生します．

(2) 窒素酸化物対策

窒素酸化物は，フューエル NO_x とサーマル NO_x とに分けられます．

フューエル NO_x は，燃料中に含まれる窒素酸化物が燃焼時に酸化されて生成するものです．

サーマル NO_x は，燃焼用空気の窒素分が高温条件下で酸素と反応して生成するものです．

(a) 低窒素燃料の使用（フューエル NO_x 対策）

ナフサなどの軽質油燃料や LNG 燃料を使用します．

(b) 燃焼温度を高温にしない（サーマル NO_x 対策）

燃焼温度が高くなるほど，サーマル NO_x が活発に生成されるため，火炎温度(かえんおんど)の低下と低過剰空気運転により，燃焼速度の低下を行っています．

〈火炎温度の低下〉

　（i）　二段燃焼法

燃焼空気を2段階に分けてボイラに供給する方法です．

　（ii）　低NO$_x$バーナの使用

バーナ入口に排ガスを混合した燃焼用空気と燃焼後の排ガスを直接送り込み，燃料への着火を徐々に行うバーナです．

〈低過剰空気運転〉

　（i）　排ガス混合法

燃焼用空気に排ガスを混ぜて燃焼空気中の酸素濃度を低くする方法です．

　（ii）　低O$_2$運転

燃焼温度を低くするため，低O$_2$運転で窒素酸化物を減少させています．

　(c)　排煙脱硝装置の設置

排ガス中にアンモニアガスを添加し，触媒作用によりNO$_x$を無害な窒素と水に還元する装置です．

　(3)　ばいじん対策

煙道に集じん装置を設置し，排ガス中のすす，粉じんなどの浮遊粒子を除去します．集じん装置には，機械式と電気式があります．

詳細は，Lesson 5 ボイラ(2)(f)集じん装置を参照してください．

練習問題1

石炭火力発電所で燃焼によって発生する大気汚染物質とその対策との組み合わせである．誤っているのは次のうちどれか．

(1)　硫黄酸化物 － 湿式排煙脱硫装置
(2)　硫黄酸化物 － 二段燃焼法
(3)　窒素酸化物 － 排煙脱硝装置
(4)　窒素酸化物 － 低O$_2$運転法
(5)　ばいじん － 電気式集じん装置

【解答】　(2)

練習問題2

発電用ボイラの排煙中の窒素酸化物を軽減する対策の記述である．誤っているのは次のうちどれか．

(1) 二段燃焼
(2) 排煙脱硝
(3) 排ガス混合燃焼
(4) 高温燃焼
(5) 低空気比燃焼

【解答】 (4)

第2章 Lesson 11 ガスタービン発電

覚えるべき重要ポイント

- ガスタービン発電の構成と特徴

STEP 1

(1) ガスタービン発電

　ガスタービン発電は，第2.22図のように空気圧縮機，燃焼器，ガスタービンおよび発電機から構成されます．

　空気圧縮機によって約0.7〔MPa〕程度に圧縮した空気を燃焼器に送り，燃料を燃焼し，800～1 000〔℃〕の高温ガスをガスタービンへ送ります．

　ガスタービン内では大気圧まで断熱膨張して放出し，ガスタービンの回転力で発電機を回します．

　空気温度が低下すると，空気密度が高くなり燃焼空気量が増加し，燃料流量も増加となり，出力が増加します．

〈特徴〉

(a) 長所
　(i) 建設期間が短く，建設費が安い
　(ii) 構造が簡単で小形であり，補機が少ない
　(iii) 起動時間が15～30分と短い
　(iv) 負荷の追従性（ついじゅうせい）が良好
　(v) 運転操作，保守が容易
　(vi) 冷却水の所要量が少ない

(b) 短所
　(i) 大気温度によって，発電出力と効率が左右される
　(ii) 多量の空気を大気中から吸い込み，吐き出すため騒音が大きく，騒音対策が必要
　(iii) ガス温度が高いため，高温に耐える材料が必要
　(iv) 熱効率が25～30〔%〕と低い
　(v) 材料面から大容量化ができない

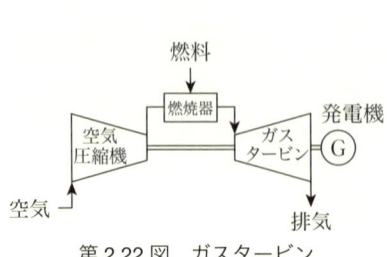

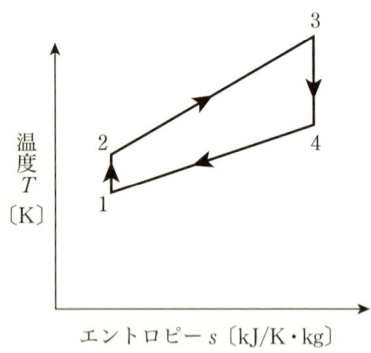

第 2.22 図　ガスタービン　　第 2.23 図　ガスタービンの $T-s$ 線図

(c)　ガスタービン発電のサイクル

燃料の燃焼熱を熱源とするブレイトンサイクルを使用しています．第 2.23 図にガスタービンの $T-s$ 線図を示します．各過程の状態変化は次のとおり．

　　1→2：空気圧縮機の断熱圧縮
　　2→3：燃焼器の等圧変化
　　3→4：ガスタービンの断熱膨張
　　4→1：排気の等圧変化

> 練習問題 1
>
> 　ガスタービン発電設備の汽力発電設備に比べての長所の記述である．誤っているのは次のうちどれか．
> (1)　構造が簡単であり，補機が少ない．
> (2)　始動性がよく，負荷の急変に応じることができる．
> (3)　運転操作が容易で，自動化がしやすい．
> (4)　冷却水を大量に必要としない．
> (5)　熱効率が高い．

【解答】　(5)

練習問題2

発電用ガスタービンの高効率化に当たっては，燃焼温度の [(1)] および空気圧縮機の圧力比の [(2)] を図らなければならず，特に [(3)] 技術の改善および [(4)] 技術の開発が必要となる．

【解答】 (1) 上昇, (2) 増加, (3) 冷却, (4) 耐熱

第2章 Lesson 12 コンバインドサイクル発電

覚えるべき重要ポイント

- コンバインドサイクル発電の構成と特徴
- コンバインドサイクル発電方式の種類

STEP 1

(1) **コンバインドサイクル発電**

コンバインドサイクル発電は，ガスタービンと蒸気タービンを組み合わせた複合サイクル発電方式です．

高温域のブレイトンサイクルと低温域のランキンサイクルで作動する異なるサイクルを組み合わせることにより，熱効率の向上を高めています．

〈特徴〉

(a) 長所
   (i) 始動停止が容易
   (ii) 負荷の追従性が良好
   (iii) 高温の排ガスを有効に利用することで，熱効率が高く，燃料を節約できる
   (iv) 複数のガスタービンと蒸気タービン1台を組み合わせた多軸形の採用で，部分負荷でも高い熱効率を維持できる

(b) 短所
   (i) 排気ガス量が多いため，排ガス対策が必要
   (ii) 騒音が大きいため，騒音対策が必要
   (iii) ガスタービンは高温腐食を避けるため，燃料の制約を受ける

(2) **コンバインドサイクル発電の熱効率**

コンバインドサイクル発電の構成図と $T-s$ 線図を第2.24図に示します．

(a) 各過程の状態変化

   $1 \rightarrow 2$：空気圧縮機の断熱圧縮
   $2 \rightarrow 3$：燃焼器の等圧変化
   $3 \rightarrow 4$：ガスタービンの断熱膨張

4→1：排気の等圧変化
7→8：給水ポンプの**断熱圧縮**
8→5：ボイラ，過熱器の**等圧加熱**
5→6：蒸気タービンの**断熱膨張**
6→7：復水器の**等温等圧変化**

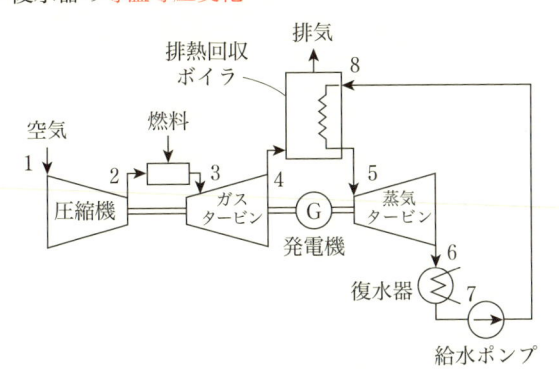

(a) 構成図（一軸形）

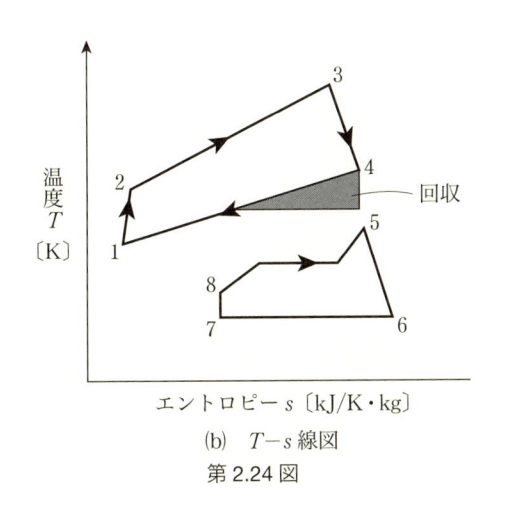

(b) $T-s$線図

第2.24図

(b) 熱効率の計算

第2.25図に示すように，蒸気タービンの機械的出力 W_2 を発生するコンバインドサイクル発電があります．

燃料と圧縮空気でできた高温部の熱流 Q_1 はガスタービンで一部が機械的

出力 W_1 に変換され，その残りの Q_2 は排熱回収ボイラへ供給され蒸気となり，蒸気タービンに送気されます．

 (i) ガスタービンの熱効率 η_G

$$\eta_G = \frac{W_1}{Q_1}$$

 (ii) 排熱回収ボイラと蒸気タービンとの総合熱効率 η_S

$$\eta_S = \frac{W_2}{Q_2}$$

 (iii) コンバインドサイクル発電全体の熱効率 η

$$Q_1 = Q_2 + W_1$$

$$\eta = \frac{W_1 + W_2}{Q_1} = \frac{Q_1 \eta_G + Q_2 \eta_S}{Q_1} = \eta_G + \frac{Q_2}{Q_1}\eta_S$$

$$= \eta_G + \frac{Q_1 - W_1}{Q_1}\eta_S$$

$$= \eta_G + (1 - \eta_G)\eta_S$$

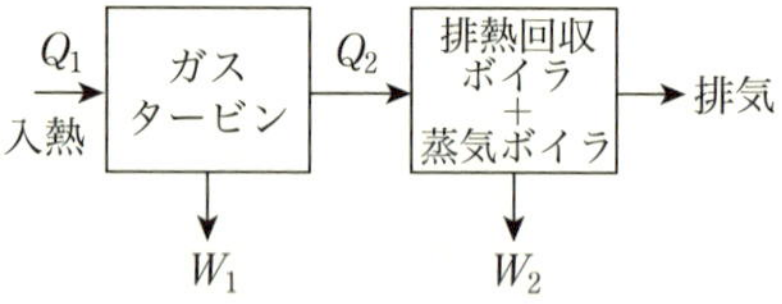

第 2.25 図

(3) コンバインドサイクル発電方式の種類

(a) 排ガス利用方式

ガスタービンユニットと汽力ユニットをそのまま組み合わせ，排ガスを給水加熱，排ガスボイラの熱源，燃焼用空気として利用する方式です．

 (i) 排気再燃方式

ガスタービンの排ガスをボイラに導き，ボイラ燃焼用空気とするとともに，排ガスの排熱を回収する方式です（第 2.26 図参照）．

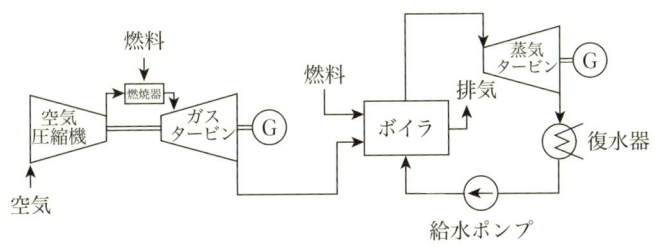

第2.26図　排気再燃方式

(ii) 排気助燃方式

　第2.27図のようにガスタービンの排ガスに燃料を混入し，排ガス温度をさらに上昇させて，排熱回収ボイラに導く方式です．

　蒸気条件の向上，蒸気プラントの出力増加ができます．

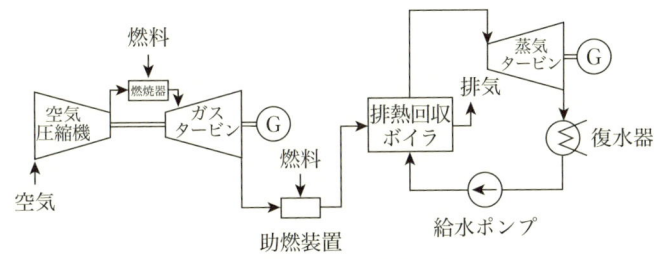

第2.27図　排気助燃方式

(iii) 排熱回収方式

　第2.28図のようにガスタービンの排ガスを排熱回収ボイラへ導き，排熱回収で蒸気を発生し，蒸気タービンを駆動する方式です．

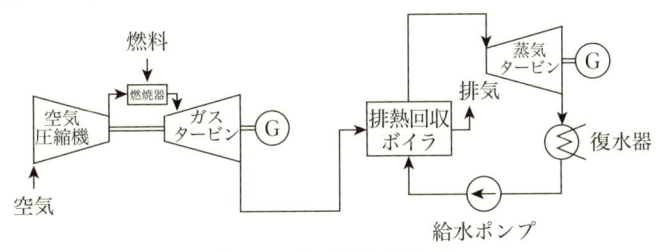

第2.28図　排熱回収方式

(iv) 給水加熱方式

　第2.29図のようにガスタービンの排ガスで蒸気プラントの給水加熱器に導き，ボイラ給水を加熱する方式です．

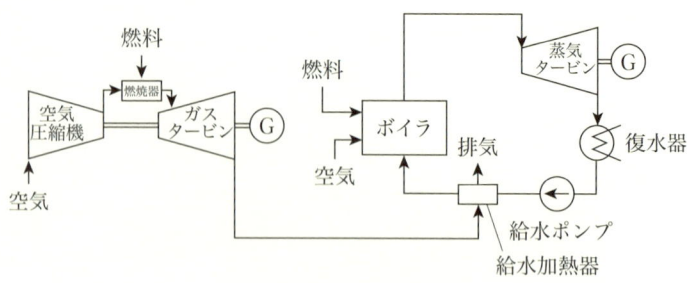

第2.29図　給水加熱方式

(b) ボイラ熱利用方式

ガスタービンユニットの空気圧縮機とガスタービンを分割し，汽力発電のボイラを燃焼器として使用する方式です．

(i) 過給ボイラ方式

第2.30図のようにガスタービンの空気圧縮機でボイラを加熱燃焼し，その排ガスでガスタービンを駆動する方式です．

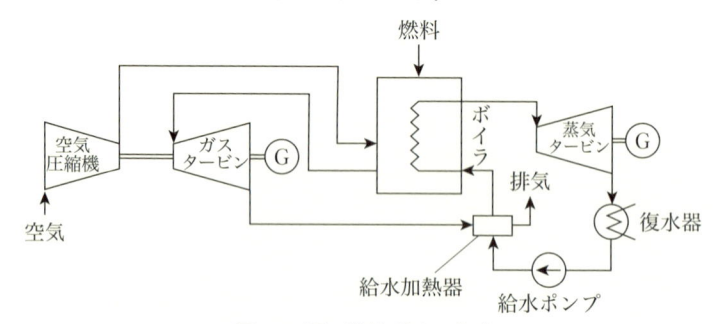

第2.30図　過給ボイラ方式

(4) 一軸形と多軸形

一軸形と多軸形の構成を第2.31図に示します．

(a) 一軸形

ガスタービンと蒸気タービンの軸を同一軸として直結した構造で，ガスタービンのみ単独での運転はできません．

(b) 多軸形

複数のガスタービンと1台の蒸気タービンを組み合わせた構造で，部分負荷でも，ガスタービン発電機の運転台数を切り換えることで，高効率運転を

行うことができます．

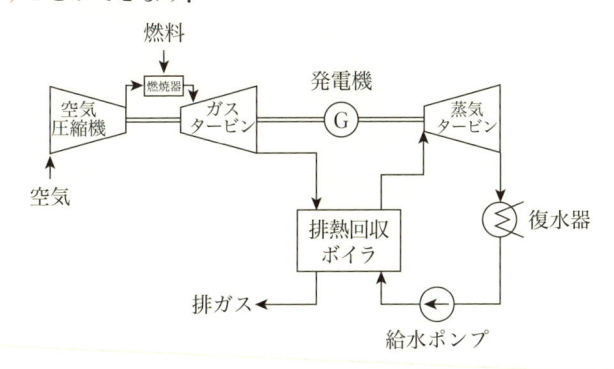

(a) 一軸形

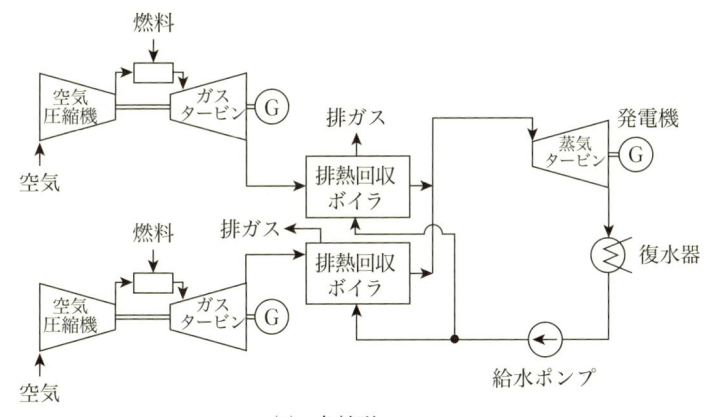

(b) 多軸形

第2.31図　一軸形と多軸形

練習問題 1

　ガスタービンと蒸気タービンとを組み合わせたコンバインドサイクル発電方式についての記述である．誤っているのは次のうちどれか．
(1) 排熱回収方式は，ガスタービンの排気を排熱回収ボイラに導き，発生した蒸気で蒸気タービンを駆動する．
(2) 排気再熱方式は，ガスタービンの排気をボイラの燃焼用空気として利用し，排熱回収を図っている．

(3) コンバインドサイクル発電熱効率は，ガスタービンと蒸気タービンサイクルの熱効率を加えた値となる．
(4) ガスタービンを使用しているため，ユニット出力は大気温度の影響を受ける．
(5) コンバインドサイクル発電は，中間負荷の供給に適している．

【解答】 (3)

練習問題2
　ガスタービンと蒸気タービンとを組み合わせたコンバインドサイクル発電方式についての記述である．誤っているのは次のうちどれか．
(1) 単位出力当たりの排ガス量が汽力発電より多い．
(2) 汽力発電に比べ，単機出力は小さいが，熱効率は高い．
(3) 汽力発電よりも始動・停止時間が短い．
(4) 汽力発電に比べ，燃料の種類が制限される．
(5) 単位出力当たりの復水器冷却水量が汽力発電より多い．

【解答】 (5)

STEP 3 総合問題

【問題1】 発熱量 40 600〔kJ/L〕の重油を毎時 133〔L〕消費している汽力発電所において，汽水の流量 $G_1 \sim G_4$〔t/h〕とエンタルピー $H_1 \sim H_4$〔kJ/kg〕をそれぞれ図のようにする．次の問に答えよ．

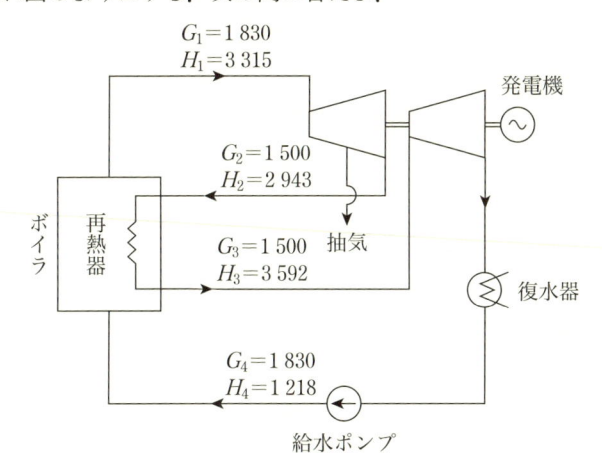

```
                G₁=1 830
                H₁=3 315


                G₂=1 500                  発電機
                H₂=2 943
                         抽気
  ボイラ  再熱器  G₃=1 500
                H₃=3 592                  復水器


                G₄=1 830
                H₄=1 218
                         給水ポンプ
```

(a) 重油により発熱する熱量〔kJ/h〕はいくらか．

(b) ボイラ効率〔%〕はいくらか．

【問題2】 重油を燃料とする 100〔MW〕の汽力発電所（発電端熱効率 35〔%〕）が，定格運転を行っている．次の問に答えよ．

　ただし，重油の発熱量を 43 950〔kJ/kg〕，重油の化学成分を炭素 85〔%〕，水素 15〔%〕とし，炭素，水素および酸素の原子量をそれぞれ 12，1 および 16 とする．また，空気の酸素濃度を 21〔%〕とする．

(a) ボイラの燃焼に必要な理論空気量〔N・m³/h〕はいくらか．

(b) 1 日に発生する二酸化炭素の量〔t〕はいくらか．

【問題3】 出力 700 000〔kW〕で運転している汽力発電所で発熱量 43 950〔kJ/kg〕の重油を毎時 145〔t〕使用している．タービン室効率 45〔%〕，発電機効率 99〔%〕，所内率 4〔%〕とする．次の問に答えよ．

(a) 発電端熱効率 η〔%〕はいくらか．

(b) 送電端熱効率 η'〔%〕はいくらか．

(c) ボイラ効率 η_B〔%〕はいくらか.

【問題4】 復水器の冷却に海水を使用する最大出力 700 000〔kW〕の汽力発電所がある．最大出力において復水器冷却水量が 33〔m³/s〕で，冷却水の温度上昇が 7〔℃〕であった．次の問に答えよ．
　ただし，海水の比熱および密度を 4.018〔kJ/kg・℃〕および 1.02〔g/cm³〕とし，復水器で放出される熱以外の損失は無視するものとする．
(a) 復水器から 1 時間当たりに放出される熱量〔kJ〕はいくらか．
(b) タービン効率はいくらか．

【問題5】 50〔Hz〕で A 機および B 機の 2 台のタービン発電機がそれぞれ定格出力 250〔MW〕および 150〔MW〕で電力系統に並列して運転している．
　いま，系統周波数が上昇して A, B 両機の発電機合計出力が 300〔MW〕になった．次の問に答えよ．
　ただし，A 機および B 機の速度調定率はそれぞれ 4〔%〕および 3〔%〕とし，ガバナ特性は直線とする．
(a) A 機および B 機の各発電機出力分担〔MW〕はそれぞれいくらか．
(b) 周波数上昇分 Δf〔Hz〕はいくらか．

第3章
原子力発電

第3章 Lesson 1　原子の核反応

覚えるべき重要ポイント

- 天然ウラン，低濃縮ウラン
- 核分裂，連鎖反応，臨界状態
- 質量欠損のエネルギー

STEP 1

(1) 天然ウラン

天然ウランに含まれているのは 99.3〔%〕がウラン 238 で，核分裂性をもつウラン 235 はわずか 0.7〔%〕しか含んでいません．

(2) 軽水炉で使用するウラン

軽水炉で使用する原子炉燃料は，ウラン 235 を 3〜5〔%〕まで濃縮した低濃縮ウランが用いられています．

低濃縮ウランは，二酸化ウラン（UO_2）の粉末にして，円筒状の小片に陶器のように焼き固めて使用します．これを燃料ペレットと呼びます．

(3) 核分裂

ウラン 235 の核分裂は，第 3.1 図のように，速度の遅い熱中性子 1 個をウラン 235 に衝突すると，A および B の核分裂生成物（新しい原子核）が発生し，2 または 3 個の中性子が放出されます．

なお，A，B は分裂のしかたによりさまざまな核分裂生成物となります．

核分裂により原子核の質量の一部が消失します．これを質量欠損といい，エネルギーに変換されます．

ウラン 235 原子 1 個の発生する放出エネルギーは，約 200〔MeV〕[注] です．

（注）：eV（エレクトロンボルト）は，微小のエネルギーを表す単位です．

$$1〔eV〕= 10^{-6}〔MeV〕= 1.60 \times 10^{-19}〔J〕$$

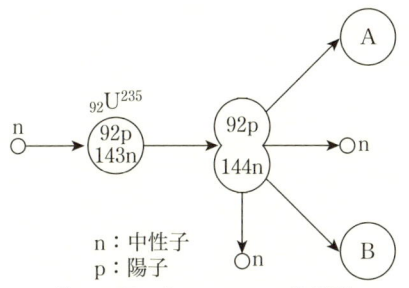

第 3.1 図　ウラン 235 の核分裂

(4) 連鎖反応

熱中性子がウラン 235 に衝突すると，核分裂し熱を発生するとともに 2～3 個の中性子が放出します．

この中性子は高速中性子で，核分裂は維持できないため，減速材で減速されて熱中性子となり，次のウラン 235 に衝突し，核分裂を次々と起こす現象を連鎖反応といいます．

連鎖反応が継続し，核分裂の反応の起こる割合が一定で持続される状態を臨界状態といい，この状態の燃料の量を臨界質量といいます．

なお，炉内に生じている中性子の量は一定となります（第 3.2 図参照）．

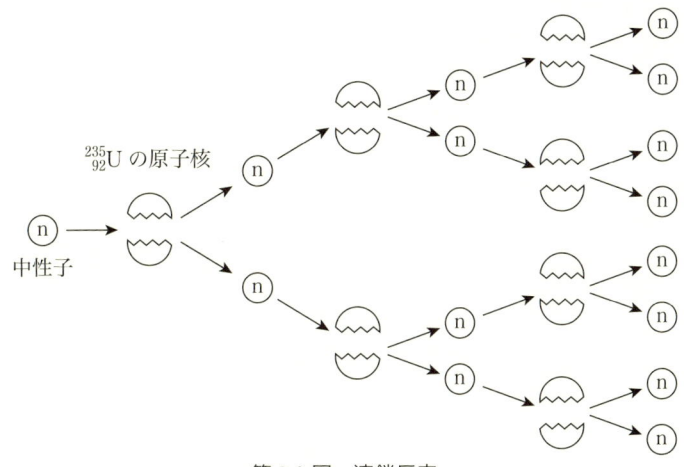

第 3.2 図　連鎖反応

(5) **質量欠損のエネルギー**

$E = mc^2$ 〔J〕

ただし，m：質量欠損〔kg〕

c：光の速度 3×10^8 〔m/s〕

練習問題1

軽水炉で使用されている核燃料に関する記述である．誤っているのは次のうちどれか．

(1) 天然ウランには，ウラン235は0.7〔%〕程度しか含まれていない．
(2) 燃料中のウラン235の割合は，約3〔%〕にまで濃縮されている．
(3) 濃縮されたウラン燃料は，二酸化ウラン（UO_2）の形で使用される．
(4) ウラン235の濃縮は，ウラン238とわずかな化学的性質の違いを利用している．
(5) ウラン燃料は，二酸化ウラン（UO_2）の粉末をペレット状に焼き固めて使用される．

【解答】 (4)

練習問題2

原子力発電におけるウラン235　1〔g〕はエネルギーで換算するとおよそ重油何〔L〕に相当するか．ただし，ウラン235の質量欠損を0.09〔%〕，重油発熱量を41 860〔kJ/L〕とする．

【解答】　1 935〔L〕

【ヒント】　$E = mc^2$ 〔J〕

第3章 Lesson 2 原子炉の構成

覚えるべき重要ポイント

- 原子炉の構成
- 原子炉材料の特徴

STEP 1

(1) 原子炉の構成

核分裂で発生したエネルギーを熱エネルギーとして利用できるようにした装置を原子炉といいます．

核分裂を起こすために，熱中性子を用いる炉を熱中性子炉，高速中性子を用いる炉を高速中性子炉といいます．

現在，わが国で商用化されている軽水炉は熱中性子炉です．原子炉の基本的な構成を第3.3図に示します．

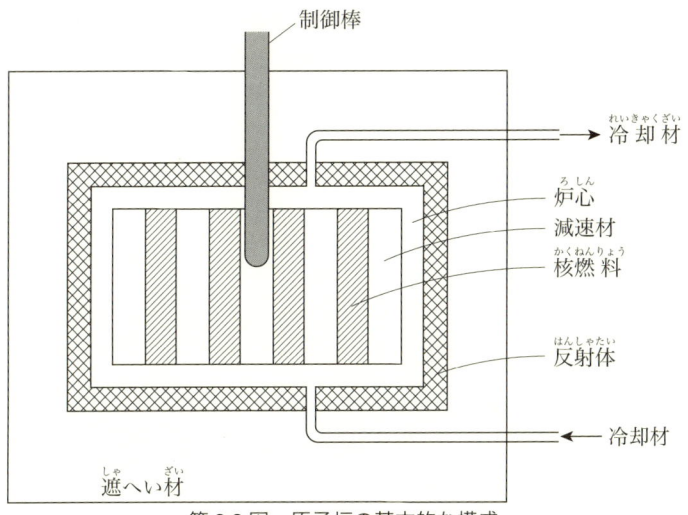

第3.3図 原子炉の基本的な構成

(2) 原子炉の材料

(a) 核燃料

熱中性子炉では，ウラン235を3～5〔%〕まで濃縮した低濃縮ウランを二

107

3 原子力発電

酸化ウラン（UO_2）の形態にし，円筒状の小片に陶器のように焼き固め，ペレットにして使用します．

原子炉へ装着するには，ペレットを機械的に丈夫なジルコニウム合金製の被覆管に入れて密封し，燃料集合体として形成します．

〈大きさ〉

(i) 燃料ペレット

直径約 10〔mm〕，長さ約 15〜20〔mm〕の円筒形

(ii) 被覆管の長さ

約 3〜4〔m〕

〈中性子の性質〉

(i) 高速中性子

放出エネルギー：約 2〔MeV〕　速度：約 4.4×10^6〔m/s〕以上

(ii) 熱中性子

放出エネルギー：約 0.025〔eV〕　速度：約 1.4×10^4〔m/s〕以下

(b) 減速材

高速中性子を熱中性子に減速するために減速材が使用されます．
減速材には，軽水，重水，黒鉛，ベリリウムなどがあります．

〈要求される性質〉

(i) 減速効果が大きい

(ii) 中性子の吸収が小さい

(iii) 放射線や熱に対して安定

(c) 反射材

反射材は炉心から逃げ出ようとする中性子を跳ね返し，炉心へ戻す役目をするものです．

反射材には，軽水，重水，黒鉛，ベリリウムなどがあります．

〈要求される性質〉

(i) 中性子の吸収が小さい

(ii) 拡散断面積が大きい

(iii) 放射線や熱に対して安定

(d) 冷却材

炉心で発生した熱エネルギーを外部へ取り出すため，冷却材が使用されま

す．

　冷却材には，軽水，重水，炭酸ガス，ヘリウムガス，液体ナトリウムなどがあります．

〈要求される性質〉
　　(i)　熱伝達特性がよい
　　(ii)　中性子の吸収が小さい
　　(iii)　放射線や熱に対して安定

(e)　制御材

　制御材には，カドミウム，ハフニウム，ほう素などがあり，これらの制御材をステンレス鋼管に充てんして制御棒とします．

　制御棒は，原子炉内の中性子を吸収して，中性子が燃料に吸収される割合を制御する（核分裂の連鎖反応を調整する）もので，原子炉の起動，停止および出力微調整を行います．

〈要求される性質〉
　　(i)　中性子の吸収が大きい
　　(ii)　放射線や熱に対して安定

(f)　遮へい材

　原子炉の遮へいは，中性子とγ線（電磁波）に対して行います．

　中性子に対しては，水素原子を多量に含む物質がよく，水またはコンクリートを用います．

　γ線に対しては，鉄，鉛，タングステンなどの重い物質を用います．

練習問題1

原子炉構成材に要求される性質についての記述である．誤っているのは次のうちどれか．

(1) 減速材は中性子吸収が小さく，かつ，原子量の小さい元素で構成されていること．
(2) 冷却材は熱伝導性が優れており，かつ，中性子吸収が小さいこと．
(3) 反射材は散乱特性が優れており，かつ，中性子吸収が大きいこと．
(4) 制御材は中性子吸収が大きく，かつ，高い中性子束中で長期間その効果が失われないこと．
(5) 遮へい材は高エネルギー中性子の減速効果が高く，かつ，γ線の吸収がよいこと．

【解答】 (3)

練習問題2

次の①群～④群は，各種の発電用原子炉で減速材，冷却材，制御材および核燃料として使用される物質を用途別に分類してグループにしたものである．①群～④群の各グループがそれぞれどの用途に該当するか．

①群：天然ウラン，プルトニウム，低濃縮ウラン
②群：ハフニウム，カドニウム，ボロン
③群：黒鉛，鉛，軽水，重水
④群：軽水，炭酸ガス，ナトリウム

【解答】 ①群：核燃料，②群：制御材，③群：減速材，④群：冷却材

第3章 Lesson 3 原子炉の種類

覚えるべき重要ポイント
- 原子炉の種類と特徴
- 軽水炉の出力制御方法
- 軽水炉形原子力発電所と汽力発電所との比較

STEP 1

(1) 原子炉の種類

原子力発電所の原子炉には，**ガス炉**，**軽水炉**，**新形転換炉**および**高速増殖炉**があり，各原子炉の燃料，減速材，冷却材の比較を第3.1表に示します．

わが国で商用化されている**軽水炉**は，燃料に**低濃縮ウラン**，減速材と冷却材に**軽水**を使用しているため，原子炉の出力密度を大きくとれ，取り扱いが容易です．

第3.1表 各原子炉の材料比較

原子炉の種類		燃料	減速材	冷却材
黒鉛減速ガス冷却炉 (GCR)		天然ウラン	黒鉛	炭酸ガス
軽水炉	加圧水型 (PWR)	低濃縮ウラン	軽水	軽水
	沸騰水型 (BWR)	低濃縮ウラン	軽水	軽水
新形転換炉 (ATR)		低濃縮ウラン 天然ウラン プルトニウム	重水	軽水
高速増殖炉 (FBR)		濃縮ウラン プルトニウム	なし	ナトリウム

(a) **黒鉛減速ガス冷却炉**（GCR：Gas Cooled Reactor）

燃料に**天然ウラン**，減速材と反射材に**黒鉛**を使用し，冷却材に**炭酸ガス**を使う原子炉です（第3.4図参照）．

3 原子力発電

〈特徴〉
(i) 黒鉛は中性子の吸収面積が小さいため，減速作用が少なく，容量・重量が大きくなります．
(ii) 濃縮ウランを燃料に使用しないため，中性子倍率が小さく，燃料所要量が多くなります．
(iii) 炭酸ガスを冷却材に使用しているため，ガス循環ポンプの所要動力が大きくなります．

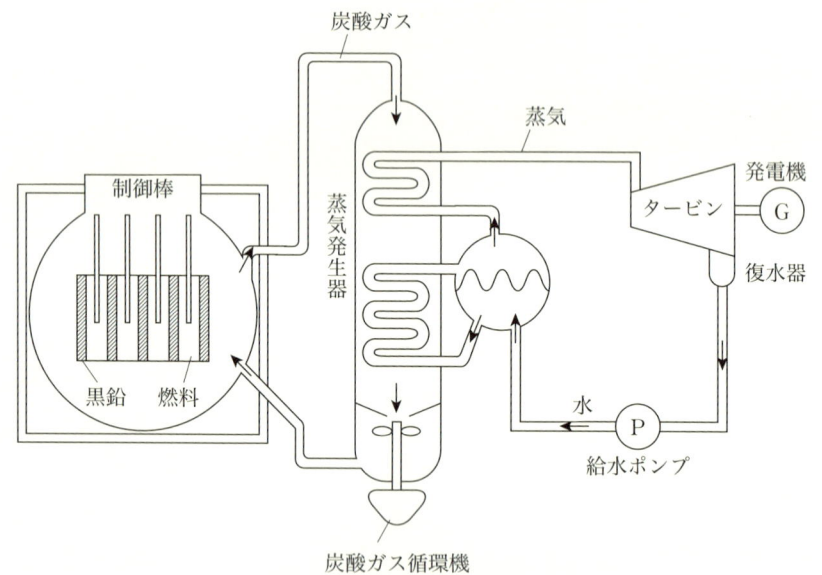

第3.4図 黒鉛減速ガス冷却炉（GCR）

(b) 加圧水型軽水炉（PWR：Pressurized Water Reactor）

加圧水型は，原子炉内の炉水が沸騰しないように加圧して，炉内を高圧にしています．原子炉で発生した加圧熱水は熱交換器に送り，熱交換された二次蒸気を湿分分離してタービンに供給しています（第3.5図参照）．

〈特徴〉
(i) 熱交換器で一次系と二次系が分離されているため，放射能を帯びた蒸気がタービン側に流入しません．
(ii) 加圧水を使用しているため出力密度が高く，炉心から取り出す熱出力が大きくなります．

(iii) 熱交換器を経由した間接サイクルのため，系統が複雑で，炉内の水に圧力を加えるため，圧力容器および配管の肉厚が厚くなり高価となります．

(iv) 炉の反応は大きな負の温度係数のため，安定性を持っています．

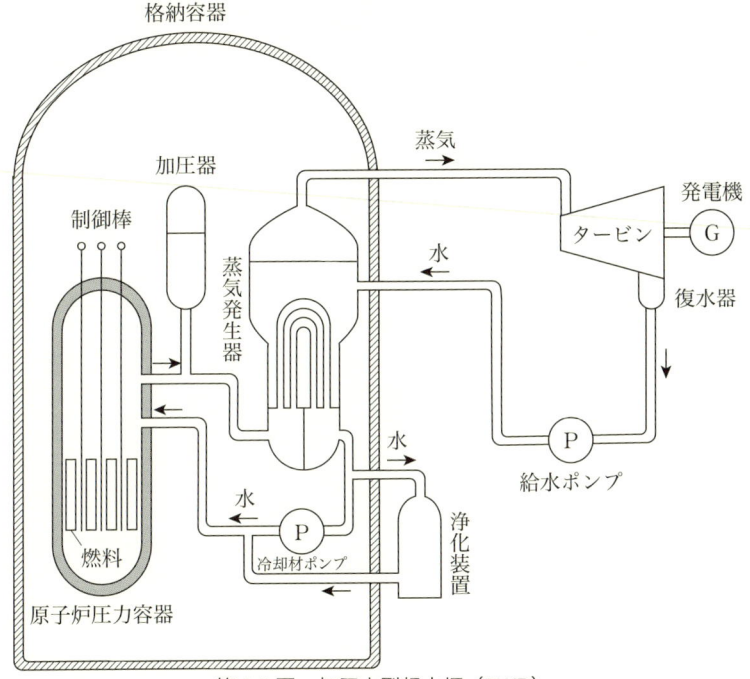

第 3.5 図　加圧水型軽水炉（PWR）

(c) 沸騰水型軽水炉（BWR：Boiling Water Reactor）

沸騰水型は，原子炉内で炉水を再循環させながら沸騰させ，発生した蒸気を湿分分離して直接タービンに供給しています（第 3.6 図参照）．

〈特徴〉

(i) 原子炉内の内部蒸気を直接タービンで使用するため，熱交換器が不要です．このため，加圧水型のように炉内の圧力を高くしなくてもよく，圧力容器および配管の肉厚は薄くできます．

(ii) 放射能を帯びた蒸気が直接タービンに入るため，蒸気漏れは皆無にしなければなりません．

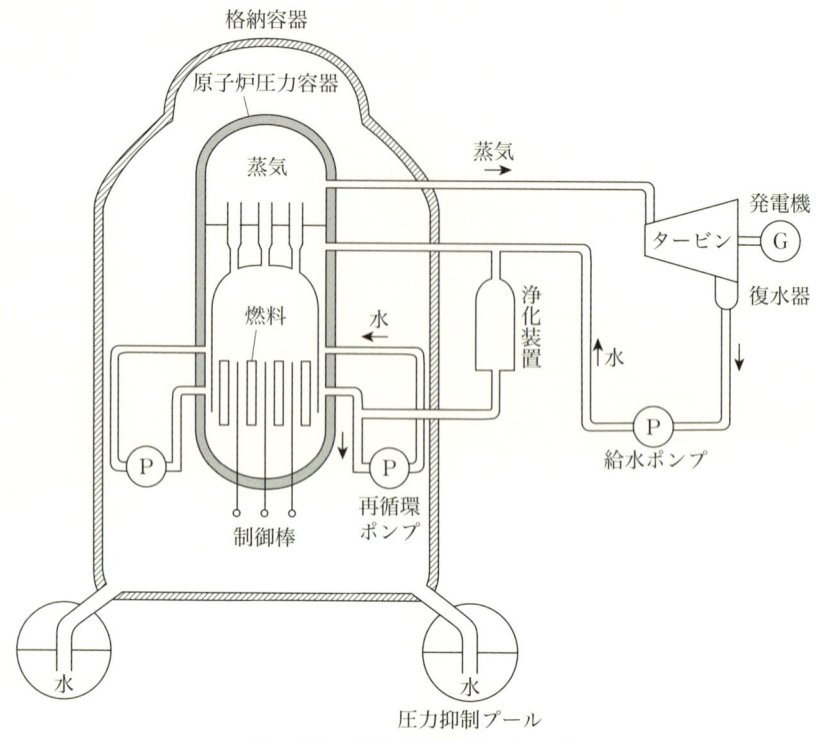

第 3.6 図　沸騰水型軽水炉（BWR）

(d) 新形転換炉（ATR：Advanced Thermal Reactor）

新形転換炉は，天然ウランの中に含まれている 99.3〔%〕のウラン 238 を有効に活用できる炉で，資源的にみた場合極めて有効となります．

わが国で採用されているのは，減速材に中性子の吸収が少ない重水を，冷却材に軽水炉と同じ軽水を使用した「重水減速軽水冷却炉」です（第 3.7 図参照）．

〈特徴〉
(i) 重水は軽水より中性子を吸収しにくいため，ウランの利用効率が向上します．
(ii) 使用済燃料を再処理して得られるプルトニウムを，天然ウラン，回収ウラン，劣化ウランに混ぜて使用できるとともに，濃縮ウランも使うことができるなど，燃料の多様化が図れます．

(iii) 燃料転換率が0.8程度で，従来の軽水炉（0.5～0.6）に比べてかなり高いものになります．

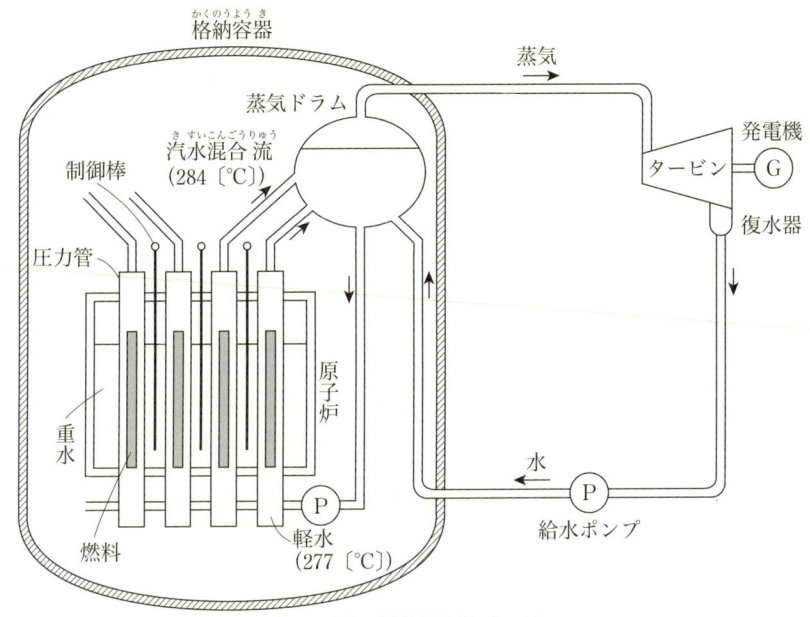

第3.7図　新型転換炉（ATR）

(e) 高速増殖炉（FBR：Fast Breeder Reactor）

燃料転換率が1.0以上の原子炉で，中性子として軽水炉で使用する熱中性子ではなく，高速中性子を用いて核分裂反応を起こさせる炉です．

わが国では，プルトニウムを燃料とするナトリウム冷却炉が開発されています（第3.8図参照）．

〈特徴〉

(i) 冷却材に熱のよく伝わる液体の金属ナトリウムを使用するため，取り扱いに留意が必要です．

(ii) 周辺部を天然ウランの燃料で囲み，この燃料中のウラン238がプルトニウムになります．

(iii) 燃料転換率が1.0以上のため，資源の少ないわが国にとって，エネルギーの安定供給を図る面で有利な原子炉です．

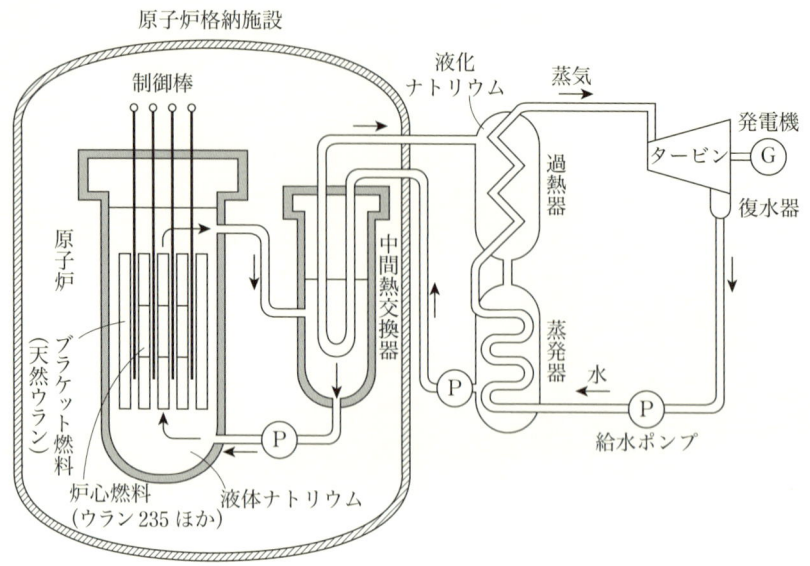

第3.8図　高速増殖炉（FBR）

(2) 軽水炉の出力制御方法

(a) 加圧水型軽水炉（PWR）

出力制御の方法には，制御棒クラスタの位置調整とほう素濃度調整があります．

（ⅰ）制御棒クラスタの位置調整

制御棒クラスタは，制御グループと停止グループとに分けられており，通常運転状態では，停止グループは全部引き抜く状態です．出力変更するには，制御グループの制御棒クラスタの位置調整を行います．

原子炉を緊急に停止する場合は，停止グループと制御グループの両方を急速に挿入します．

（ⅱ）ほう素濃度調整

一次冷却材中のほう素濃度を調整する方法です．ほう素は中性子を吸収しやすい物質ですので，ほう素の濃度を増やすと中性子は減少して原子炉出力は低下します．

ほう素濃度の調整制御は，緩やかな出力制御に使用されます．

(b) 沸騰水型軽水炉（BWR）

出力制御の方法には，制御棒の位置調整と再循環流量調整があります．

　（i）制御棒の位置調整

制御棒を炉心内に挿入，引き抜くことにより反応度を変化させて出力調整を行います．

制御棒は，起動・停止時操作時の大幅な出力変更，低出力時の出力調整，炉内出力分布の調整に用いられます．

原子炉を緊急停止する場合は，制御棒をすべて挿入します．

　（ii）再循環流量調整

炉心には水と蒸気が混在しており，蒸気の割合（ボイド率）が増加すると，単位体積当たりの減速材が減少して中性子が減速されにくく，燃料に吸収される中性子の量が減って出力が低下します．

〈再循環流量を減らす〉

ボイド率が増加して出力が低下します．

〈再循環流量を増やす〉

ボイド率が減少して出力が上昇します．

再循環流量の調整による出力調整は，定格出力の70〜80〔％〕以上の高出力運転中の調整を行います．

(3) 軽水炉型原子力発電所と汽力発電所との比較

(a) 容積量当たりの熱出力が大きい

軽水炉型は，熱源である原子炉圧力容器の容積量当たりの熱出力が大きくなっています．

(b) 蒸気条件が悪い

軽水炉型の蒸気温度は，燃料集合体の許容温度によって制限されるため，飽和蒸気または飽和に近い湿り蒸気を使用します．

汽力と比べ低湿低圧の蒸気であるため，熱落差が少なく，同一出力を得るには蒸気使用量を多くする必要があり，蒸気タービン，復水器が大形になります．

(c) 熱効率が低い

軽水炉型の熱効率は約33〔％〕と汽力と比べ低くなっています．

(d) タービン発電機が大形

軽水炉型のタービン効率確保のため低圧段のタービン翼長（ブレード）を

長くするため，回転速度を汽力より下げる必要があります．

　タービン発電機は，4極機を採用し，回転子の直径は大きくなり，長さも長くなり大形になります．

> **練習問題1**
>
> 　原子力発電に関する記述である．誤っているのは次のうちどれか．
> (1) 汽力発電に比べ蒸気条件が悪いため，タービンの回転速度は，汽力の場合の1/2が採用される．
> (2) 軽水炉では，ウラン235を約3〔％〕に濃縮した燃料が使用される．
> (3) 軽水炉では，軽水が冷却材および減速材として使用される．
> (4) 微量の燃料（ウラン235）で，莫大なエネルギーが得られるため，熱効率が高い．
> (5) 高速増殖炉では，熱エネルギーを発生すると同時に，消費される燃料よりも多くの燃料が生産される．

【解答】　(4)

> **練習問題2**
>
> 　原子力発電に関する記述である．誤っているのは次のうちどれか．
> (1) 原子炉に一度燃料を装荷すれば，1年以上取り換えずに運転でき，燃料の備蓄効果がある．
> (2) 発電用軽水炉の燃料には，低濃縮ウランが使われる．
> (3) 沸騰水型原子炉では原子炉で発生した蒸気をタービンに送るので蒸気発生器は必要ない．
> (4) 加圧水型原子炉と沸騰水型原子炉では，減速材，冷却材とも軽水が使用されている．
> (5) 原子力発電用タービンは，一般に汽力発電のものに比べて小形に設計できるので，単位出力当たりの建設費が安くできる．

【解答】　(5)

第3章 Lesson 4 原子炉の安全性と防護装置

覚えるべき重要ポイント

- 原子炉の安全設計
- ドップラー効果，ボイド効果
- 非常用炉心冷却設備の役割

STEP 1

(1) 原子炉の安全設計

(a) 原子炉の緊急停止，異常時に自動的に炉を停止

(b) 制御系に故障が発生しても安全側に動作する設計

(c) 誤操作防止のためのインターロック方式を採用

(d) 非常用炉心冷却設備（ECCS：Emergency Core Cooling System）の設置

(e) 丈夫な原子炉格納容器による放射性物質の流出防止

(f) 地震に対して十分な安全設計

また，地震により原子炉を自動的に停止

(g) 発電所周辺の放射能の連続監視

(2) 原子炉の5重の障壁

原子炉での万一の事故が発生しても，核分裂生成物が外部へ放出しないように5重の障壁が設けられています（第3.9図参照）．

(a) 第1の壁（燃料のペレット）

燃料ペレットは二酸化ウランを高温で焼き固めたもので，核分裂生成物はこの中で生じ，大部分はこの中に留まります．

(b) 第2の壁（燃料の被覆管）

燃料ペレットを機械的に丈夫なジルコニウム合金製の被覆管に入れて密封しています．

(c) 第3の壁（原子炉圧力容器）

原子炉圧力容器は，厚さ約150〔mm〕のステンレス製で，その中に冷却材が入っています．燃料棒から核分裂生成物が漏れても，原子炉冷却材が外

119

部環境へ漏れないようにしています．

　(d)　第4の壁（原子炉格納容器）

原子炉格納容器は厚さ約30〔mm〕の鋼鉄製です．

　(e)　第5の壁（原子炉建屋）

原子炉建屋は厚いコンクリートで造られた外部遮へい壁です．万一，第3の壁から漏えいがあっても，外部環境へは出ていかないようにしています．

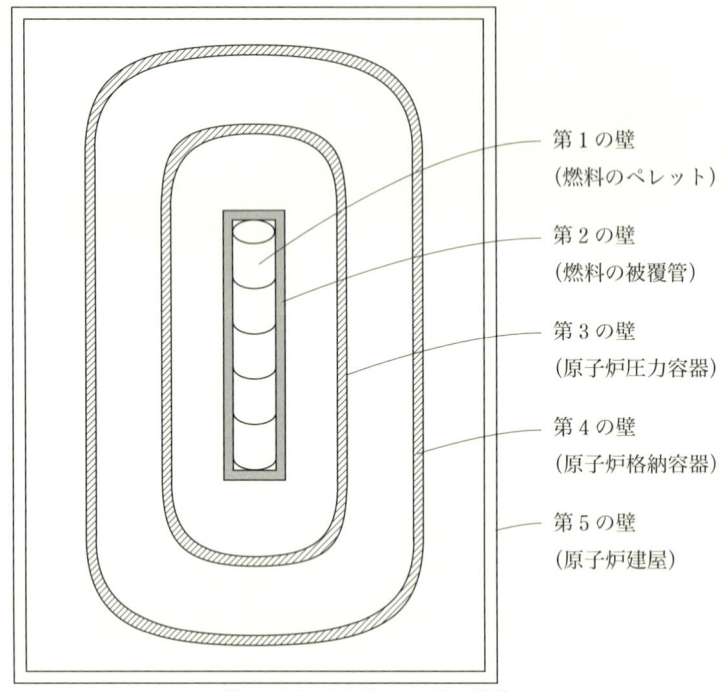

第3.9図　原子炉の5重の障壁

(3) 軽水炉の固有の安全性

軽水炉は，原理的に核分裂反応の急激な増加を自己抑制する性質（ドップラー効果，ボイド効果）により，核分裂反応が減少し出力上昇が自動的に抑制されます．これを軽水炉の固有の安全性または自己制御性といいます．

　(a)　ドップラー効果

燃料温度が上昇すると，ウラン238に吸収される中性子の割合が急激に多くなり，ウラン235の核分裂反応が抑制されます．

天然ウラン，低濃縮ウランの燃料には，大きな負の反応度温度係数があります．

(b) ボイド効果

核分裂が進み冷却材の温度が上昇し，気泡（ボイド）が多くなると，減速材の密度が下がり減速効果が減少し，ウラン235に吸収される熱中性子の割合が減って，核分裂反応が抑制されます．

熱中性子による核分裂反応が減少するため，負の反応度となります．

(4) 軽水炉の安全機能

配管破断等による一次冷却材の喪失事故の発生により，原子炉内の燃料の破損，放射性物質の放散の可能性があります．

このような事故の軽減や防止のため，工学的安全施設が設けられ，非常用炉心冷却設備（ECCS），原子炉格納容器，空気浄化設備などがあります．

(a) 非常用炉心冷却設備（ECCS）

原子炉にほう酸水などを原子炉に注入し，炉心の冷却と燃料，燃料被覆管の損傷の防止を行います．

原子炉の冷却として，加圧水型（PWR）はほう酸水，沸騰水型（BWR）は軽水を注入します．

(b) 非常用炉心冷却設備の構成

　(ⅰ) 加圧水型（PWR）

蓄圧注入系，高圧注入系，低圧注入系により構成されています．

　(ⅱ) 沸騰水型（BWR）

高圧炉心スプレイ系，低圧炉心スプレイ系，低圧注入系，自動減圧系により構成されています．

練習問題1

軽水炉には，燃料温度が上昇すると核分裂反応を抑制する [(1)] 効果と，核分裂が進み冷却材の温度が上昇し [(2)] が多くなり，核分裂反応を抑制する [(3)] 効果がある．

これらを，原子炉固有の安全性または [(4)] という．

【解答】 (1) ドップラー, (2) 気泡, (3) ボイド, (4) 自己制御性

第3章 Lesson 5 燃料サイクル

覚えるべき重要ポイント
- プルサーマルの概要
- 低濃縮ウラン，MOX（モックス）燃料の特徴

STEP 1

わが国は，エネルギー資源のほとんどを海外からの輸入に頼っています．エネルギー資源の可採埋蔵量は，およそ石油40年，天然ガス65年，石炭160年，ウラン85年といわれており，ウラン燃料の再利用計画が進められています．

(1) プルサーマル

プルサーマルとは，プルトニウムとサーマルリアクター（軽水炉）からできた言葉で，プルトニウムとウランを混ぜたMOX燃料を軽水炉形原子力発電所で利用することをいいます．

再処理で回収されたウランとプルトニウムをリサイクルすることにより，エネルギー資源の有効活用ができます．原子燃料サイクルを第3.10図に示します．

(2) 軽水炉燃料

原子燃料は，化石燃料（かせきねんりょう）とは異なり，原子炉内で寿命が終えて燃え尽きてしまうものではありません．

低濃縮ウランの燃焼過程で新たな燃料（プルトニウム約1〔%〕）が生成され，さらに原子炉内である程度，核分裂すると燃料としての能力低下を生じ，新しい燃料と取り替える必要がでてきます．

原子炉から取り出された燃料を使用済燃料といいます．

(a) 低濃縮ウラン

ウラン235の割合を3～5〔%〕に高めた低濃縮ウラン燃料は，再転換工場（さいてんかんこうじょう）で粉末状の二酸化ウランにして高温で焼き固めてペレットにします．その後，被覆管に封じ込めて燃料集合体として成形加工します．

第 3.10 図　原子燃料サイクル

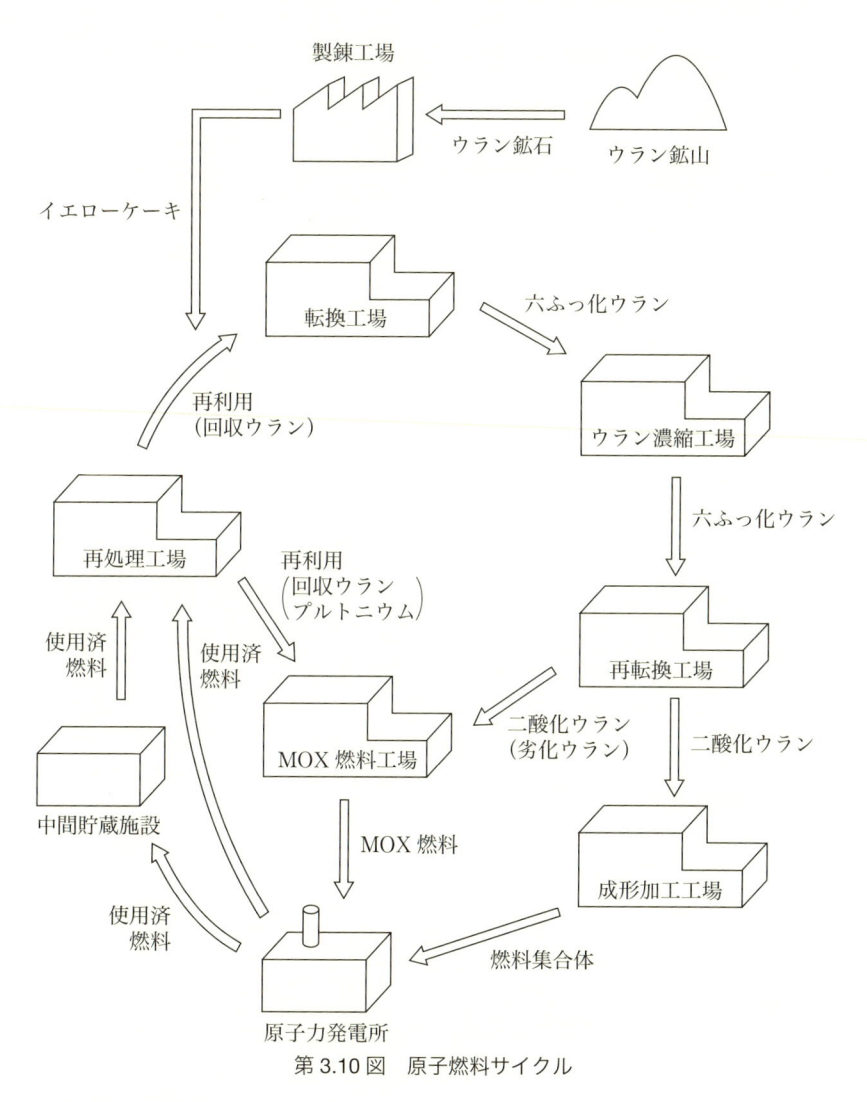

(b) MOX 燃料

　再処理工場で使用済燃料から取り出したプルトニウムを二酸化プルトニウムとし，二酸化ウランと混ぜて，プルトニウム濃度を 4～9〔％〕に高めたものが MOX 燃料（混合酸化物燃料，MOX：Mixed Oxide fuel）です．

　MOX 燃料はペレット状にし，被覆管に封じ込めて燃料集合体として成形加工します．第 3.11 図に燃料の比較を示します．

③ 原子力発電

ウラン235 約0.7〔%〕 / ウラン238 — 天然ウラン

ウラン235 3〜5〔%〕 / ウラン238 — ウラン燃料（発電前）

ウラン235 約1〔%〕 / プルトニウム 約1〔%〕 / 核分裂生成物 約3〔%〕 / ウラン238 約95〔%〕 — ウラン燃料（発電後）

プルトニウム 4〜9〔%〕 / ウラン238 など — MOX燃料

第3.11図　燃料の比較

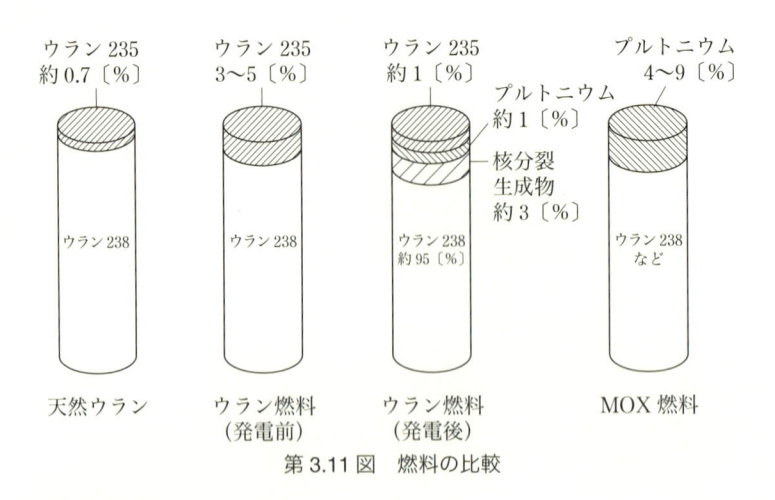

練習問題1

使用済燃料から分離して取り出した (1) とウランを混ぜた (2) 燃料を軽水炉形原子力発電所で (3) することにより，ウラン資源を有効に利用することができる．この方式を (4) という．

【解答】(1) プルトニウム，(2) MOX，(3) 再利用，(4) プルサーマル

練習問題2

軽水炉で使用するウラン燃料は，ウランを (1) 〔%〕まで濃縮して使用している．このウラン235の代わりに再処理工場で使用済燃料から取り出したプルトニウムを使うのが (2) （MOX燃料）である．

MOX燃料は，プルトニウム濃度を (3) 〔%〕に高めたもので，大きさや形は (4) 燃料と同様である．

【解答】(1) 3〜5，(2) 混合酸化物燃料，(3) 4〜9，(4) ウラン

STEP-3 総合問題

【問題1】 原子力発電において，1〔g〕のウラン235の発生するエネルギーを 9×10^{10}〔W・s〕，原子力発電所の熱効率を33〔%〕，石炭の発熱量を25 120〔kJ/kg〕，火力発電所の熱効率を38〔%〕とする．

次の問に答えよ．

(a) 1〔g〕のウラン235の原子力発電所の出力〔kW・h〕はいくらか．

(b) 1〔g〕のウラン235は，汽力発電における何〔kg〕の石炭に相当するか．

【問題2】 天然ウランに含まれるウラン235が全部核分裂を起こすものとし，原子力発電所の熱効率を33〔%〕，ウラン235の1〔g〕の核分裂で発生するエネルギーを 8.2×10^{10}〔W・s〕，天然ウラン中に含まれるウラン235の量を0.7〔%〕とする．

次の問に答えよ．

(a) 150〔t〕の天然ウランで発生するエネルギーを〔kW・h〕に換算せよ．

(b) 150〔t〕の天然ウランで電気出力1 000〔MW〕の原子力発電所を何日運転することができるか．

【問題3】 原子力発電所において，1〔g〕のウラン235が燃焼し，質量欠損が0.09〔%〕であった．次の問に答えよ．

ただし，原子力発電所の熱効率を32〔%〕とする．

(a) 質量欠損で生じるエネルギー〔J〕はいくらか．

(b) 発生電力〔kW・h〕はいくらか．

【問題4】 次の文章は軽水炉形原子力発電所の燃料についての記述である．(1)～(4)の空白箇所を埋めよ．

一般的な軽水炉形原子力発電所の燃料としては ____(1)____ ウランが用いられる．これは ____(2)____ 中のウラン235の比率が0.7〔%〕程度であるものを，ガス拡散法や遠心分離法などによって濃縮したものである．

核分裂しにくい ____(3)____ の一部は，原子炉内の中性子の作用によって ____(4)____ となる．さらに，この一部は炉内で核分裂してエネルギー発生に寄与する．

第4章
その他発電

第4章 Lesson 1 ディーゼル発電

覚えるべき重要ポイント
- ディーゼル発電の特徴

STEP 1

ディーゼル発電は，シリンダ内で空気を圧縮，高温となった圧縮空気に燃料を噴射し，急激に爆発燃焼させた膨張エネルギーを回転運動へ変換して発電機を回すディーゼル機関（エンジン）を使用した発電方式です．

燃料には重油または軽油を使用し，圧縮され温度が高くなった空気中に燃料を噴射することにより，点火装置がなくても爆発燃焼します．

燃料噴射量の加減により広範囲の出力調整ができます．

(1) 使用用途

工場の自家用発電設備，ビル，病院などの非常用発電設備，離島の電力供給用の発電設備として用いられます．

(2) 4サイクルディーゼル機関の行程

第4.1図のように，吸入→圧縮→爆発→排気の行程で動作します．

　吸入行程：空気を吸入する

　圧縮行程：空気を圧縮する

　爆発行程：燃料を注入し，爆発させる

　排気行程：燃焼後のガスを排気する

(3) 附属設備

(a) 過給機

吸入空気を大気圧の2〜3倍に圧縮して，空気の吸気量を増やすもので，これに見合う燃料を噴射することにより，エンジン出力の大幅な増加ができます．

最近のディーゼルエンジンは，過給機と空気冷却器を取り付けて50〜300〔%〕程度の出力増加を図っています．

（1）吸入　　（2）圧縮　　（3）爆発　　（4）排気

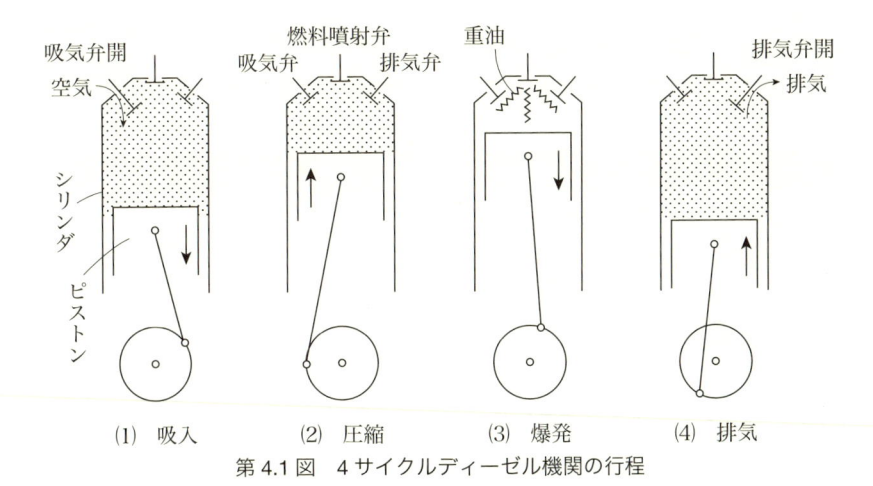

第4.1図　4サイクルディーゼル機関の行程

(b) フライホイール

はずみ車ともいい，回転速度を平均化する装置で鋳鉄製の車輪をクランク軸に取り付けています．

(4) **特徴**

(a) 始動時間が数十秒と短い
(b) 始動，停止が容易
(c) 熱効率は 35〜40〔％〕
(d) 建設期間が短い
(e) 振動，騒音が大きい

練習問題1

ディーゼル発電を汽力発電と比較すると，次の利点がある．
① 始動，停止が容易で負荷の ☐(1)☐ がよい．
② 設備の取り扱いが ☐(2)☐ である．
③ 出力が小さい割に ☐(3)☐ がよい．
④ 欠点として，運転中は振動と ☐(4)☐ が大きい．

【解答】(1) 追従性，(2) 容易，(3) 熱効率，(4) 騒音

第4章 Lesson 2 風力発電

覚えるべき重要ポイント

- 風力発電設備の構成と特徴
- 風車の出力制御

STEP 1

風力発電は，自然の風を利用した風車で発電機を駆動し，電気エネルギーを得るものです．風力発電の立地は，年間を通じて6〜7〔m/s〕程度の風況のよい場所とされています．

風の持つ運動エネルギーの利用率は，理論的には60〔%〕ですが，実際には10〜30〔%〕程度です．

(1) 風の持つエネルギー

空気の質量をm〔kg〕，速度をv〔m/s〕とすると，風の持つエネルギーE〔J〕は，

$$E = \frac{1}{2}mv^2 \text{〔J〕}$$

(2) 風車で得られるエネルギー

空気密度ρ〔kg/m³〕，風の回転面積A〔m²〕，風車の出力係数kとすると，風車で得られる単位時間当たりのエネルギーP〔W〕は，

(a) 空気の質量

$$m \text{〔kg/s〕} = \rho \text{〔kg/m}^3\text{〕} \times A \text{〔m}^2\text{〕} \times v \text{〔m/s〕}$$

(b) 単位時間当たりのエネルギー

$$P = \frac{1}{2}kmv^2 = \frac{1}{2}k\rho A v^3 \text{〔J/s〕}$$

ここで，単位〔J/s〕=〔W〕ですから，

$$P = \frac{1}{2}k\rho A v^3 \text{〔W〕}$$

以上より，風車の出力は風速の3乗に比例します．

(3) 風力発電の構成

プロペラ形風力発電設備は，翼（ブレード），タワー，ナセルから構成されています（第4.2図参照）．

(a) ナセル

ナセルには，増速機，発電機が収納されており，ブレードから伝えられた回転運動を増速機で一定の回転数に上げて発電機を動かしています．

(b) 発電機

発電機には誘導発電機と同期発電機があり，一般的には誘導発電機を，大形風力発電設備には同期発電機を使用します．

(i) 同期発電機

風速に見合った回転速度で同期発電機を回転する必要があり，その風速において最大出力で運転するためVVVF装置（Variable Voltage Variable Frequency）が設置されています．

(ii) VVVF装置

風速による回転速度（周波数）の違った発電機出力を一度，直流に順変換し，インバータで系統周波数の交流に逆変換して，系統と接続するもので，DCリンク方式と呼ばれています．

第4.2図 プロペラ形風力発電設備

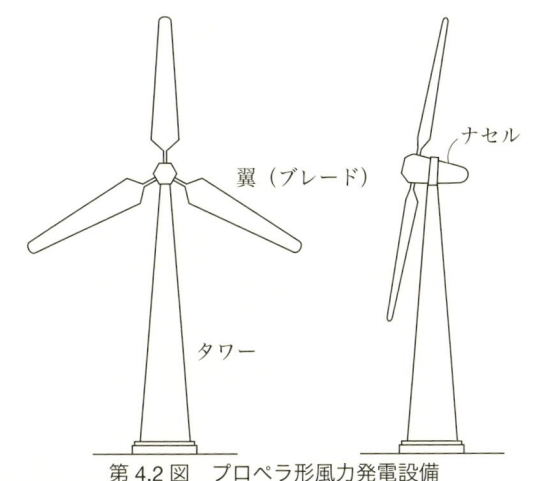

(4) 風車の出力制御

風車の出力制御には，ピッチ制御とストール（失速）制御があります．風

力発電の出力特性を第 4.3 図に示します．

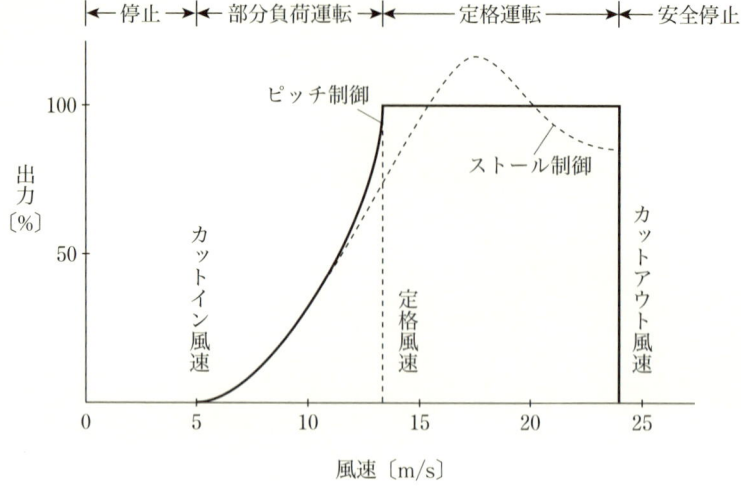

第 4.3 図　風力発電の出力特性

(a)　各風速による風車の制御概要

　(i)　カットイン風速（3〜5〔m/s〕）に達する

風車が回転し，発電が開始します．

　(ii)　カットイン風速から定格風速（8〜16〔m/s〕）まで

ピッチ制御により風車が風のエネルギーを最大に受けられるように（定格出力で運転できるように），ブレードの取付け角（ピッチ角）を最小値に固定します．

　(iii)　定格風速を超える

発電機出力を一定となるように，風車のブレードの揚力の増加を抑制した定速運転を行います．

　(iv)　カットアウト速度（24〜25〔m/s〕）以上

風速が風車の運転設計強度に達する速度になるため，ピッチ角を風向に平行にして待機状態になります．

(b)　ピッチ制御

ブレードのピッチ角を大きくすると，ブレード周囲の空気の流速も変化し，揚力が減少します．

ピッチ制御は風速・発電機出力を検知し，ピッチ角を変化させることで，

揚力を制御して風車の回転を制御します．
　(i)　安全装置
　台風等の強風時には，ピッチ角を風向に平行にしてロータを停止させ，風圧を小さくする機能です．
　(ii)　制動装置
　回転数制御による過回転防止を行います．
　(c)　ストール制御
　ピッチ角を固定とした状態で，一定風速以上になるとブレード形状の空気特性によって失速現象が起こり，出力が低下します．これを利用した制御をストール制御といいます．
(5)　風力発電の特徴
(a)　枯渇のないエネルギー
(b)　建設期間が短い
(c)　発電システム構成が簡単
(d)　自然の風を利用するため，出力は天候に左右される
(e)　大出力にするには，風車の形状寸法を大きくする必要がある
(f)　立地条件に制約がある

練習問題 1

　風力発電設備の特徴の記述である．誤っているのは次のうちどれか．
(1)　自然エネルギーを利用したクリーンな発電方式である．
(2)　地球上どこでもエネルギー源は存在するが，エネルギー密度は低い．
(3)　気象条件による出力変動が大きい．
(4)　枯渇のないエネルギーである．
(5)　風車によって取り出せるエネルギーは，風車の受風面積および風速に比例する．

【解答】　(5)

第4章 Lesson 3 太陽光発電

覚えるべき重要ポイント
- 太陽光発電の構成と特徴

STEP 1

太陽光発電は，シリコン半導体などでできた太陽電池に，太陽光を当てて発電する方式です．

〈太陽光発電の現状〉

(i) わが国の太陽光のエネルギー密度は約 1 〔kW/m^2〕

(ii) 太陽電池のエネルギー変換効率は，太陽電池セル当たり 14〜18〔%〕程度

(1) 太陽電池

(a) 太陽電池の構造

太陽電池はpn接合半導体でできており，太陽光を半導体界面に当てて光電効果（光エネルギーを電気に直接変換）を利用した半導体です（第4.4図参照）．

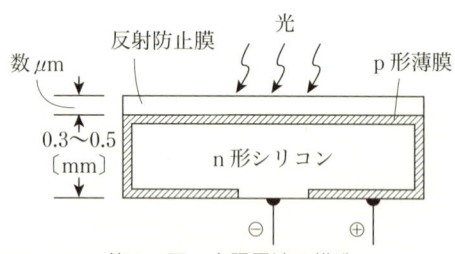

第4.4図 太陽電池の構造

(b) 各太陽電池の比較

太陽電池の主流はシリコン太陽電池で，単結晶と多結晶があり，太陽電池全体の約 65〔%〕を多結晶が占めています（第4.1表参照）．

(c) 太陽電池モジュール

太陽電池セルを接続して必要な電圧を得られるように加工したものをいい，設置する場合の最小単位となります．なお，太陽電池セル当たりの出力電圧

は約 0.4〔V〕です．

第 4.1 表　太陽電池の比較

種類		材料	変換効率	特徴
シリコン	単結晶	高純度のシリコン	14～18〔%〕	・製造コストが高い ・変換効率が高い
	多結晶	多数の単結晶群により形成	12～16〔%〕	・製造コストが比較的安い ・電力用に使用
	アモルファス	10〔μm〕程度の薄いシリコン層で形成	6～8〔%〕	・製造コストが安い ・変換効率が低い
化合物		銅，ガリウム，セレンなどの化合物	8～25〔%〕	・製造コストが高い ・変換効率が高い

(2) **太陽光発電設備の構成**

　太陽光発電設備は発電部，直流電力を交流電力に変換するインバータ部，系統事故時にインバータを停止させる系統保護装置部から構成されています．このうち，インバータ部と系統保護装置部は，パワーコンディショナと呼ばれています（第 4.5 図参照）．

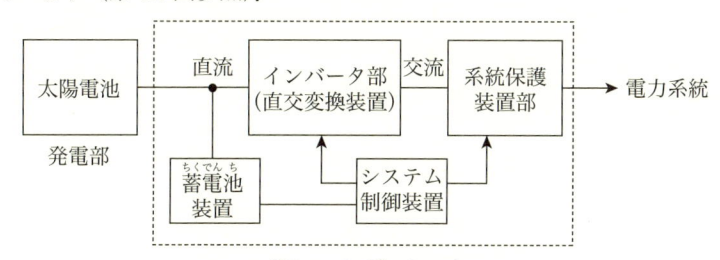

第 4.5 図　太陽光発電設備の構成

(3) **太陽光発電の特徴**

(a) 長所

　(i) 枯渇のないエネルギー

　(ii) 建設期間が短い

　(iii) 騒音を発生しない

　(iv) 発電システム構成が簡単で保守が容易

(b) 短所
　(i) 発電出力は天候に左右される
　(ii) ほかの発電方式と比べ，エネルギー密度が低い
　(iii) インバータで発電出力を直流から交流に変換する必要がある

練習問題 1

　太陽光発電の特徴の記述である．誤っているのは次のうちどれか．
(1) 自然エネルギーを利用したクリーンな発電方式である．
(2) システムが単純で，保守が容易である．
(3) 発生電力の変動が大きい．
(4) 発生電力が直流である．
(5) エネルギーの変換効率が高い．

【解答】 (5)

Lesson 4 地熱発電

覚えるべき重要ポイント
- 地熱発電の構成と特徴

STEP 1

火山地帯など地中にある天然の地熱を利用する発電方式です．

地下の地熱貯留層から生産井と呼ぶ井戸で蒸気を取り出し，タービン，発電機を回して発電する方式です．仕事を終えた蒸気は復水となって還元井へ戻します．

生産井の熱水温度は200〜300〔℃〕，蒸気圧力は約0.7〔MPa〕程度のため低圧タービンを採用し，発電出力は約20 000〜30 000〔kW〕程度です．

(1) 地熱発電の方式

地熱発電の方式は，直接方式と間接方式に大別できます．

(a) 直接方式

生産井から高温の天然蒸気を取り出し，汽水分離装置で蒸気と熱水に分離し，蒸気はタービンへ送り，熱水は還元井へ戻します．

熱水分離蒸気利用復水式を第4.6図(a)に示します．

(b) 間接方式

生産井から高温な熱水を熱源に熱交換器を通して，フロンなどの低沸点流体を沸騰させて蒸気としてタービンに送ります．

間接方式を第4.6図(b)に示します．

(2) 地熱発電の特徴

(a) 地下で加熱された蒸気を用いるため，汽力発電のようなボイラや給水装置が不要

(b) 燃料が不要

(c) 単機容量が汽力発電と比べ小さい

(d) 地点が地熱蒸気を噴出する地点に限定される

(e) 噴出井の位置，深さ，経年により，蒸気の性質（圧力，温度，流量）が変化する

(f) 使用材料に耐食性のあるものを使用する必要がある

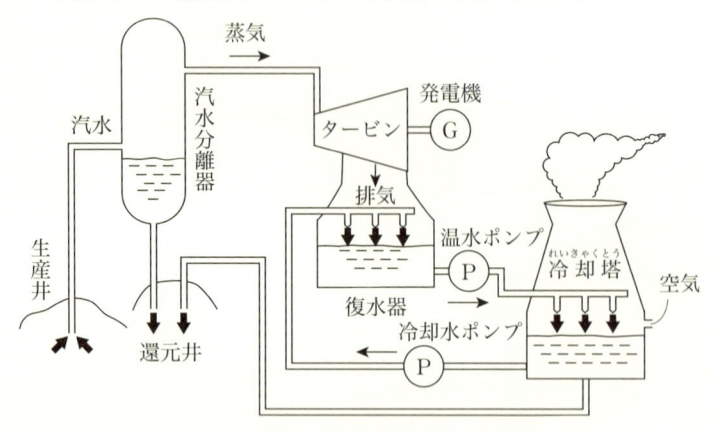

(a) 直接方式（熱水分離蒸気利用復水式）

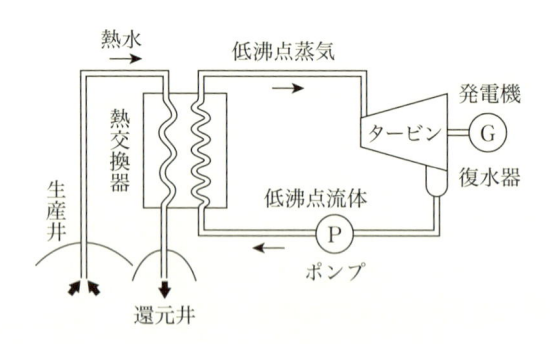

(b) 間接方式
第4.6図

練習問題 1

地熱発電についての記述である．誤っているのは次のうちどれか．

(1) 地下から出る熱水混じりの蒸気を汽水分離器で分離し，タービンに送気して発電する方式が一般的である．

(2) 地下から出る熱水を熱源としてフロン等を熱交換器で蒸発させ，これをタービンに送気して発電する方式である．

(3) 蒸気が過熱状態か，湿り度が極めて低い場合は，直接タービンを送気する方式は採用できない．

(4) 地下から蒸気と一緒に出る熱水を有効利用するため，フラッシュタンクで減圧蒸発させ，蒸気を取り出してタービンに送り，出力を増加させる方式もある．

(5) 一般に蒸気中には硫化水素を含むので，防食対策が必要である．

【解答】 (3)

5 燃料電池発電

覚えるべき重要ポイント
- 燃料電池の構成と特徴

STEP 1

燃料電池発電は，天然ガス，メタノールなどの化石燃料を改質して得られる水素の燃料と空気中の酸素を電気化学反応により酸化させ，そのときに生じる化学エネルギーを電気エネルギーに変換する装置です．

(1) **燃料電池発電設備の構成**

第4.7図参照．

(a) 燃料改質装置

天然ガスやメタノールなどの化石燃料に水蒸気を加え，外部から熱を加えることによって改質反応を促し，水素ガスを発生させます．

(b) 燃料電池本体

純度70～90〔％〕の水素ガスを使用し，酸素と反応して直流を発生させ，燃料極で消費された残りの水素ガスは再び燃料改質装置へ戻します．

(c) 排熱回収装置

排熱で蒸気や温水を発生させ，冷暖房などに利用します．

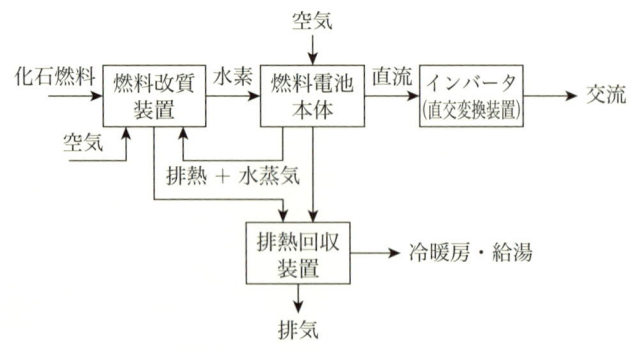

第4.7図　燃料電池発電の構成

(2) 燃料電池の構造

(a) 燃料電池の構造原理

燃料電池は燃料極（負極），空気極（正極），イオン伝導体の電解質から構成されています．

水素ガスが燃料極上で電極に電子（e⁻）を与え，自ら水素イオン（H⁺）となって空気極へ移動します．

水素イオンと外部回路から流れてきた電子が，酸素と反応して水と熱を生成します（第4.8図参照）．

(b) 化学反応式

負極（燃料極）　　$H_2 \rightarrow 2H^+ + 2e^-$

正極（空気極）　　$2H^+ + \dfrac{1}{2}O_2 + 2e^- \rightarrow H_2O$

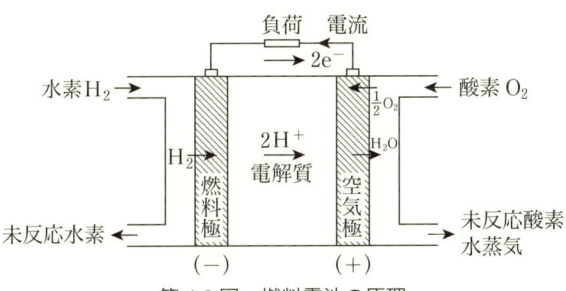

第4.8図　燃料電池の原理

(3) 燃料電池の種類

燃料電池は電解質によって，りん酸形（PAFC：Phosphoric Acid Fuel Cell），溶融炭酸塩形（MCFC：Molten Carbonate Fuel Cell），固体酸化物形（SOFC：Solid Oxide Fuel Cell），固体高分子形（PEFC：Polymer Electrolyte Fuel Cell）に分類でき，各燃料電池の比較を第4.2表に示します．

(4) 燃料電池の特徴

(a) 発電効率が40～50〔%〕ですが，排熱利用を行うコージェネレーションシステム（熱電併給システム）の適用により総合効率60～80〔%〕程度になります．

(b) 騒音が少なく，燃焼ガスが少ないなど，環境上の制約を受けません．

(c) 小形，分散電源配置に適しています．

4 その他発電

(d) 燃料に天然ガス，LPG，メタノール，ナフサなどの多様な燃料が利用できます．
(e) 出力が直流のため，インバータで交流に変換する必要があります．

第4.2表　燃料電池の比較

種類 項目	りん酸形 （PAFC）	溶融炭酸塩形 （MCFC）	固体酸化物形 （SOFC）	固体高分子形 （PEFC）
燃料	天然ガス メタノール ナフサ	天然ガス ナフサ	天然ガス ナフサ 石炭ガス	メタノール 純水素
電解質	りん酸	溶融炭酸塩 （炭酸リチウム 　炭酸カリウムなど）	安定化ジルコニア	陽イオン交換膜
電解質中の 移動イオン	H^+	CO_3^{2-}	O^{2-}	H^+
運転温度 〔℃〕	190〜200	600〜700	800〜1 000	80〜100
発電効率 〔％〕	40〜45	45〜60	50〜60	30〜40 60（純水素）
想定用途	定置発電	定置発電	家庭電源 定置発電	家庭電源 携帯端末 自動車
開発状況	商業化	商業化	実証段階	実証段階 （一部は実用化）

練習問題1

燃料電池に関する記述である．誤っているのは次のうちどれか．
(1) 水の電気分解と逆の化学反応を利用した発電方式である．
(2) 燃料として，水素，天然ガス，メタノールなどが使用される．
(3) 燃料が外部から供給され，直接，交流電力を発生する．
(4) 太陽光発電や風力発電に比べて，発電効率が高い．
(5) コージェネレーションシステムを利用すると60〜80〔％〕程度の高い総合効率が得られる．

【解答】　(3)

STEP-3 総合問題

【問題1】 発電方式に関する記述である．誤っているのは次のうちどれか(一つとは限らない)．
(1) 太陽電池は，半導体のpn接合により太陽エネルギーを直接電気エネルギーとして取り出すものである．
(2) 燃料電池は，水素，炭酸水素などの燃料を電気分解して化学エネルギーとして蓄え，必要なときに電気エネルギーとして取り出すものである．
(3) 地熱発電は，地下から噴出する蒸気で発電するもので，燃料費が不要なため，資源活用の面から注目されている．
(4) 揚水発電は，上下二つの貯水池を利用して，軽負荷時に発電し，重負荷時揚水にする方式のものである．
(5) 風力発電は，風の運動エネルギーを利用して発電するもので，単位面積当たりの風力エネルギーは，風速の3乗に比例する．

【問題2】 発電方式に関する記述である．誤っているのは次のうちどれか．
(1) 地熱発電所において，生産井から得られる熱水が混じった蒸気を，直接タービンに送っている．
(2) 溶融炭酸塩形燃料電池は，電極触媒劣化の問題が少ないことから，石炭ガス化ガス，天然ガス，メタノールなどの多様な燃料を容易に使用することができる．
(3) 廃棄物発電は，廃棄物を焼却するときの熱を利用して蒸気をつくり，蒸気タービンを回して発電している．
(4) シリコン太陽電池には，結晶系の単結晶太陽電池や多結晶太陽電池と非結晶系のアモルファス太陽電池などがある．
(5) 風力発電は，一般に風速に関して発電を開始する発電開始風速（カットイン風速）と停止する発電停止風速（カットアウト風速）が設定されている．

【問題3】 発電方式に関する記述である．誤っているのは次のうちどれか．
(1) 太陽光発電は，最新の汽力発電なみの高い発電効率を持つ，クリーンなエネルギー源として期待されている．

(2) 地熱発電は，地下から発生する蒸気の持つエネルギーを利用し，タービンで発電する方式である．
(3) 燃料電池発電は，水素と酸素を化学反応させて，電気エネルギーを発生させる方式で，騒音，振動が小さく分散形電源として期待されている．
(4) 風力発電は，比較的安定して強い風が吹く場所に設置されるクリーンな小規模発電として開発され，近年では単機容量の増大が図られている．
(5) 廃棄物発電は，廃棄物焼却時の熱を利用して発電を行うもので，最近ではスーパごみ発電など，高効率化を目指した技術開発が進められている．

【問題 4】 発電方式に関する記述である．誤っているのは次のうちどれか．
(1) 燃料電池を熱電併給して利用すれば 60〜80〔％〕程度の高い総合熱効率が得られる．
(2) ディーゼル発電設備に過給機を設置する目的は，エンジンの出力を増加させるためである．
(3) 太陽光発電は，半導体素子に太陽光を受けて電力を発生するもので，発生電力は直流であるため，コンバータを用いて交流電力に変換して利用される．
(4) 風力発電の風車面を通過する空気の持つ運動エネルギーを電気エネルギーに変換する風力発電機の変換効率を風速によらず一定とすると，風力発電機の出力は，風速の 3 乗に比例する．
(5) 地熱発電の発電出力は，生産井から得られる熱水や噴出蒸気の蒸気温度，圧力および流量に左右される．

第5章
変電

第5章

Lesson 1 変電所

覚えるべき重要ポイント

- 変電所の分類, 役割, 構成

STEP 1

(1) 変電所

　水力・火力・原子力発電所でつくられた電力は, 高電圧 (500 [kV], 275 [kV], 154 [kV] など) に昇圧して送電線を経由して変電所へ送電しています.

　変電所は変圧器により, 消費箇所である工場, ビル, 鉄道などへ使いやすい電圧 (154 [kV], 77 [kV], 33 [kV], 6.6 [kV] など) に変成して, 送電線や配電線で供給しています. なお, 一般家庭へは配電線から柱上変圧器で (6.6 [kV] /100 [V]) に降圧して供給しています (第5.1図参照).

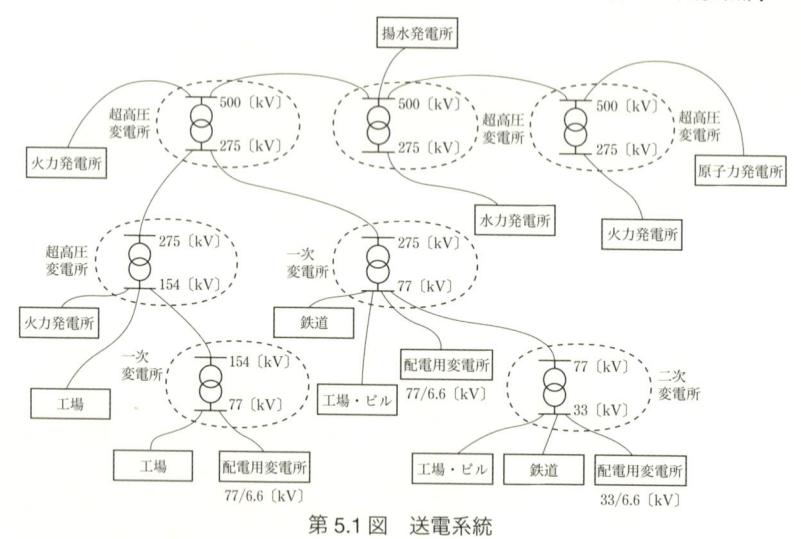

第5.1図　送電系統

(2) 変電所の分類

(a) 電圧による分類

(i) 超高圧変電所（500〔kV〕/275〔kV〕，275〔kV〕/154〔kV〕）

水力，火力，原子力発電所から送られた電力を変圧器で変成し，ほかの超高圧変電所や一次変電所へ電力を供給する中継変電所です．

(ii) 一次変電所（275〔kV〕/77〔kV〕，154〔kV〕/77〔kV〕）

工場，ビル，鉄道，配電用変電所へ電力を供給する変電所です．

(iii) 二次変電所（77〔kV〕/33〔kV〕）

工場，ビル，鉄道，配電用変電所へ電力を供給する変電所です．

(iv) 配電用変電所（77〔kV〕/6.6〔kV〕，33〔kV〕/6.6〔kV〕）

工場，ビル，一般家庭などへ配電線で電力を供給する変電所です．

(b) 設置場所による分類

(i) 屋外変電所

屋外に設置した変電所です．

(ii) 屋内変電所

市街地，住宅地などに設置し，周囲の美観，騒音を考慮して建物の中に変電設備を収納した変電所です．

(iii) 地下変電所

ビル，公園などの地下に設置した変電所です．

(c) 設備形態による分類

(i) 気中変電所

変電設備の充電部が気中に露出している変電所です．

(ii) ガス絶縁変電所

変電所用地が狭い，沿岸部で塩害対策を考慮するなどGIS（ガス絶縁開閉装置）を使用し，充電部を密封した変電所です．

(3) 変電所の役割

(a) 電圧の昇圧，降圧

送配電設備に合った電圧にするため，電圧の昇圧や降圧を行っています．

(b) 電力潮流の調整

発電電力を有効に活用するとともに，送変電設備の合理的な使用を図るため，電力（有効電力および無効電力）の流れを調整しています．

(c) 電圧の調整

消費箇所への供給電圧を安定に維持するように調整します．

(d) 送電線，配電線の保護

送配電線の事故を検出，除去し，ほかへの波及を防止しています．

練習問題 1

変電所の役割に関する記述である．誤っているのは次のうちどれか．
(1) 送配電に適した電圧に変換する．
(2) 過負荷や事故時に系統の切り換えを行う．
(3) 送配電の保護を行う．
(4) 調相設備の開閉により無効電力の調整を行う．
(5) 負荷時電圧調整器により負荷の調整を行う．

【解答】 (5)

STEP 2

(1) 変電所の構成機器

変電所で使用されるおもな機器は次のとおりです．第5.2図に変電所の回路例を示します．

(a) 変圧器

電圧を異なる電圧に昇圧，降圧します．

(b) 遮断器

回路の負荷電流，故障電流を遮断します．

(c) 断路器

点検時などに送配電線，機器を回路から切り離します．

(d) 計器用変成器

回路の高電圧，大電流を低電圧，小電流に変成します．

電圧を変成するものを計器用変圧器，電流を変成するものを変流器といいます．

(e) 避雷器

異常電圧を抑制し，機器の絶縁破壊を防止します．

(f) 調相設備

進相電流，遅相電流をとることにより電圧の調整，電力損失を軽減します．調相設備には，同期調相機，電力用コンデンサ，分路リアクトルなどがあります．

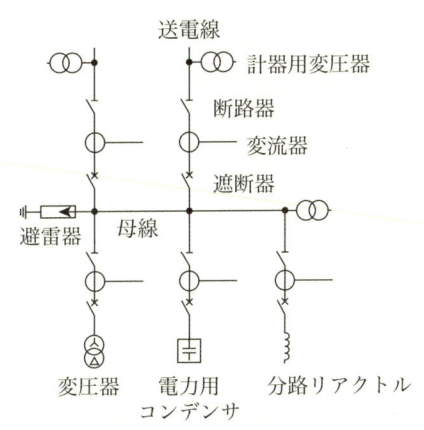

第5.2図　変電所の回路例

練習問題1

変電所の設備に関する記述である．誤っているのは次のうちどれか．

(1) 遮断器は，操作のため回路を開閉し，かつ，故障時の過電流などを自動遮断するのに使用する．

(2) 断路器は，電流の通じていない回路の開閉に使用するのが原則であるが，母線の充電電流など比較的小さな電流を開閉するのに使用する場合もある．

(3) 電力用並列コンデンサは，回路の力率を変化させることによって電圧調整を行うものであるが，電圧調整が段階的になる欠点がある．

(4) 避雷器は，外雷などの異常電圧が生じたときに回路を接地して放電し，正常電圧に復帰したときは直ちに接地を開く作用をする．

(5) 分路リアクトルは，ケーブル系統に流れる充電電流を補償するもので，系統電圧を昇圧する機能がある．

【解答】　(5)

第5章 Lesson 2 変電所の母線

覚えるべき重要ポイント

- 変電所母線の種類
- 変電所母線の保護の種類

STEP 1

(1) 変電所母線の種類

変電所の母線は，単一母線方式，二重母線方式，二重母線4ブスタイ方式，切換母線方式，$1\frac{1}{2}$遮断器方式があります．

(a) 単一母線方式

同一母線に送電線路（配電線路），変圧器を接続する方式です．配電用変電所に用いられています（第5.3図参照）．

〈特徴〉

(i) 結線が簡単
(ii) 遮断器，断路器の数が少なくなる
(iii) 母線事故時には，接続されている回線に影響がある

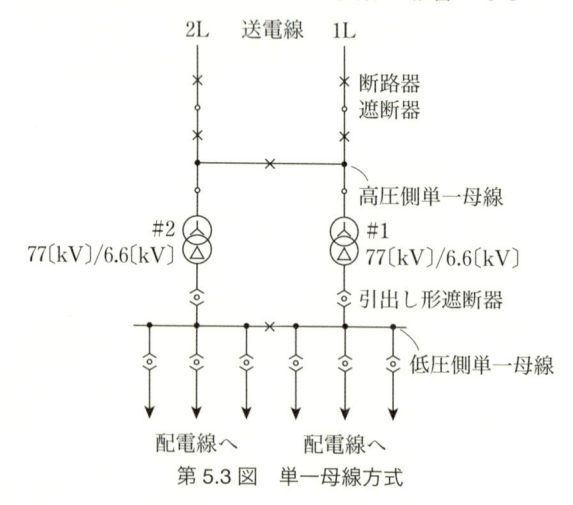

第5.3図 単一母線方式

(b) 二重母線方式

二つの母線（例：甲母線，乙母線）を持ち，送電線路がそれぞれ断路器により両方の母線に接続する方式で，ブスタイ遮断器で両母線を連絡しています．

一次，二次変電所に用いられています（第5.4図参照）．

〈特徴〉

(ⅰ) 結線が複雑
(ⅱ) 母線事故時には，ほかの健全母線へ切り換えができる
(ⅲ) 負荷切り換えが無停電でできる

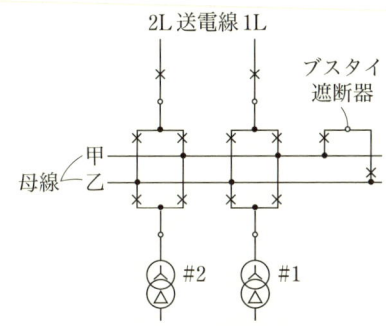

第5.4図 二重母線方式

(c) 二重母線4ブスタイ方式

二重母線を環状にした方式（第5.5図参照）で，四つの母線（例：甲A母線，乙A母線，甲B母線，乙B母線）構成となり，ブスタイ遮断器とブスセクション遮断器で各母線を連絡しています．

系統上重要な超高圧変電所，一次変電所に用いられています．

〈特徴〉

(ⅰ) 結線が複雑
(ⅱ) 異なった系統を送受電する場合の切り換えに適している
(ⅲ) 母線事故時には，ほかの健全母線へ切り換えができる
(ⅳ) 負荷切り換えが無停電でできる

⑤ 変電

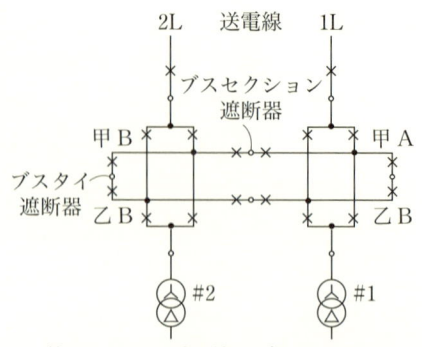

第5.5図　二重母線4ブスタイ方式

(d) 切換母線方式

配電線遮断器の点検，故障時には，切換母線と切換母線用遮断器を用いて送電することができます．

配電用変電所に用いられています（第5.6図参照）．

〈特徴〉

(i) 結線が簡単

(ii) 配電線遮断器の点検などの場合，無停電で送電できる

(iii) 片方の変圧器（#1）の点検などで停止する場合は，事前に #1，#2 の切換母線用遮断器を投入，#1 変圧器二次遮断器を開放し，#2 変圧器から切換母線経由で #1 の配電線を送電できる

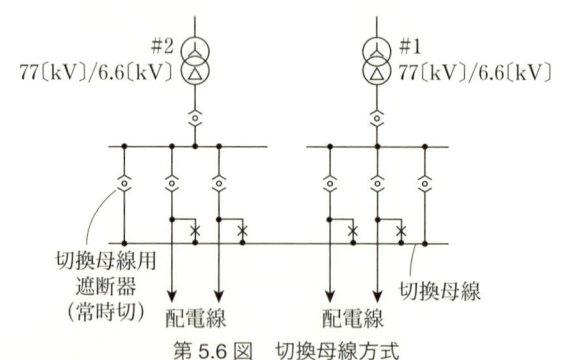

第5.6図　切換母線方式

(e) $1\frac{1}{2}$ 遮断器方式

2回線当たり3台の遮断器を用いる方式です．

系統上重要な超高圧変電所に用いられています（第5.7図参照）．

〈特徴〉
- （i）結線が複雑
- （ii）遮断器点検などの場合，当該送電線または変圧器の停止が不要
- （iii）母線事故時には，ほかの健全母線へ切り換えができる

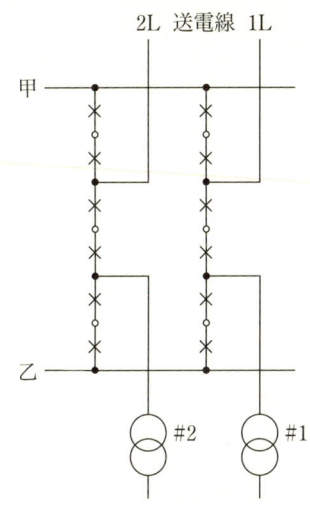

第5.7図　$1\frac{1}{2}$遮断器方式

練習問題1

変電所単一母線に関する記述である．誤っているのは次のうちどれか．

(1) 最も単純な母線方式である．
(2) 開閉装置が少なくてすむ．
(3) 経済的に有利である．
(4) スペースが少なくてすむ．
(5) 電力系統運用上の信頼性が高い．

【解答】　(5)

第5章 Lesson 3 開閉器

覚えるべき重要ポイント

- 遮断器の種類と特徴
- 断路器，ガス絶縁開閉装置（GIS）の特徴

STEP 1

(1) 遮断器

回路の負荷電流の開閉，地絡・短絡の故障電流を遮断する機器です．

遮断器は，回路を開放する途中にアークが発生し，このアークを安全に消すことができることを目的としています．

(2) 遮断器の種類

遮断器の種類は，遮断時に発生するアークを吹き消す物質（消弧媒質）により分類されます．消弧媒質には，油，空気，ガス，真空があります．

最近では，ガス遮断器，真空遮断器が最も多く用いられます．

(a) 油遮断器（OCB：Oil Circuit Breaker）

油中に消弧室を設け，アークを消弧室で封じ込め，室の圧力を高め，油流によりアークを吹き消します．

〈適用電圧〉

6.6〔kV〕～154〔kV〕の範囲で用いられます．

〈特徴〉

　（ⅰ）騒音が小さい

　（ⅱ）絶縁油を使用しているため火災の可能性がある

(b) 空気遮断器（ABB：Air Blast circuit Breaker）

高圧の圧縮空気をアークに吹き付けて消弧します．高電圧大電流遮断用として，ガス遮断器が開発される前までは，空気遮断器が用いられていました．

〈適用電圧〉

154〔kV〕～500〔kV〕の範囲で用いられます．

〈特徴〉

　（ⅰ）高電圧大電流の遮断ができる

(ii)　圧縮空気をアークに吹き付けるため騒音が大きい

　(iii)　空気圧縮機などの補機装置が必要

(c)　ガス遮断器（GCB：Gas Circuit Breaker）

　六ふっ化硫黄（SF_6）ガスでアークを吹き付けて消弧する方法には，二重圧力式とパッファ式があります（第5.8図参照）．

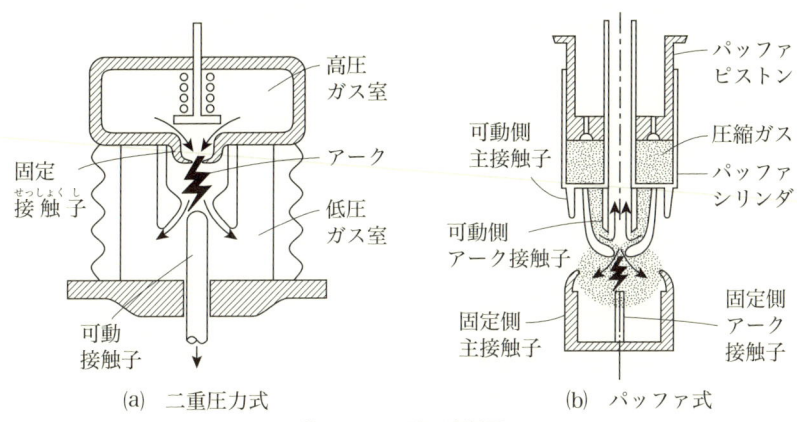

第5.8図　ガス遮断器
(a) 二重圧力式
(b) パッファ式

　(i)　二重圧力式

　高圧ガス室と低圧ガス室を持ち，2種の圧力のSF_6ガスを用い，高圧ガス(1.5〔MPa〕)と低圧ガス(0.3〔MPa〕)の圧力差を利用して，高圧ガスをアークに吹き付けて，低圧ガスタンクに回収する方式です．

　回収されたガスは圧縮機により高圧ガスになります．

　(ii)　パッファ式

　容器内には0.3〜0.5〔MPa〕のSF_6ガスが封入されています．

　可動接触子とパッファシリンダを一体に設け，遮断時にパッファシリンダを動かすことによってガスが圧縮され，この圧縮されたガスをアークに吹き付けて消弧します．

　最近のガス遮断器は，パッファ式が用いられます．

〈適用電圧〉

　6〔kV〕〜500〔kV〕の範囲で用いられます．

〈特徴〉

　(i)　騒音が小さい

(ii) 高電圧大電流の遮断ができる
(iii) SF$_6$ ガスを使用することで小形化できる
(iv) 広範囲の電圧階級で用いられる

(d) 真空遮断器（VCB：Vacuum Circuit Breaker）

真空遮断器の真空バルブは，筒状の絶縁容器に二つの円盤状の電極を設け，10^{-5}〔Pa〕以下の高真空にしたものです（第 5.9 図参照）.

電極を開放すると，アーク放電が発生し，電流が零近傍になるとアーク中の荷電粒子（金属蒸気）の拡散が急速に起こり消弧します．

高真空中では高い絶縁性能を持ち，強力な拡散作用があります．

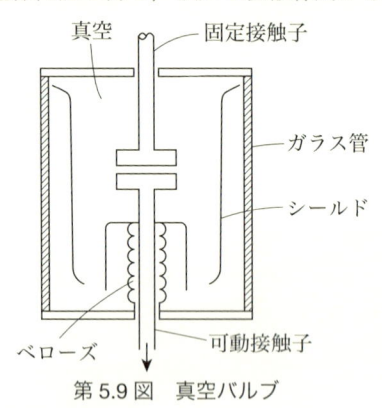

第 5.9 図　真空バルブ

〈適用電圧〉

6.6〔kV〕～77〔kV〕の範囲で用いられます．

〈特徴〉

(i) 騒音が小さい
(ii) 遮断部の構造が単純
(iii) 油を使用していないため火災のおそれがない
(iv) 電流遮断性能は，電極の構造，材料により決定される

(e) 磁気遮断器（MBB：Magnetic Blow-out circuit Breaker）

アークに直角な磁界を発生させ，電磁力によりアークを吸引し，消弧室（アークシュート）へ押し込んで消弧します．これはフレミングの左手の法則を応用しています．

〈適用電圧〉

6.6〔kV〕などで用いられます．

〈特徴〉
- (i) 騒音が小さい
- (ii) 火災の発生がない
- (iii) 屋内用に使用される

(3) **断路器**（DS：Disconnecting Switch）

断路器は，機器，線路，母線などの点検などを行う場合に，安全のため充電部から切り離すために用います．

断路器は，原則として負荷電流を開閉することはできません．

なお，回路条件により，変圧器の励磁電流，線路または母線の充電電流，線路および機器間のループ電流の開閉はできます．

(4) **負荷開閉器**（LBS：Load Break Switch）

故障電流は遮断できませんが，通常の負荷電流を開閉できる能力があります．

6.6〔kV〕配電線の電柱上や高圧受電設備の開閉器として用いられます．

練習問題 1

開閉装置には負荷電流，励磁電流，充電電流，短絡電流などを遮断できる (1) と，電流の流れていない回路を区分開閉する (2) の2種類に分けることができる．

真空遮断器は，接触子を (3) 中に封入して開閉するもので，多頻度操作に適し，(4) に多くを必要としないなどの特徴がある．

【解答】 (1) 遮断器，(2) 断路器，(3) 真空バルブ，(4) 保守

STEP 2

ガス絶縁開閉装置（GIS：Gas Insulated Switchgear）は，六ふっ化硫黄（SF_6）ガスを絶縁物として使用し，母線，断路器，遮断器，計器用変成器，避雷器などの設備を金属容器に収納した装置です．

SF_6 ガスの封入圧力は 0.1〜0.5〔MPa〕程度です．

(1) **SF_6 ガスの特徴**
- (a) 安定度が高く，不活性，不燃性，無毒，無臭の気体
- (b) 比重は空気の約5倍

(c) 絶縁耐力は空気の 2～3 倍，約 2 気圧で絶縁油と同等
(d) 消弧力は空気の約 100 倍程度

(2) GIS の特徴
(a) 充電部の露出がなく安全
(b) 絶縁性能が高いため，装置の縮小化ができる
(c) 火災，爆発のおそれがない
(d) 信頼度が高いため，点検周期を長くとることができる
(e) 日常の保守管理はガス圧力の監視，水分管理が必要

練習問題 1
ガス絶縁開閉装置の特徴に関する記述である．誤っているのは次のうちどれか．
(1) 爆発の危険がない．
(2) 装置の縮小化ができる．
(3) 内部事故時の復旧が容易である．
(4) 装置の劣化が少ない．
(5) 充電部が露出していない．

【解答】 (3)

練習問題 2
ガス絶縁開閉装置に用いられる SF_6 ガスの特徴に関する記述である．誤っているのは次のうちどれか．
(1) 絶縁性が高い．
(2) 可燃性である．
(3) 無臭である．
(4) あまり高価でない．
(5) 毒性がない．

【解答】 (2)

第5章 Lesson 4 避雷器

覚えるべき重要ポイント

- 避雷器の動作，酸化亜鉛形避雷器の特徴
- 異常電圧の種類

STEP 1

(1) **避雷器**

雷サージや開閉サージなどの異常電圧 e が送電線などに加わると，第5.10図の点線のように電圧が上昇します．

避雷器の放電開始電圧 E_f に達すると，避雷器が動作して線路と大地の間を導通させ，大地に電流（続流 i_g）を流して異常電圧を低下させ，異常電圧がなくなると再び線路の絶縁を回復させます．

避雷器は，その保護効果を高めるため保護対象機器の近くに設置します．

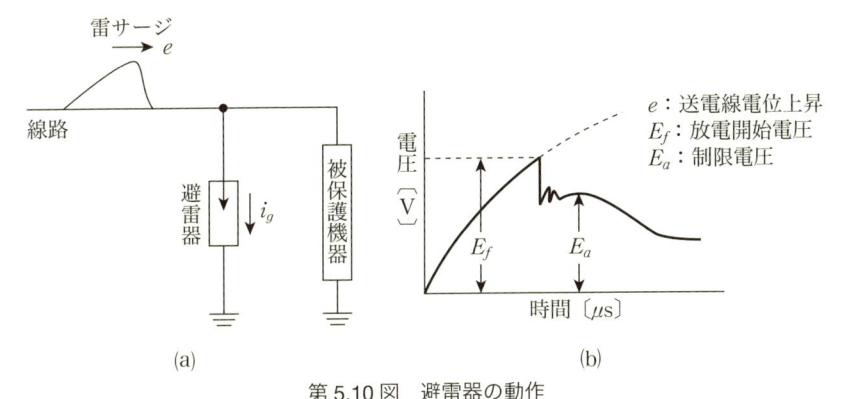

e：送電線電位上昇
E_f：放電開始電圧
E_a：制限電圧

(a) (b)

第5.10図 避雷器の動作

(2) **避雷器の性能条件**

(a) 大電流が安全に通過できること
(b) 制限電圧（避雷器放電中，異常電圧を低減し，避雷器端子に残る電圧）が一定値以上に保たれていること
(c) 続流を遮断する能力があること
(d) 動作に時間の遅れがないこと

(e) 長時間の使用に対し劣化が少ないこと

(3) 避雷器の種類

直列ギャップ付き避雷器と酸化亜鉛形避雷器があり，近年では，ほとんど酸化亜鉛形避雷器が使用されています．

構造を第5.11図に，特性要素の電圧－電流特性を第5.12図に示します．

(a) 直列ギャップ付き避雷器

直列ギャップと特性要素から構成され，特性要素に炭化けい素（SiC）を使用しています．特性要素の電圧－電流特性は，非直線性となっています．代表的なものに弁抵抗避雷器，磁気吹消避雷器があります．

(b) 酸化亜鉛形避雷器

特性要素に酸化亜鉛形（ZnO）を使用し，直列ギャップはありません．酸化亜鉛の電圧－電流特性は，第5.8図から直列ギャップ付き避雷器より非直線性が優れています．

〈特徴〉

(i) 直列ギャップがないため，放電時間遅れがなく保護特性がよい

(ii) 制限電圧，続流遮断などサージ処理が優れている

(iii) 小形，軽量

(iv) ガス絶縁開閉器用の避雷器として使用でき，据え付け面積の縮小が可能

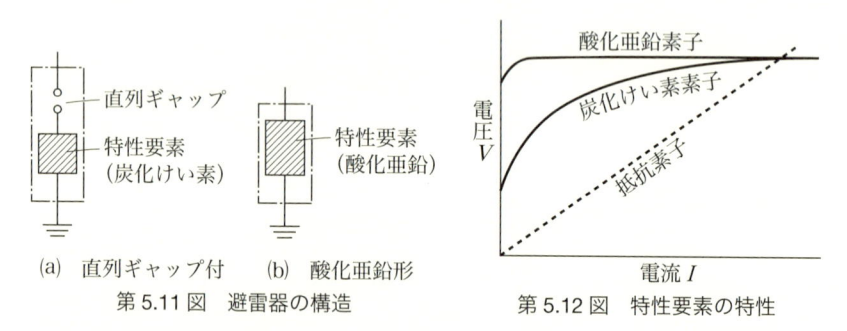

第5.11図 避雷器の構造

第5.12図 特性要素の特性

また，がいし形の避雷器には内部ガス圧の異常上昇時にがいしの爆発的飛散を防止するため放圧装置がある．

練習問題1

避雷器に関する記述である．誤っているのは次のうちどれか．
(1) 機器の絶縁を保護することを目的として，雷などによる回路の過電圧を制限するために設置されるものである．
(2) 放電現象が終了した後，引き継き電力系統から供給される電流（続流）を短時間のうちに遮断する能力が必要である．
(3) 避雷器の放圧装置とは，内部ガス圧の異常上昇時にがいしの爆発的飛散を防止するための装置である．
(4) 避雷器の制限電圧とは，避雷器が放電を開始する電圧である．
(5) 保護効果を高めるために保護対象機器の極力近くに設置する．

【解答】 (4)

STEP 2

異常電圧

異常電圧とは，雷撃や遮断器の開閉，送電線路故障などによって，常時の運転電圧を超える過電圧をいいます．

異常電圧は，外部異常電圧と内部異常電圧に，さらに内部異常電圧は，開閉サージ異常電圧と商用周波異常電圧とに分類できます．

(1) 外部異常電圧

(a) 直撃雷

雷撃が送電線に侵入し，導体や鉄塔に直撃するものです．

〈分類〉
 (i) 導体へ直接落雷して侵入するもの
 (ii) 鉄塔や架空地線に落雷した後，鉄塔や架空地線から導体に逆フラッシオーバを起こして導体に侵入するもの

〈特徴〉
 (i) 雷撃電流の大きさは100〔kA〕以下が多い
 (ii) 極性は約90〔%〕が負極性

(b) 誘導雷

雷雲との間の静電誘導により，導体に雷サージ電圧が進行するものです．

〈特徴〉
(i) 直撃雷に比べて発生頻度が高い
(ii) 極性はほとんど正極性
(iii) 電圧波高値は 100～200〔kV〕以下が多い

(2) 開閉サージ異常電圧

(a) 進み電流遮断時に異常電圧（第 5.13 図参照）

無負荷送電線や電力用コンデンサの充電電流などの進み電流を遮断すると，送電線電位と遮断器側電位とに電位差を生じます．

遮断器極間の絶縁が十分でないと再点弧し，振動的な異常電圧を生じます．

〈説明〉

(i) 電流の自然零点（$i_c = 0$ である点 a）で遮断した場合

遮断器の極間電圧は次第に上昇し，1/2 サイクル後（第 5.13 図点 b）には最大値 $2E_m$ に達します．

(ii) 振動的な異常電圧のその後

1/2 サイクルごとに上昇し，波高値の 3 倍，5 倍，7 倍に達することになりますが，実測例では 4 倍前後です．

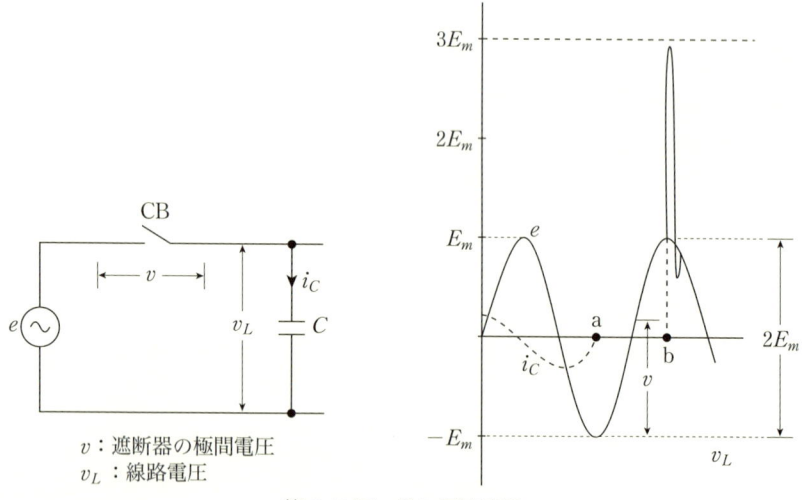

v：遮断器の極間電圧
v_L：線路電圧

第 5.13 図 進み電流遮断

〈対策〉

(i) 遮断器の電極間に並列抵抗を用いた，並列抵抗遮断方式の採用

(ii) 避雷器の設置

(b) 無負荷送電線投入サージ

　無負荷送電線に遮断器で電圧を加えると，投入位相差により進行波を生じ，線路上を往復反射して投入サージを生じます．

　特に高速度再閉路方式において再投入時は，再点弧の場合と同様な異常電圧を生じます．

〈対策〉

(i) 遮断器投入時に回路に直列に抵抗器が挿入する，投入抵抗方式の採用

(ii) 投入位相を制御する同期投入遮断器の採用

(iii) 避雷器の設置

(c) 遅れ小電流遮断時に異常電圧

　変圧器励磁電流の遮断など，遅れ小電流を真空遮断器，真空開閉器などで行うと発生します（第5.14図参照）．

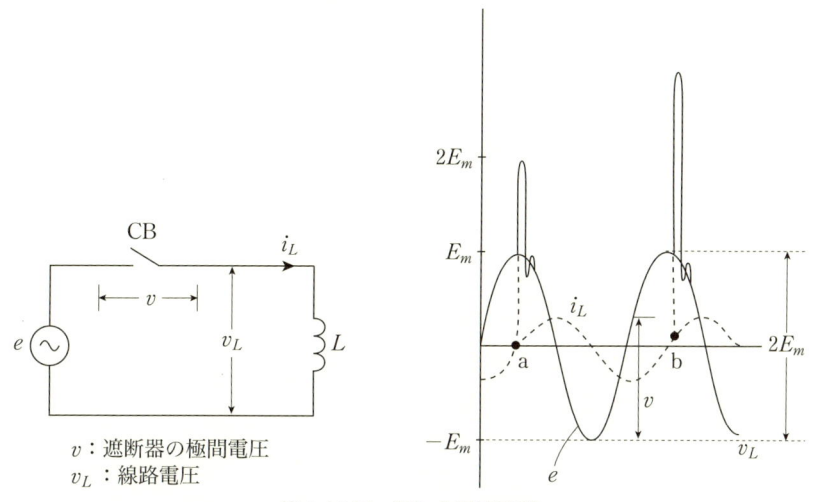

v：遮断器の極間電圧
v_L：線路電圧

第5.14図　遅れ小電流遮断

〈説明〉

(i) 電流の自然零点（$i_L = 0$ である点 a）で遮断

遮断器の極間電圧は再点弧しても $2E_m$ 以下です．

（ⅱ）電流の自然零点以外（$i_L \neq 0$ である点 b）で強制遮断

強制遮断を行うと電流さい断を起こし，$e = L\,(di/dt)$ により負荷側に異常電圧を生じます．

〈対策〉

（ⅰ）変圧器励磁電流遮断時の異常電圧の対処

避雷器の設置，並列抵抗遮断方式の採用

（ⅱ）真空遮断器や真空開閉器で生じるサージの対処

・抵抗とコンデンサを直列としたサージプレッサを回路に並列に入れる

・電流さい断を起こしにくい電極材料の使用

(3) 商用周波異常電圧

(a) 発電機自己励磁現象

線路充電容量に比べ発電機容量が小さすぎる場合に発生し，線路充電電流による電機子反作用により，発電機電圧が異常上昇する現象を発電機自己励磁現象といいます．

異常電圧は，定常電圧の2倍を超えることがあります．

(b) 負荷遮断

負荷遮断が行われると，発電機は瞬時に無負荷となるため，端子電圧は遮断直前の内部誘導電圧まで上昇するばかりでなく，発電機の回転数が上昇し，さらに高くなります．

(c) 地絡故障

地絡事故時は健全相の対地電圧が上昇します．

大きさは常時対地電圧を基準にすると，1線地絡の場合，有効接地系では1.30倍以下，非接地系では，$\sqrt{3}$ 倍となります．

2線地絡の場合は1.5倍以下です．

練習問題1

高い開閉過電圧は次の場合に発生する．

(1) 再点弧サージ：　(1)　電流の遮断時に，接点間のアークがいったん切れた後，　(2)　したときに生じる．

(2) 電流さい断：　(3)　小電流を　(4)　に遮断するときに生じる．

【解答】(1) 進み，(2) 再発生，(3) 遅れ，(4) 急速

5 調相設備
Lesson

覚えるべき重要ポイント
- 調相設備の種類と特徴

STEP 1

調相設備には，電力用コンデンサ，分路リアクトル，同期調相機，静止形無効電力補償装置などがあります．

(1) **電力用コンデンサ（SC：Static Capacitor）**

電力用コンデンサは，第5.15図に示すように直列リアクトル，放電コイルから構成されています．

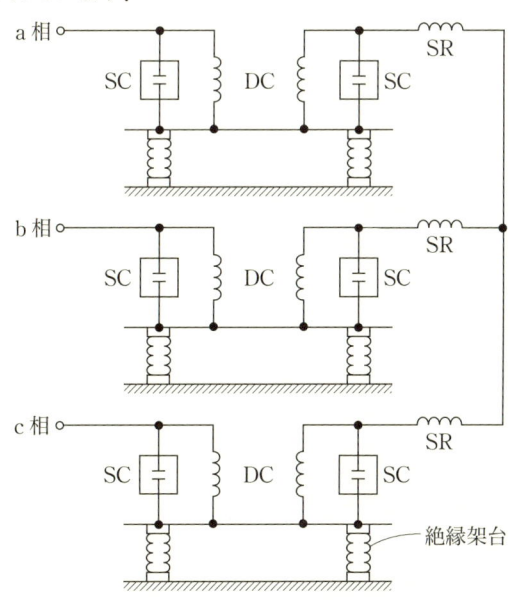

SC：コンデンサ　　SR：直列リアクトル　　DC：放電コイル

第5.15図　絶縁架台搭載方式の電力用コンデンサ

(a) 目的
　(i) 進み無効電力を消費し電圧を高くする
　(ii) 負荷力率の改善

(iii) 送電系統の電圧調整
(b) 特徴
(i) 無効電力の調整ができる
(ii) 電圧調整は複数のコンデンサを開閉することにより行うため，段階的な調整となる
(c) 直列リアクトル
(i) 系統の高調波ひずみの拡大防止とコンデンサ開閉時の過渡現象を抑制するためのもの
(ii) 電力コンデンサリアクタンスの 6〔%〕程度のリアクタンスとし，第5調波以上の高調波に対して合成リアクタンスを誘導性にしている
(iii) 油入自冷式のギャップ付鉄心入りリアクトルを用いている

〈直列リアクトルを 6〔%〕とする理由〉
(i) 5次以上の高調波の抑制
(ii) 直列リアクトルや電力用コンデンサ容量の裕度をみている
(iii) 系統周波数の低下，電圧変動を考慮

(d) 放電コイル
(i) 回路から遮断後，速やかに残留電荷を放電させるためのもの
(ii) 鉄心入りリアクトルが用いられ，常時は微小な励磁電流が流れているが，コンデンサ開放時は数十倍の波高値の放電電流が流れ，数十サイクル以内に放電を完了する

(2) **分路リアクトル（ShR：Shunt Reactor）**
分路リアクトルは大都市の地中ケーブル系統や長距離送電線系統において，軽負荷時や深夜に電圧上昇を抑制するために用いられています．
(a) 目的
(i) 遅れ無効電力を消費し電圧を低くする
(ii) 送電系統の電圧調整
(b) 特徴
(i) 無効電力の調整ができる
(ii) 電圧調整は複数の分路リアクトルを開閉することにより行うため，段階的な調整となる
(iii) 超高圧の電力ケーブルでは，受電端側に分路リアクトルを並列に接

続して充電容量を補償して電圧上昇を抑制する
(c) 構造
 (i) 各相1個にコイルを巻いた構造で，エアギャップ鉄心形と空心形がある
 (ii) 騒音，振動が大きいため，防振，防音対策を行っている

(3) 同期調相機（RC：Rotary Condenser）

(a) 無効電力の連続調整

同期調相機は無負荷運転の同期電動機であり，励磁電流を加減して，進相無効電力または遅相無効電力を調整して系統の力率や電圧調整を行う装置です．

同期調相機の特性，V曲線を第5.16図に示します．

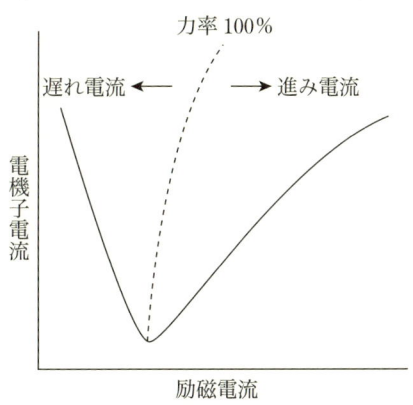

第5.16図　V曲線

(i) 励磁を弱める制御

励磁電流を減少させると，同期調相機の内部誘導起電力が小さくなり，電力系統から同期調相機に90度遅れの電流が流れ，遅れ無効電力を消費します．

これは，分路リアクトルを投入したのと同様のことになります．

(ii) 励磁を強める制御

励磁電流を増加させると，同期調相機の内部誘導起電力が大きくなり，電力系統から同期調相機に90度進みの電流が流れ，進み無効電力を消費します．

これは，コンデンサを投入したのと同様のことになります．

(b) 装置概要
　(i) 構造は，立軸形で騒音軽減のため地中に設置され，サイリスタ始動装置で同期調相機を回転させ系統に並列します．
　(ii) 冷却方式は水冷方式を採用しています．
(c) 特徴
　(i) 電力用コンデンサ，分路リアクトルと異なり連続的に無効電力を調整することができます．
　(ii) 過渡動揺時の系統安定度に寄与できるほか，電圧安定度対策用として用いられています．
　(iii) 高価であり，回転機のため保守点検費用がかさみます．
(4) 静止形無効電力補償装置（SVC：Static Var Compensator）

サイリスタなどのスイッチング素子により，コンデンサ群またはコンデンサとリアクトルを組み合わせたものを高速開閉し，無効電力を進みから遅れまでを連続的に調整する装置です．第5.17図に示すようにTSC，TCR，SVGがあります．

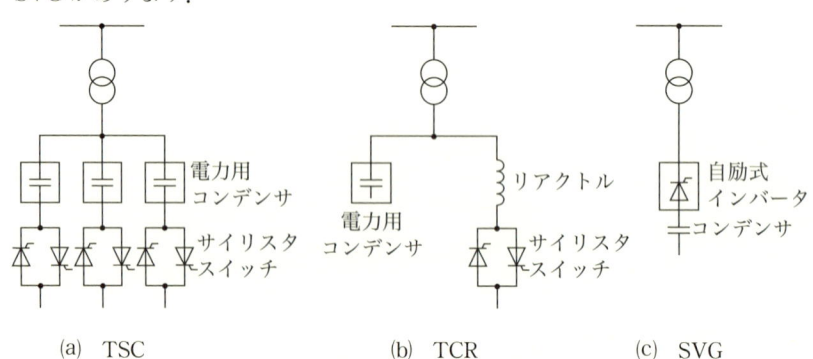

(a) TSC　　　　(b) TCR　　　　(c) SVG
第5.17図　静止形無効電力補償装置

(a) サイリスタ開閉制御コンデンサ方式（TSC：Thyristor Switched Capacitor）
コンデンサ群をサイリスタで開閉し，必要容量を得る方法です．
〈特徴〉
進み無効電力を段階制御します．

(b) サイリスタ制御リアクトル方式（TCR：Thyristor Controlled Reactor）

コンデンサに並列にリアクトルを接続し，サイリスタでリアクトルに流れる電流の位相制御を行う方法です．

〈特徴〉
- (i) コンデンサとリアクトルの組み合わせにより，遅れから進みの無効電力の補償ができます（無効電力を連続的に調整可）．
- (ii) リアクトルに流れる電流がひずむため，高調波が発生
- (iii) 装置が高価

(c) 自励式インバータ方式（SCC：Self Commutated Convertor）

PWM（Pulse Width Modulation）の自励式インバータを用いて無効電力を発生するもので，静止形無効電力発生装置（SVG：Static Var Generator）とも呼ばれています．

〈特徴〉
- (i) 無効電力を進相にも遅相にも発生でき，連続的に制御できる
- (ii) 装置が高価

練習問題 1

発電所および変電所で行う無効電力調整方法に関する記述である．誤っているのは次のうちどれか．

(1) 発電機の進相運転を行う．
(2) 電力コンデンサを接続する．
(3) 分路リアクトルを接続する．
(4) 同期調相機を運転する．
(5) 負荷時タップ切換変圧器のタップを切り換える．

【解答】 (5)

> **練習問題2**
>　電力用コンデンサ回路に使用される直列リアクトルの役割に関する記述である．誤っているのは次のうちどれか．
> (1)　コンデンサ投入時の過渡電流を制限する．
> (2)　コンデンサ使用による電力回路の電圧電流波形のひずみを軽減する．
> (3)　コンデンサ回路への過大高調波電流の流入を防止する．
> (4)　コンデンサ開放時における再点弧の発生を防止する．
> (5)　コンデンサ開放時の残留電圧を速やかに消失させる．

【解答】 (5)

第5章 Lesson 6 変圧器

覚えるべき重要ポイント

- 変圧器の種類と結線方式
- 変圧器の冷却方式
- 変圧器用絶縁油の劣化防止
- 変圧器のタップ切換装置

STEP 1

(1) 変圧器の種類

変圧器の種類には油入変圧器，ガス絶縁変圧器，モールド変圧器などがあります．

(a) 油入変圧器

絶縁物に鉱油を使用した変圧器です．
超高圧変電所から配電用変電所の変圧器として用いられています．

(b) ガス絶縁変圧器

絶縁物に六ふっ化硫黄（SF_6）ガスを封入した変圧器です．
屋内変電所，地下変電所などの防災，耐火の要求のある変電所に用いられています．

〈特徴〉

(i) 小形で，縮小スペースに適用できる

(ii) SF_6ガスを絶縁と冷却の使用しているため，ガス圧管理と冷却装置の保守管理が必要

(c) モールド変圧器

絶縁物にエポキシ樹脂を使用し，一次，二次巻線をエポキシ樹脂で覆った構造をした変圧器です．
屋内変電所，地下変電所などの防災，耐火の要求のある変電所において，所内負荷供給用の変圧器として用いられています．

〈特徴〉

(i) 軽量で保守・点検が容易

(ii) 衝撃電圧に弱く，低電圧用（6.6〔kV〕以下）となる

(2) 変圧器の結線方式
(a) Y－Y 結線

一次・二次間に角変位がなく，一次・二次とも中性点を接地でき，段絶縁が可能な利点があります．

〈欠点〉
(i) 中性点非接地では，励磁電流に第3高調波電流が流れないため，誘起電圧が正弦波にならないので，ひずみ波形となる
(ii) 中性点接地では，第3高調波電流が流れるようになり，それが大地を流れ，通信線誘導障害などを生じさせる

(b) Y－Y－△ 結線

△巻線に励磁電流中の第3高調波が流れるため，Y－Y結線の欠点をなくすことができ，超高圧変電所から配電用変電所まで広く用いられています（第5.18図参照）．

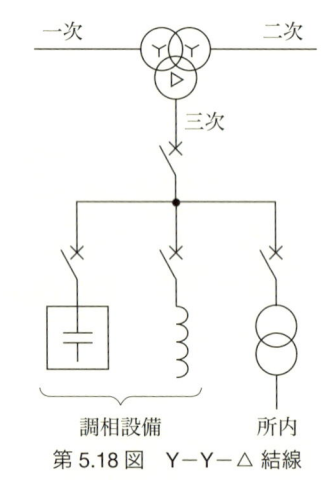

第5.18図　Y－Y－△ 結線

〈利点〉
(i) 角変位がないため，並列や系統の連系に支障がない
(ii) 一次・二次側とも中性点を接地でき，異常電圧の低減や巻線の絶縁低減（段絶縁）が可能
(iii) 中性点用負荷時タップ切換装置を採用できる
(iv) 三次側に調相設備，所内負荷を接続できる

(c) Y－△結線，△－Y結線

一次・二次間に角変位が30°あり，△側は中性点接地ができない欠点があります．

Y－△は一次変電所や配電用変電所などの降圧用に，△－Yは発電所の昇圧用に用いられています（第5.19図参照）．

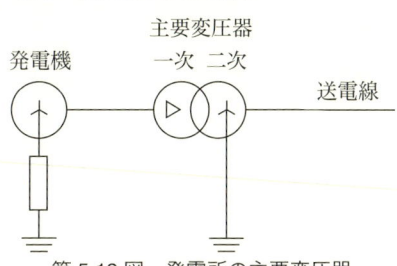

第5.19図　発電所の主要変圧器

〈利点〉
(i) Y巻線側は中性点が接地でき，異常電圧の軽減ができる
(ii) Y巻線側は中性点用負荷時タップ切換装置を採用できる
(iii) △巻線に第3高調波励磁電流が流れるため，Y－Y結線のような電圧波形のひずみを生じない

(d) △－△結線

中性点接地ができないため，配電用変電所などで用いられています．

〈特徴〉
(i) Y－Y結線のような電圧波形のひずみを生じない
(ii) 角変位がない
(iii) 単相器を組み合わせた場合には，1台故障になっても切り離してV結線として使用できる
(iv) 中性点接地ができないため，別に中性点接地用変圧器を設置する必要がある

(e) V－V結線

変電所では採用されず，配電線路の柱上変圧器で用いられています．
また，故障時の応急処置のような特別な場合に用います．

〈特徴〉
(i) 利用率が86.6〔％〕と低い

(ii) 二次電圧が不平衡

〈V−V 結線の出力比，利用率〉

第 5.20 図の回路より，V−V 結線の出力比を △−△ 結線と比較します．

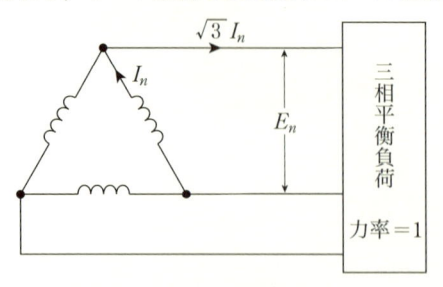

(a) △ 結線

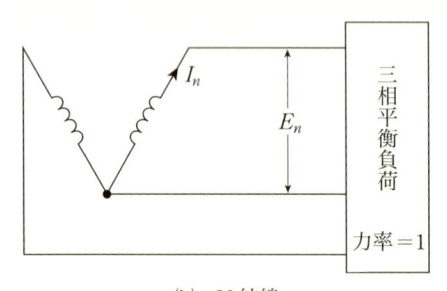

(b) V 結線

第 5.20 図　V−V 結線の出力，利用率

(i) △ 結線の出力

線間電圧 $V = E_n$〔V〕，線電流 $I = \sqrt{3} I_n$〔A〕であるから，負荷に供給できる容量 $S_\triangle$〔V・A〕は，

$$S_\triangle = \sqrt{3}\, VI = \sqrt{3}\, E_n \times \sqrt{3}\, I_n = 3 E_n I_n \text{〔V・A〕}$$

(ii) V 結線の出力

線間電圧 $V = E_n$〔V〕，線電流 $I = I_n$〔A〕であるから，負荷に供給できる容量 S_V〔V・A〕は，

$$S_V = \sqrt{3}\, VI = \sqrt{3}\, E_n \times I_n = \sqrt{3}\, E_n I_n \text{〔V・A〕}$$

(iii) 出力の比（$S_V/S_\triangle$）は，

$$\frac{S_V}{S_\triangle} \times 100 = \frac{\sqrt{3}\, E_n I_n}{3 E_n I_n} \times 100 \fallingdotseq 57.7 \text{〔％〕}$$

(iv) V結線の利用率

接続できる負荷容量と変圧器容量の比を変圧器の利用率といいます．

$$\frac{\sqrt{3}\,E_n I_n}{2E_n I_n} \times 100 \fallingdotseq 86.6\,[\%]$$

(f) 千鳥結線

二次側に△結線がなくても零相インピーダンスが低いように，零相起磁力を相殺させた結線です．中性点接地用変圧器として用いられます．

(3) △巻線を設ける理由

(a) 電圧波形を正弦波にする

Y－Y結線では，変圧器の励磁電流中の第3高調波の通路がないため，相電圧に第3高調波を含んだひずみ波を生じ，中性点が移動して誘導障害の一因となります．

このため，三次に△巻線を設け，第3高調波電流を還流させ，誘起する電圧波形を正弦波とし，電圧波形のひずみをなくしています．

(b) 1線地絡故障時の零相電流を流す

Y－Y結線において三次に△巻線がないと，1線地絡故障時の故障電流(零相電流)の流れる回路がなく，中性点を接地しても，接地線には故障電流は流れません．

このため，△巻線を設けて故障電流を流します（第5.21図参照）．

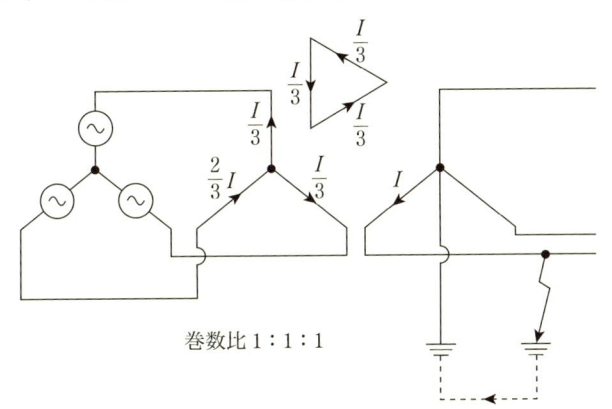

巻数比 1：1：1

第5.21図　1線地絡時の電流分布

(c) 調相設備，所内負荷の接続

Y−Y−△結線において，△を三次巻線として使用し，電力用コンデンサ，分路リアクトル等の調相設備の接続，所内負荷用の電力を供給しています．

(4) **安定巻線とは**

△側の端子を変圧器外に引き出す必要がないとき，埋め込みとしたものを安定巻線と呼びます．配電用変電所の変圧器 Y−Y−△ 結線の △ 側を安定巻線としています．

(5) **三相変圧器の角変位**

変圧器一次側と二次側の電圧位相角の差を角変位といいます．
第5.1表に結線別の角変位を示します．

第5.1表 結線別の角変位

結線	接続図 一次	接続図 二次	電圧ベクトル 一次	電圧ベクトル 二次	角変位
Y−Y					$0°$
△−△					$0°$
Y−△					$-30°$
△−Y					$30°$
V−V					$0°$

(6) 変圧器の冷却方式

(a) 油入自冷式

油の対流により放熱器から熱を放射する方式です．

〈特徴〉

　(ⅰ) 騒音が少ない

　(ⅱ) 保守が容易

　(ⅲ) 据付け面積が大きい

(b) 油入風冷式（あぶらいりふうれいしき）

油入自冷式の放熱器に送風機を取り付けて放熱する方式です．

〈特徴〉

　(ⅰ) 送風機による騒音が大きい

　(ⅱ) 同一寸法であれば約 20〜30〔％〕容量を増加できる

(c) 送油自冷式（そうゆじれいしき）

ポンプで変圧器本体の油を循環させ，放熱器で放熱する方式です．

〈特徴〉

　(ⅰ) 騒音が少ない

　(ⅱ) 冷却効果が大きい

(d) 送油風冷式（そうゆふうれいしき）

送油自冷式の放熱器に送風機を取り付けて，冷却効果をより増した方式です．

〈特徴〉

　(ⅰ) 送風機による騒音が大きい

　(ⅱ) 冷却効果が大きい

　(ⅲ) 据付け面積が少なくてすむ

(e) 乾式

油を使用しない，空気絶縁の変圧器です．

〈特徴〉

　(ⅰ) 火災のおそれがない

　(ⅱ) 地下変電所の所内負荷供給用に用いられる

⑤ 変電

> **練習問題1**
> 変圧器の結線に関する記述である．誤っているのは次のうちどれか．
> (1) Y－Y：第3高調波の影響を受ける．
> (2) Y－Y－△：調相設備等の接続に用いる．
> (3) Y－△：一次・二次間の位相差は30°となる．
> (4) V－V：△－△ に比し，全出力は58〔％〕である．
> (5) △－△：地絡保護が容易である．

【解答】 (5)

> **練習問題2**
> 配電用変電所に使われている変圧器は，負荷電流の変化などによって生じる ̄(1) ̄変動を補償して，良質の電力を供給するために ̄(2) ̄を行う機能を有しており，巻線には ̄(3) ̄が設けられていて，一定の ̄(4) ̄で可変できるように設計されている．

【解答】 (1) 電圧，(2) 電圧調整，(3) タップ，(4) ステップ電圧

STEP-2

(1) 変圧器の絶縁油

変圧器の絶縁油は，充電部の絶縁と冷却を行っています．

〈絶縁油の具備する性質〉

(a) 絶縁耐力が大きいこと
(b) 粘度が低いこと
(c) 引火点が高いこと
(d) 凝固点が低いこと
(e) 電気的，科学的に安定していること

(2) 変圧器用絶縁油の劣化防止

絶縁油が空気に触れると，酸化してスラッジの発生，水分の混入により絶縁油が劣化します．絶縁油の劣化を防止するため，直接空気中に触れさせない方法を第5.22図に示します．

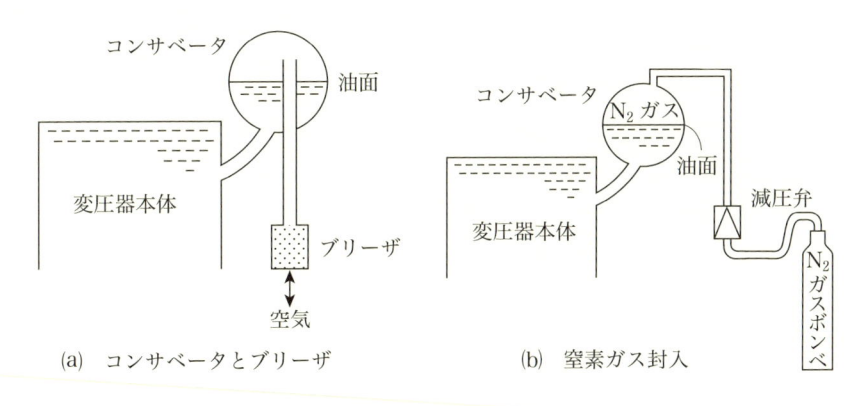

第 5.22 図　絶縁油の劣化防止

(a)　コンサベータとブリーザによる方法

　変圧器本体にコンサベータを設置し，油と空気の触れる面積を少なくしています．変圧器の温度変化により，コンサベータ内の油面位置が変化します．これを呼吸作用といいます．

　コンサベータに吸湿剤を入れたブリーザを接続し，呼吸作用による水分の侵入を防止しています．

(b)　窒素ガスを封入する方法

　油と空気とを完全に遮断するため，窒素ガスを用いる方法です．

　一例として，コンサベータに窒素ガスの供給配管を接続し，減圧弁を通じて窒素ガスボンベから供給しています．

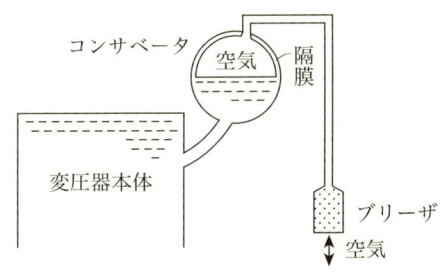

(c)　隔膜式

　コンサベータ内に合成ゴムでできた隔膜を設け，油と空気を遮断する方法です．呼吸作用はコンサベータに接続したブリーザにて行い，水分の侵入を

防止しています．

(3) 変圧器のタップ切換装置

タップ切換装置には，無負荷時タップ切換，負荷時タップ切換があります．

(a) 無負荷時タップ切換装置

変圧器停止時（無負荷時）に変圧器のタップを切り換える方式です．

運転中は，固定タップとなります．

(b) 負荷時タップ切換装置

負荷電流を切ることなくタップ切り換えを行う装置で，第5.23図に示すように，限流抵抗，切換開閉器，タップ選択器から構成されています．

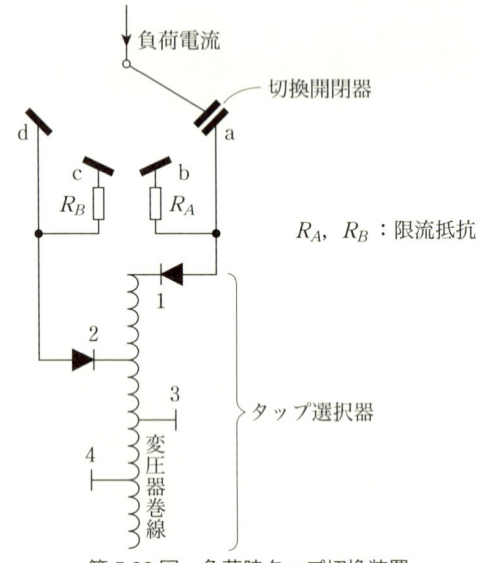

R_A, R_B：限流抵抗

第5.23図　負荷時タップ切換装置

〈動作概要〉

(ⅰ) タップ1から2へ切り換えるには，切換開閉器を a→b→c→d と進めます．

(ⅱ) 接触子がbc間を連結するとき，タップ1，2間の巻線回路には，限流抵抗 R_A, R_B が直列に入って短絡電流を制限します．

(ⅲ) 接触子がdに移ると負荷電流はタップ2に流れます．

(ⅳ) タップ2から3に進めるには，タップ選択器をタップ1から3に進めておいてから，切換開閉器を d→c→b→a と進めます．以下同

様です．

〈機能〉

(i) 限流抵抗

タップ切換時に短絡されるタップ間巻線に流れる短絡電流を制限します．

(ii) 切換開閉器

タップ切換のため負荷電流の切り換え開閉を行います．

(iii) タップ選択器

切換開閉器で電流が切られた無電流の状態でタップの選択接続を行います．

練習問題1

変圧器の絶縁油の具備する条件についての記述である．誤っているのは次のうちどれか．

(1) 絶縁耐力が大きいこと．
(2) 引火の危険性がないこと．
(3) 凝固点が高いこと．
(4) 化学的に安定であること．
(5) 高温において析出物を生じたり，酸化しないこと．

【解答】 (3)

練習問題2

現在，絶縁油は石油系の原油から精製した鉱油が主として用いられ，その ⎿(1)⏌ が上昇して空気と接触すると，次第に劣化する．その結果，油中に ⎿(2)⏌ を生じ，油の絶縁低下を起こす．

これを防ぐために，変圧器は外箱内に ⎿(3)⏌ を封入し，またその上部に ⎿(4)⏌ を取り付けるものがある．

【解答】 (1) 温度，(2) スラッジ，(3) 窒素，(4) コンサベータ

第5章 Lesson 7 変圧器の並行運転

覚えるべき重要ポイント

- 変圧器の並行運転
- 変圧器並行運転時の負荷分担の計算

STEP 1

(1) 変圧器の並行運転

並行運転とは，2台以上の変圧器の一次側，二次側をそれぞれ並列に接続し，負荷へ電力を供給する運転をいいます．

(a) 並行運転の条件
  (i) 相回転方向および角変位が等しいこと
  (ii) 変圧器の極性が等しいこと
  (iii) 変圧比および定格電圧が等しいこと
  (iv) ％インピーダンス（インピーダンス電圧）が等しいこと
  (v) 抵抗とリアクタンスの比が等しいこと

(2) 並行運転時の変圧器の負荷分担

〈例題〉

定格電圧の等しい，A，B 2台の変圧器があり，負荷 P〔MV・A〕へ供給している．2台の変圧器の定格容量，％インピーダンス（リアクタンス分のみとする）は第5.24図に示す．変圧器 A，B それぞれの負荷分担を求めよ．ただし二次側の定格電圧 $V_n = 6600$〔V〕とする．

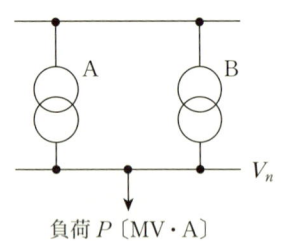

	定格容量〔MV・A〕	％インピーダンス〔％〕
変圧器 A	$P_A = 10$	$\%Z_A = 2.0$
変圧器 B	$P_B = 8$	$\%Z_B = 2.0$

第5.24図

〈解答方法 1〉
% インピーダンスをインピーダンス〔Ω〕に変換する方法

二次側の定格電圧 V_n〔V〕，変圧器 A，B のそれぞれの二次側定格電流 I_{An}〔A〕，I_{Bn}〔A〕とすると，変圧器 A, B のインピーダンス Z_A〔Ω〕, Z_B〔Ω〕は，

$$\%Z_A = \frac{Z_A I_{An}}{V_n} \times 100 = \frac{Z_A V_n I_{An}}{V_n^2} \times 100 = \frac{Z_A P_A}{V_n^2} \times 100$$

上式より，変圧器 A のインピーダンス Z_A〔Ω〕は，

$$Z_A = \frac{\%Z_A V_n^2}{100 P_A} = \frac{2 \times (6\,600)^2}{100 \times 10 \times 10^6} = 0.08712 \text{〔Ω〕}$$

変圧器 B のインピーダンス Z_B〔Ω〕は，

$$Z_B = \frac{\%Z_B V_n^2}{100 P_B} = \frac{2 \times (6\,600)^2}{100 \times 8 \times 10^6} = 0.1089 \text{〔Ω〕}$$

変圧器 A の負荷分担 P_1〔MV・A〕は，

$$P_1 = \frac{Z_B}{Z_A + Z_B} P = \frac{0.1089}{0.08712 + 0.1089} P \fallingdotseq 0.556P \text{〔MV・A〕}$$

変圧器 B の負荷分担 P_2〔MV・A〕は，

$$P_2 = \frac{Z_A}{Z_A + Z_B} P = \frac{0.08712}{0.08712 + 0.1089} P \fallingdotseq 0.444P \text{〔MV・A〕}$$

(答) 変圧器 A の負荷分担：$0.556P$〔MV・A〕
変圧器 B の負荷分担：$0.444P$〔MV・A〕

〈解答方法 2〉
片方の変圧器容量を基準として % インピーダンスを換算する方法

基準容量を変圧器 A の P_A〔MV・A〕とすると，変圧器 B の % インピーダンス $\%Z_B'$〔%〕は，

$$\%Z_B' = \frac{P_A}{P_B} \%Z_B = \frac{10}{8} \times 2 = 2.5 \text{〔%〕}$$

変圧器 A の負荷分担 P_1〔MV・A〕は，

$$P_1 = \frac{\%Z_B'}{\%Z_A + \%Z_B'} P = \frac{2.5}{2.0 + 2.5} P \fallingdotseq 0.556P \text{〔MV・A〕}$$

変圧器 B の負荷分担 P_2〔MV・A〕は，

⑤ 変電

$$P_2 = \frac{\%Z_A}{\%Z_A + \%Z_B'}P = \frac{2.0}{2.0+2.5}P \fallingdotseq 0.444P \text{ [MV・A]}$$

（答）　変圧器 A の負荷分担：$0.556P$ [MV・A]

　　　　変圧器 B の負荷分担：$0.444P$ [MV・A]

以上より，解答方法 2 の「片方の変圧器容量を基準として％インピーダンスを換算する方法」で行った方が計算は簡単になります．

(3) 変圧器間の循環電流

変圧器を並行運転している場合に<ruby>変圧比<rt>へんあつひ</rt></ruby>や角変位が異なるときは，変圧器間に循環電流が流れます．

特に，角変位が異なる場合には，大きな循環電流が流れ，並行運転が不可能になります．

〈例題〉

A，B 2 台の単相変圧器が無負荷で並列に接続されている場合の変圧器間に流れる循環電流を求めよ．

ただし，変圧器一次側に V_1 [V] を加えたとし，変圧器の変圧比，二次側換算値の抵抗，リアクタンスは次のとおりとする．

変圧器 A：変圧比 N_a，抵抗 R_a [Ω]，リアクタンス X_a [Ω]

変圧器 B：変圧比 N_b，抵抗 R_b [Ω]，リアクタンス X_b [Ω]

〈解答〉

問題の等価回路を第 5.25 図に示します．

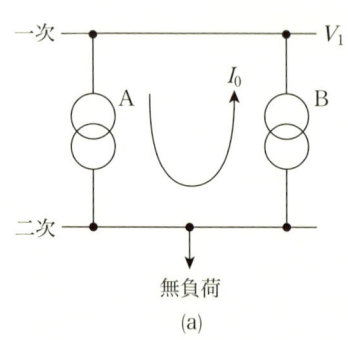

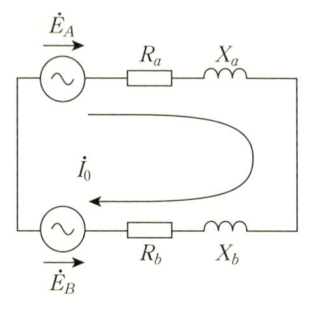

第 5.25 図

変圧器 A，B の変圧比をそれぞれ N_a，N_b とすると，二次側電圧 $\dot{E}_A$ [V]，$\dot{E}_B$ [V] は，

$$\dot{E}_A = \frac{V_1}{N_a} \text{ (V)}$$

$$\dot{E}_B = \frac{V_1}{N_b} \text{ (V)}$$

変圧器 A，B のインピーダンスをそれぞれ $\dot{Z}_a = R_a + jX_a$ 〔Ω〕，$\dot{Z}_b = R_b + jX_b$ 〔Ω〕とすると，変圧器間に流れる循環電流 $\dot{I}_0$ 〔A〕は，

$$\dot{I}_0 = \frac{\dot{E}_A - \dot{E}_B}{\dot{Z}_a + \dot{Z}_b} = \frac{\dfrac{V_1}{N_a} - \dfrac{V_1}{N_b}}{R_a + R_b + j(X_a + X_b)} \text{ (A)}$$

循環電流 $\dot{I}_0$ の大きさ $|\dot{I}_0|$ 〔A〕は，

$$|\dot{I}_0| = \frac{\dfrac{V_1}{N_a} - \dfrac{V_1}{N_b}}{\sqrt{(R_a + R_b)^2 + (X_a + X_b)^2}}$$

$$= \frac{V_1(N_b - N_a)}{N_a N_b \sqrt{(R_a + R_b)^2 + (X_a + X_b)^2}} \text{ (A)}$$

(答) 循環電流 $|\dot{I}_0| = \dfrac{V_1(N_b - N_a)}{N_a N_b \sqrt{(R_a + R_b)^2 + (X_a + X_b)^2}}$ 〔A〕

練習問題 1

2 台の変圧器を並行運転するために必要とする条件に関する記述である．誤っているのは次のうちどれか．

(1) 各変圧器の極性を合わせて接続すること．
(2) 各変圧器の変圧比が等しいこと．
(3) 各変圧器のインピーダンスが定格に比例していること．
(4) 三相変圧器では，各変圧器の角変位が等しいこと．
(5) 定格容量が等しいこと．

【解答】 (3), (5)

⑤ 変電

> **練習問題2**
>
> 　三相変圧器ＡおよびＢを並列に施設し，10 000〔kV・A〕の負荷をかけて運転した場合，変圧器Ａの負荷分担〔kV・A〕はいくらか．ただし，各変圧器の抵抗とリアクタンスの比は等しいものとする．
> 　変圧器Ａ：容量　7 000〔kV・A〕，％インピーダンス6〔％〕
> 　変圧器Ｂ：容量　10 000〔kV・A〕，％インピーダンス7〔％〕

【解答】　4 495〔kV・A〕

【ヒント】　$P_1 = \dfrac{\%Z_B}{\%Z_A' + \%Z_B} P$

第5章 Lesson 8 計器用変成器

覚えるべき重要ポイント
- 計器用変成器の種類と特徴
- 変圧器の保護継電装置

STEP 1

　計器用変成器には，計器用変圧器と変流器があり，主回路の高電圧，大電流を計器，保護継電器に適した電圧，電流に変換するものです．

(1) 計器用変圧器（VT：Voltage Transformer）

　計器用変圧器（第5.26図参照）には巻線形とコンデンサ形があります．巻線形は変圧器の構造に似ておりVTと呼ばれています．

　コンデンサ形はCVT（Capacitor Voltage Transformer）とも呼ばれ，コンデンサの分圧原理で電圧を下げています．

　二次側の定格電圧は110〔V〕で，二次側を短絡すると過大な短絡電流が流れるおそれがあるため，二次側を短絡してはいけません．

　なお，二次側には短絡保護のため，ヒューズが取り付けられています．

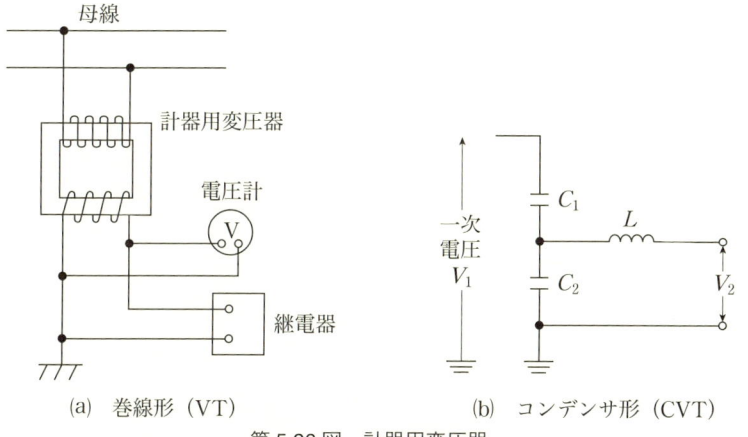

(a) 巻線形（VT）　　　(b) コンデンサ形（CVT）

第5.26図　計器用変圧器

(2) 変流器（CT：Current Transformer）

　変流器には，巻線形と貫通形があります．定格二次電流は5〔A〕で電流計，

過電流継電器などを接続します（第5.27図参照）．

変流器の二次側は開放してはいけません．二次側を開放すると，一次側の電流がすべて二次側の励磁電流となり，異常電圧が発生します．

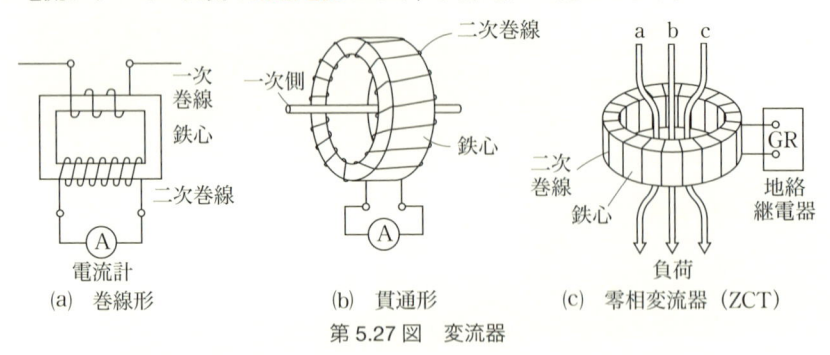

(a) 巻線形　　(b) 貫通形　　(c) 零相変流器（ZCT）

第5.27図　変流器

(3) 零相変流器（ZCT：Zero-phase-sequence Current Transformer）

線路に地絡故障が発生すると，各相の同じ電流成分の電流が現れます．この成分を零相電流といいます．

零相変流器は，三相の電線を貫通させ，零相電流を検出して地絡継電器などを作動させます．

(4) 計算例

(a) CVTの二次側電圧

第5.26図のCVTにおいて，一次電圧 V_1〔V〕とすると二次電圧 V_2〔V〕は

$$V_2 = \frac{C_1}{C_1 + C_2} V_1 \text{〔V〕}$$

(b) b相の二次電流

第5.28図のように一次側に電流 I_a，I_b，I_c が流れています．a相とc相にCTを接続すると，b相の二次電流は次のように求められます．

ただし，相順をa−b−c，三相平衡負荷とします．

第5.28図(b)ベクトル図から，b相の二次電流 $\dot{i}_b$ は，

$$\dot{i}_b = -(\dot{i}_a + \dot{i}_c) \text{〔A〕}$$

$\dot{i}_b$ の大きさ $|\dot{i}_b|$ は，

$$|\dot{i}_b| = |(\dot{i}_a + \dot{i}_c)| = |\dot{i}_a| = |\dot{i}_c| \,\text{[A]}$$

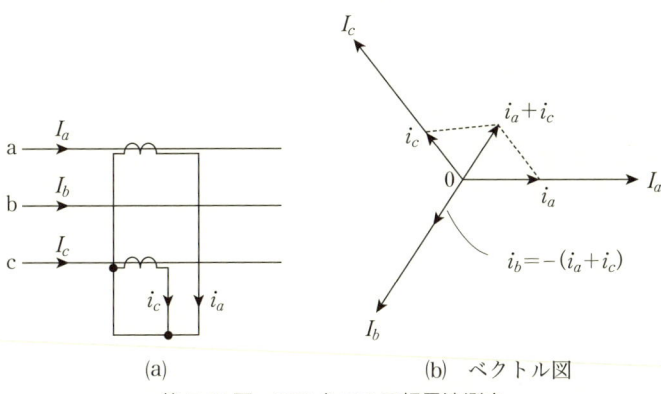

(a)　　　　　　　　　(b) ベクトル図
第5.28図　CT2台での三相電流測定

練習問題1

変流器の二次側は，通常，計器や継電器などの (1) のもので短絡されているが，二次側を開路すると，一次側電流がすべて変流器の (2) となって，鉄心の温度を著しく上昇させるとともに，二次側に (3) が発生する．

【解答】　(1) 低インピーダンス，(2) 励磁電流，(3) 過電圧

練習問題2

計器用変成器の用途に関する記述である．誤っているのは次のうちどれか．
(1) 負荷の状態を示す諸量の計測器用
(2) 発電機や系統の自動並列装置用
(3) 機器の絶縁性能の検出用
(4) 機器の自動制御用
(5) 線路および機器の保護継電器装置用

【解答】　(3)

STEP-2
変圧器の保護継電装置

変圧器の保護継電装置には電気式と機械式とがあり，電気式は変圧器内部故障の電気的な検出に，機械式は変圧器内部圧力の検出に使用されます．

(1) 変圧器故障の分類

(a) 持続的な過負荷による過熱

(b) 内部故障

　(i) 巻線の短絡および層間短絡

　(ii) 巻線と鉄心間の絶縁破壊による地絡

　(iii) 高低圧巻線の混触

　(iv) 断線

(2) 一次変電所変圧器の保護継電装置

一次変電所変圧器の保護継電装置は次のとおりです（第5.29図参照）．

〈電気式〉

　過電流継電器，比率差動継電器，地絡方向継電器，
　地絡過電流継電器，地絡過電圧継電器

〈機械式〉

　衝撃圧力継電器

(a) 過電流継電器（OCR：Over Current Relay）

変圧器の一次側，二次側の短絡故障が起きると，一次側（高圧側）CTを介して過大電流が流れて動作します．

一次側の短絡保護に高速過電流継電器（HOCR：High-speed Over Current Relay），二次側の短絡保護に過電流継電器（OC）を用います．

(b) 比率差動継電器（DfR：Differential Relay）

比率差動継電器は変圧器の両端にCTを設け，内部故障時の差電流と負荷電流の比率によって動作します．

各CTの特性不一致や変流比の誤差により，変圧器を通過する電流が大きいときに誤動作を招くおそれがあるため，動作コイルと抑制コイルを持った比率差動継電器を用いています．

(c) 地絡方向継電器（DGR：Directinal Ground Relay）

地絡方向継電器は変圧器一次側の地絡故障を検出して動作します．

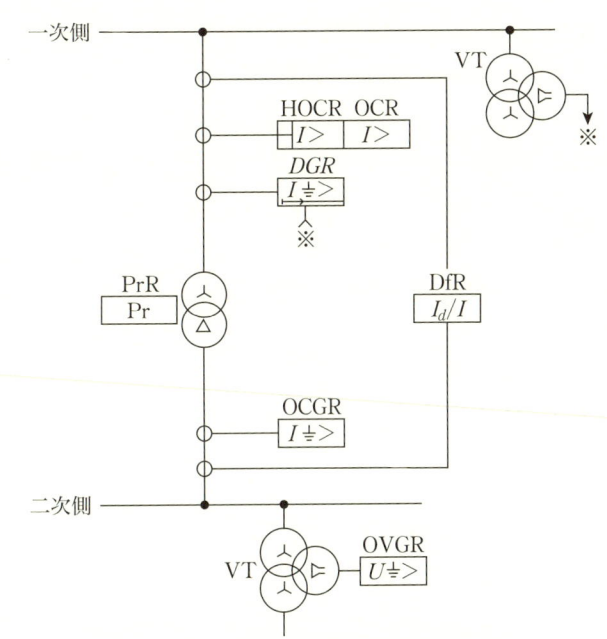

第 5.29 図　一次変電所変圧器の保護継電装置

零相電圧と零相電流により変圧器側の地絡故障を判定しています．

(d)　地絡過電流継電器（OCGR：Over Current Ground Relay）

地絡過電流継電器は変圧器一次側の CT 二次残留回路または三次回路を介して，一次側の地絡故障を零相電流で検出して動作します．

また，変圧器の二次側にも設置し，二次側の地絡故障を検出して動作します．

(e)　地絡過電圧継電器（OVGR：Over Voltage Ground Relay）

地絡過電圧継電器は零相電圧により系統の地絡故障を零相電圧で検出します．

選択性を有しないため，時限継電器と組み合わせて非接地系の保護用として適用されるほか，抵抗接地系の後備保護として多く用いられています．

(f)　衝撃圧力継電器（PrR：Pressure Relay）

衝撃圧力継電器は変圧器本体とコンサベータを結ぶ連結管に取り付け，故障時の急激な圧力上昇により連結管に生じる油流を検出して動作します．

衝撃圧力継電器は，変圧器本体とタップ切換室に設置しています．

以上(a)～(f)のいずれかの保護継電器が動作すると，当該変圧器の一次側および二次側遮断器を遮断して電路から切り離します．

(g) その他

保護継電装置ではありませんが，変圧器の異常監視として警報を鳴動するものがあります．

(i) 放圧板（ほうあつばん）

本体およびタップ切換室の内部油圧の異常な上昇により放圧板を動作させ，油を油溜まりへ放出します．

(ii) 温度過昇（おんどかしょう）

変圧器本体およびタップ切換室の油温度を監視し，整定値以上になると警報を鳴動します．具体的にはダイヤル温度計がそれに当たります．

(iii) タップ渋滞（じゅうたい）

タップ切換装置が切り換え途中で停止した場合に警報を鳴動します．

(iv) 冷却装置故障

送油冷却方式の変圧器において，送油ポンプの停止（油流断），送風機の故障を検出して警報を鳴動します．

(3) 配電用変電所変圧器の保護継電装置

配電用変圧器には，油入変圧器と六ふっ化硫黄（SF_6）ガスを封入したガス変圧器があります．

(a) 油入変圧器の保護継電装置

〈電気式〉

過電流継電器，地絡過電流継電器，地絡過電圧継電器

〈機械式〉

衝撃圧力継電器（第5.30図参照）

(i) 過電流継電器（HOCR，OCR）

一次変電所用と同様です．変圧器の過負荷保護用はありません．

(ii) 地絡過電流継電器（OCGR）

変圧器の一次側（高圧側）に設置し，一次側地絡故障を零相電流で検出して動作します．

(iii) 地絡過電圧継電器（OVGR）

変圧器の二次側（低圧側）に設置し，二次側地絡故障を零相電圧で検出し，

時限継電器と組み合わせています．

　(iv)　衝撃圧力継電器（PrR）

　一次変電所用と同様です．

　以上(i)～(iv)のいずれかの保護継電器が動作すると，当該変圧器の一次側および二次側遮断器を遮断して電路から切り離します．

　(v)　その他

　一次変電所用と同様に，放圧板，温度過昇，タップ渋滞を検出して警報を鳴動します．

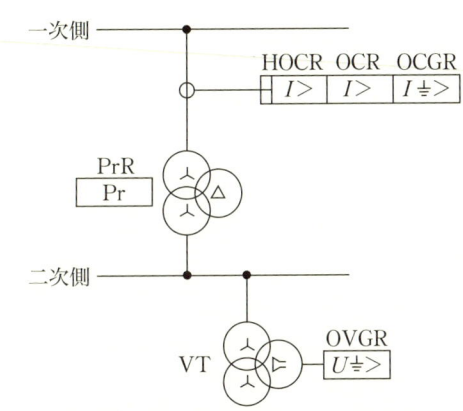

第 5.30 図　配電変電所変圧器の保護装置

(b)　ガス変圧器の保護継電装置

　〈電気式〉

　　過電流継電器，比率差動継電器，地絡過電流継電器，
　　地絡過電圧継電器

　〈機械式〉

　　ガス圧力継電器，冷却装置故障

　ガス変圧器の保護継電装置は，油入変圧器の(i)～(iii)までは同様で，ガス変圧器特有な保護継電器は次のとおりです．

　(i)　ガス圧力継電器

　六ふっ化硫黄（SF_6）ガス圧力を検出し，整定値以下に低下した場合にまず警報を鳴動させます．さらに整定値より低下した場合，または，上昇した場合に当該変圧器の一次側，二次側遮断器を遮断して電路から切り離します．

(ii) 冷却装置故障

ガス変圧器は水冷却方式を採用しており，ほとんど自冷容量がありませんので水流断を検出し，当該変圧器の一次側，二次側遮断器を遮断して電路から切り離します．

(iii) 比率差動継電器（DfR）

一次変電所用と同様です．

(iv) その他

温度過昇，タップ渋滞を検出して警報を鳴動します．

練習問題 1

発変電所の主要変圧器の保護継電器の動作に関する記述である．誤っているのは次のうちどれか．

(1) 過電流継電器：変圧器の負荷側の短絡，過負荷に対して動作する．
(2) 地絡継電器：変圧器の接地された中性点回路に設置され，変圧器の地絡事故に対して動作する．
(3) 比率差動継電器：変圧器の外部事故に対して動作する．
(4) ブッフホルツ継電器：変圧器の内部故障を機械的に検出して動作する．
(5) 温度継電器：変圧器の温度が一定値を超えるとき動作する．

【解答】 (3)

練習問題 2

電気設備の事故を検出するために，保護区間に出入する [(1)] のベクトル差で動作する継電器を [(2)] 継電器といい，主に発電機および [(3)] の [(4)] 故障を検出するのに使用されている．

【解答】 (1) 電流, (2) 差動, (3) 変圧器, (4) 内部

9 パーセントインピーダンス

覚えるべき重要ポイント

- パーセントインピーダンス
- 短絡容量, 三相短絡電流

STEP 1

(1) パーセントインピーダンス（％インピーダンス）

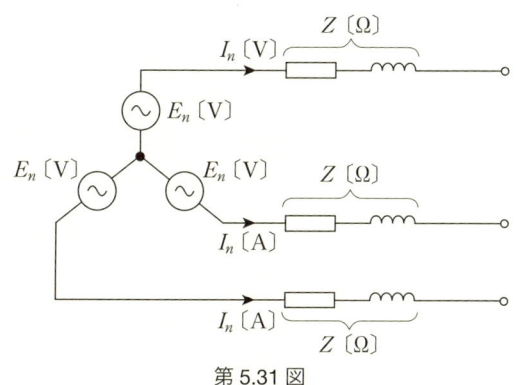

％インピーダンスとは，相電圧 E_n〔V〕に対してインピーダンス降下（$V = ZI_n$〔V〕）が何％であるかを表す数値です．

ただし，E_n，I_n は基準容量 P_n の基準相電圧，基準電流です．

(a) ％インピーダンスの求め方

第5.31図に示す三相回路において，線路のインピーダンス Z〔Ω〕を ％Z〔％〕に変換したい．どのように計算すればよいでしょうか．

〈計算方法〉

基準相電圧 E_n〔V〕，基準電流 I_n〔A〕とするときのインピーダンス降下 V〔V〕は，

$$V = ZI_n \text{〔V〕}$$

％インピーダンス ％Z〔％〕は，

第5.31図

$$\%Z = \frac{V}{E_n} \times 100 = \frac{Z\,[\Omega] \times I_n\,[\mathrm{A}]}{E_n\,[\mathrm{V}]} \times 100 \; [\%] \qquad ①$$

(b) 基準容量とは

基準容量 $P_n = 3E_n I_n = \sqrt{3}\, V_n I_n\,[\mathrm{V \cdot A}]$ で表し，一般に 10 $[\mathrm{MV \cdot A}]$ を使用しています．なお，V_n は基準容量の線間電圧です．

(c) 基準容量を統一した %Z を用いることの利点

　(i) 系統全体の % インピーダンスマップを 1 枚で作成できます．

表現を変えれば，電圧階級ごとのインピーダンスマップ（オーム値）を作成する必要がありません．

　(ii) 電圧階級の違う系統の合成インピーダンスの計算は，各 %Z の合成から簡単に求めることができます．

　(iii) 三相短絡電流，短絡容量，電圧変動などの計算ができます．

(2) % インピーダンスを使用しての計算

(a) $\%Z\,[\%]$ からインピーダンス $Z\,[\Omega]$ に変換

基準容量 $P_n\,[\mathrm{V \cdot A}]$，基準線間電圧 $V_n\,[\mathrm{V}]$ を用いると①式は，②式のように変形できます．

$$\%Z = \frac{ZI_n}{E_n} \times 100 = \frac{\sqrt{3}\,ZI_n}{V_n} \times 100 = \frac{\sqrt{3}\,ZV_n I_n}{V_n^2} \times 100$$

$$= \frac{ZP_n}{V_n^2} \times 100 \; [\%] \qquad ②$$

②式より，インピーダンス $Z\,[\Omega]$ は，

$$\therefore \; Z = \frac{\%Z V_n^2}{100 P_n} \; [\Omega] \qquad ③$$

(b) 異なる容量の %Z の計算

〈例題〉

第5.32図に示す2台の変圧器の合成 % インピーダンスを基準容量 $P_n = 10$ $[\mathrm{MV \cdot A}]$ で求めなさい．

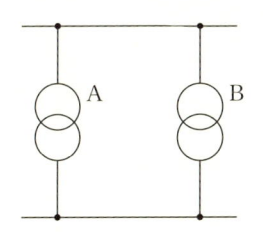

	定格容量 〔MV・A〕	%Z（リアクタンス分のみ）〔%〕
変圧器 A	10	2.0
変圧器 B	15	2.0

第 5.32 図

〈解答〉

変圧器 A は，定格容量が 10〔MV・A〕のため％インピーダンスは，

$$\%Z_A = 2.0 \ [\%]$$

変圧器 B は，定格容量が 15〔MV・A〕のため％インピーダンスは，④式のように基準容量 10〔MV・A〕に変換しなければなりません．

$\%Z_B'〔\%〕$は，

$$\%Z' = \frac{基準容量}{定格容量} \times \%Z \qquad ④$$

$$\%Z_B' = \frac{10 \ [\mathrm{MV \cdot A}]}{15 \ [\mathrm{MV \cdot A}]} \times 2.0 ≒ 1.333 \ [\%]$$

合成％インピーダンス$\%Z_0〔\%〕$は，

$$\%Z_0 = \frac{\%Z_A \times \%Z_B'}{\%Z_A + \%Z_B'}$$

$$= \frac{2.0 \times 1.333}{2.0 + 1.333} ≒ 0.8 \ [\%]$$

（答）2 台の変圧器の合成％インピーダンスは 0.8〔%〕となる．

(4) **調相設備の％インピーダンスを求める**

〈例題〉

定格電圧 77〔kV〕，定格周波数 60〔Hz〕，定格容量 30〔Mvar〕の分路リアクトルがあります．

10〔MV・A〕基準の分路リアクトルの％リアクタンスを求めなさい．

〈解答〉

(i) 定格電圧 V_n〔V〕，自己容量 Q〔var〕とすると，分路リアクトルのリアクタンス X〔Ω〕は，

$$Q = \sqrt{3} \ V_n I \ [\mathrm{var}] \qquad ⑤$$

$$X = \frac{V_n}{\sqrt{3}\,I} \; [\Omega] \qquad ⑥$$

⑥式から I は，

$$I = \frac{V_n}{\sqrt{3}\,X} \; [\mathrm{A}] \qquad ⑦$$

⑦式を⑤式に代入すると，

$$Q = \sqrt{3}\,V_n \frac{V_n}{\sqrt{3}\,X} = \frac{V_n^2}{X} \; [\mathrm{var}] \qquad ⑧$$

⑧式より，リアクタンス $X\,[\Omega]$ は，

$$X = \frac{V_n^2}{Q} \; [\Omega] \qquad ⑨$$

(ii) 基準容量 $P_n\,[\mathrm{V \cdot A}]$，基準電圧 $V_n\,[\mathrm{V}]$ より，基準インピーダンス $Z_n\,[\Omega]$ は，

$$Z_n = \frac{V_n^2}{P_n} \; [\Omega] \qquad ⑩$$

分路リアクトルの%リアクタンス $\%X\,[\%]$ は，

$$\%X = \frac{X}{Z_n} \times 100 \; [\%] \qquad ⑪$$

⑪式に⑨，⑩式を代入すると，

$$\%X = \frac{X}{Z_n} \times 100 = \frac{\dfrac{V_n^2}{Q}}{\dfrac{V_n^2}{P_n}} \times 100 = \frac{P_n}{Q} \times 100 \; [\%] \qquad ⑫$$

⑫式に数値を代入すると，

$$\%X = \frac{P_n}{Q} \times 100 = \frac{10}{30} \times 100 \fallingdotseq 33.3 \; [\%]$$

(答) 分路リアクトルの%リアクタンスは 33.3 [%]

Lesson 9 パーセントインピーダンス

練習問題1

電線1条当たりの抵抗が 0.2〔Ω〕, リアクタンスが 1.5〔Ω〕の 77〔kV〕送電線がある. 10〔MV・A〕基準容量における％抵抗と％リアクタンスを求めよ.

【解答】　％抵抗：0.0337〔％〕, ％リアクタンス：0.253〔％〕

【ヒント】　$\%Z = \dfrac{ZP_n}{V_n^2} \times 100$ 〔％〕

練習問題2

定格電圧 6.6〔kV〕, 定格周波数 60〔Hz〕, 定格容量 4 000〔kvar〕の電力コンデンサがある.

なお, 直列リアクトルの容量はコンデンサ容量の 6〔％〕とする.

10〔MV・A〕基準容量における電力コンデンサ, 直列リアクトルそれぞれの％リアクタンスを求めよ.

【解答】　電力コンデンサ：250〔％〕, 直列リアクトル：15〔％〕

【ヒント】　$\%X = \dfrac{P_n}{Q} \times 100$ 〔％〕

STEP 2

(1) 三相短絡電流

(a) オーム法

送電線の S 点で三相短絡が発生し, 1相分の回路を第5.33図に示します.
相電圧 E_n〔V〕, 送電線インピーダンス Z〔Ω〕とすると, 三相短絡電流 I_S〔A〕は,

$$I_S = \dfrac{E_n}{Z} \text{〔A〕} \qquad ①$$

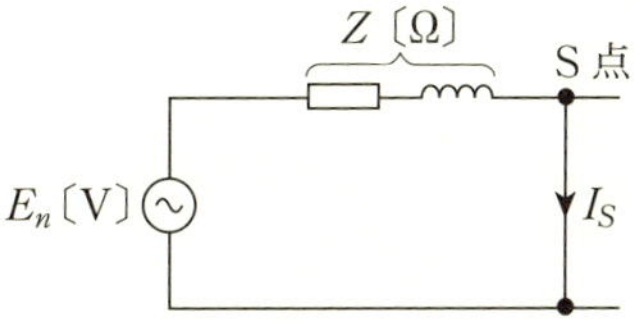

第5.33図

(b) ％インピーダンス法

基準相電圧 E_n〔V〕，基準電流 I_n〔A〕とすると，線路の %Z〔%〕は，

$$\%Z = \frac{ZI_n}{E_n} \times 100 \qquad ②$$

②式の分母，分子を Z〔Ω〕で割ると，

$$\%Z = \frac{I_n}{\dfrac{E_n}{Z}} \times 100 \qquad ③$$

③式の $E_n/Z = I_S$ であるから，%Z は，

$$\%Z = \frac{I_n}{I_S} \times 100 \ 〔\%〕 \qquad ④$$

④式から三相短絡電流 I_S〔A〕は，

$$\therefore \quad I_S = \frac{100}{\%Z} I_n \ 〔\mathrm{A}〕 \qquad ⑤$$

%Z がわかっていれば三相短絡電流が求まります．

ここで，基準容量 10〔MV・A〕，基準電圧 77〔kV〕（線間電圧）とする場合の基準電流 I_n〔A〕は，

$$I_n = \frac{P_n}{\sqrt{3}\ V_n} = \frac{10 \times 10^6}{\sqrt{3} \times 77 \times 10^3} \fallingdotseq 75.0 \ 〔\mathrm{A}〕$$

(2) 短絡容量

短絡容量（三相短絡容量）は，遮断器を選定する場合に用います．

線間電圧 V_n〔V〕，三相短絡電流 I_S〔A〕とすると，短絡容量 P_S〔V・A〕は，

$$P_S = \sqrt{3}\ V_n I_S \ 〔\mathrm{V \cdot A}〕 \qquad ⑥$$

ここで，④式の %Z〔%〕，

$$\%Z = \frac{I_n}{I_S} \times 100 \ 〔\%〕$$

分母，分子に $\sqrt{3}\ V_n$ を掛けると，

$$\%Z = \frac{\sqrt{3}\ V_n I_n}{\sqrt{3}\ V_n I_S} \times 100 = \frac{P_n}{P_S} \times 100 \ 〔\%〕 \qquad ⑦$$

⑦式より，短絡容量 P_S〔V・A〕は，

$$\therefore \quad P_S = \frac{100}{\%Z} P_n \ \mathrm{[V \cdot A]} \qquad ⑧$$

%Zがわかっていれば短絡容量が求まります．

(3) 短絡容量の抑制対策

短絡容量が大きくなると三相短絡電流が大きくなり，遮断器の遮断容量不足が生じ，遮断不能などが起こります．

短絡容量の抑制対策は，$P_S = \dfrac{100 P_n}{\%X}$ の式から考えることができます．

(a) 高インピーダンス機器の採用
(b) 限流リアクトルの採用
(c) 遮断器の大容量化
(d) 上位電圧系統を採用し，既設系統の分割
(e) 変電所の母線分割による系統構成の変更
(f) 直流変換装置を設置して系統の分割

練習問題1

短絡容量の抑制対策に関する記述である．誤っているのは次のうちどれか．

(1) 変圧器のインピーダンスを軽減する．
(2) 直流送電を導入する．
(3) 限流リアクトルを設置する．
(4) 変電所を母線分割して系統構成を変更する．
(5) 遮断器を大容量に取替える．

【解答】 (1)

練習問題 2

図に示す系統において，送電線のF点で三相短絡事故が発生したとき，F点の三相短絡電流を求めよ．なお，図の数値は自己容量基準の％リアクタンスである．

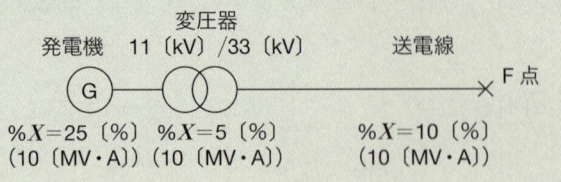

```
                変圧器
         発電機  11〔kV〕/33〔kV〕    送電線
          ─G─────⊃⊂─────────× F点
        %X＝25〔%〕 %X＝5〔%〕   %X＝10〔%〕
        (10〔MV・A〕)(10〔MV・A〕) (10〔MV・A〕)
```

【解答】 437〔A〕

【ヒント】 $I_S = \dfrac{100}{\%X} I_n$ 〔A〕

第5章 Lesson 10 発変電所の塩害対策

覚えるべき重要ポイント

- 塩害対策の内容

STEP 1

(1) 塩害とは

発変電所が海岸付近にある場合，潮風により屋外に設置している機器のブッシングやがいし類の表面に塩分が付着し，表面を汚損します．

小雨，霧などにより表面が湿潤すると，絶縁耐力が低下してフラッシオーバの事故を起こすことがあります．これを塩害といいます．

(2) 塩害対策

(a) がいしの過絶縁，耐汚損がいしの採用
(b) 発水性物質（シリコン・コンパウンドなど）の塗布
(c) がいしの活線洗浄装置の設置
(d) 機器の屋内化
(e) 機器のGIS化，密閉化

練習問題 1

発変電所の塩害防止のため，一般に等価 (1) 付着量を測定し，汚損管理を行っている．塩害防止対策として，

① (2) の塗布
② がいしの (3) 洗浄
③ 過絶縁
④ (4) の屋内化などがある．

【解答】 (1) 塩分，(2) 発水性物質，(3) 活線，(4) 機器

STEP 3　総合問題

【問題1】　変電所に設置された一次電圧77〔kV〕，二次電圧33〔kV〕，容量30〔MV・A〕の三相変圧器に33〔kV〕無負荷の線路が接続されている．その線路が変電所から負荷側1 500〔m〕の地点で三相短絡を生じた．

三相変圧器の結線は，一次側と二次側がY−Y結線となっている．ただし，一次側から見た変圧器の1相当たりの抵抗は0.025〔Ω〕，リアクタンスは8.65〔Ω〕，故障が発生した線路の1線当たりのインピーダンスは$0.15+j0.45$〔Ω/km〕とし，変圧器一次電圧側の線路インピーダンスおよびその他の値は無視するものとし，次の問に答えよ．

(a)　故障点の短絡電流〔kA〕はいくらか．

(b)　短絡前に33〔kV〕に保たれていた三相変圧器の母線の線間電圧は，三相短絡故障したとき何〔kV〕に低下するか．

【問題2】　図のような三相3線式交流系統がある．図の数値は，自己容量ベースの%リアクタンスを示している．

次の問に答えよ．

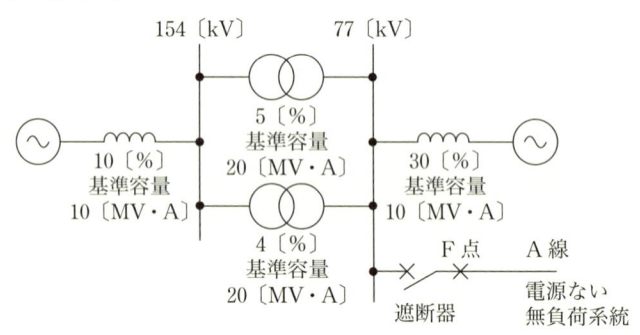

(a)　系統全体の基準容量を10〔MV・A〕に統一した場合，遮断器の設置場所からみた合成%リアクタンス〔%〕はいくらか．

(b)　遮断器投入後，F点で三相短絡事故が発生したときの三相短絡電流〔A〕はいくらか．ただし，線間電圧は77〔kV〕とし，遮断器からF点までの%リアクタンスは無視するものとする．

【問題3】　表に示す三相変圧器で並行運転し，4 000〔kV・A〕負荷を接続

した．

次の問に答えよ．ただし，各変圧器の抵抗とリアクタンスの比は等しいものとする．

	定格容量〔kV・A〕	%インピーダンス〔%〕
A変圧器	3 000	6.3
B変圧器	1 000	7.0

(a) A変圧器とB変圧器それぞれの負荷分担〔kV・A〕はいくらか．

(b) どちらの変圧器がどの程度過負荷となるか．

【問題4】 下記表に示す三相変圧器で並行運転を行っている．

次の問に答えよ．ただし，各変圧器の抵抗とリアクタンスの比は等しいものとする．

	電圧〔kV〕	定格容量〔kV・A〕	%インピーダンス〔%〕
A変圧器	33/6.6	5 000	5.5
B変圧器	33/6.6	4 000	5.0

(a) A変圧器タップを切り換え，変圧比を33.5/6.6にした．一次側電圧を33〔kV〕とした場合，無負荷における二次側の循環電流〔A〕はいくらか．

(b) A変圧器タップを元に戻した（変圧比を33/6.6）．
この変電所から供給できる最大負荷〔kV・A〕はおよそいくらか．

ますか

第6章
送電線路

第6章 Lesson 1 線路定数

覚えるべき重要ポイント

- 線路定数
- 送電線のねん架を行う理由

STEP 1

線路定数

送電線は第6.1図に示すように抵抗R，インダクタンスL，静電容量Cおよび漏れコンダクタンスGが連続している回路と考え，これらのR，L，C，Gを線路定数といいます．

送電線の距離が短い場合は，CおよびGは無視し，RとLの直列回路として考えることができます．

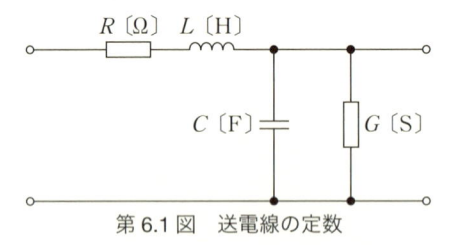

第6.1図 送電線の定数

(1) 抵抗

電線の抵抗R〔Ω〕は，長さl〔m〕に比例し，断面積A〔mm^2〕に反比例します．比例定数（抵抗率）ρ〔Ωmm^2/m〕とすると，

$$R = \rho \frac{l}{A} \text{〔Ω〕}$$

(a) 抵抗率

抵抗率は，標準軟銅線では20〔℃〕において

$$\frac{1}{58}\left(\frac{\Omega \cdot \text{mm}^2}{\text{m}}\right)$$

比重が8.89のものを標準としています．

(b) 導電率

電線材料などの導電率（抵抗の逆数）の比較には，標準軟銅線の導電率を

100〔％〕として比較した百分率のパーセント導電率を用います．
パーセント導電率 c〔％〕と抵抗率 ρ〔Ωmm²/m〕の関係は，

$$\rho = \frac{1}{58} \times \frac{100}{c} \left(\frac{\Omega \cdot \text{mm}^2}{\text{m}}\right)$$

導電率は，一般に材質の純度の高いものほど大きく，他元素の含有率が増加するに従って低下していきます．

〈電線の抵抗率 ρ〉
　　硬銅線　　　1/55〔Ωmm²/m〕(20〔℃〕)
　　硬アルミ線　1/35〔Ωmm²/m〕(20〔℃〕)

(c) 抵抗の温度補正

抵抗は温度が上昇すると大きくなります．

基準温度 T_0〔℃〕のときの抵抗値 R_0〔Ω〕，抵抗の温度係数 α〔Ω/℃〕とすると，温度が T〔℃〕のときの抵抗 R〔Ω〕は，

$$R = R_0\{1 + \alpha(T - T_0)\} \text{〔Ω〕}$$

(d) 計算問題

第6.2図のような硬銅より線55〔mm²〕(7〔本〕/3.2〔mm〕)がある．長さ1〔km〕の抵抗値〔Ω〕を求めよ．

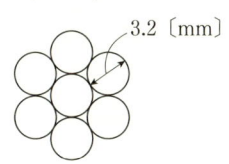

第6.2図

硬銅より線の抵抗率 ρ〔Ωmm²/m〕は，

$$\rho = \frac{1}{55} \text{〔Ωmm²/m〕}$$

電線の断面積 A〔mm²〕は，直径3.2〔mm〕のより線7本で構成されているから，

$$A = \frac{3.2^2}{4}\pi \text{〔mm²/本〕} \times 7 \text{〔本〕}$$

長さ1〔km〕の抵抗値〔Ω〕は，

$$R = \rho \frac{l}{A} = \frac{1}{55} \times \frac{1\,000}{\frac{3.2^2}{4}\pi \times 7} \fallingdotseq 0.323 \,[\Omega]$$

となり，長さ 1 [km] の抵抗値は 0.323 [Ω] となります．

(2) インダクタンス

架空電線路の 1 条当たりのインダクタンスを作用インダクタンスといいます．

電線の半径 r [m]，電線の等価線間距離 D [m] とすると，電線 1 条当たりの作用インダクタンス L [mH/km] は，

$$L = 0.05 + 0.4605 \log_{10} \frac{D}{r} \,[\text{mH/km}]$$

一般的な架空電線路では $L = 1.0 \sim 1.5$ [mH/km] です．

(a) 等価線間距離

第 6.3 図に示した等価線間距離 D [m] は，次のように求めます．

 (i) 単相 2 線式

電線間の相間距離 D_{ab} が等価線間距離 D となります．

 (ii) 三相 3 線式

正三角形の配置であれば，線間距離 $D_{ab} = D_{bc} = D_{ca}$ が等価線間距離 D となります．

相互の距離が等しくない場合の等価線間距離 D は，$D = \sqrt[3]{D_{ab} \cdot D_{bc} \cdot D_{ca}}$ として計算します．

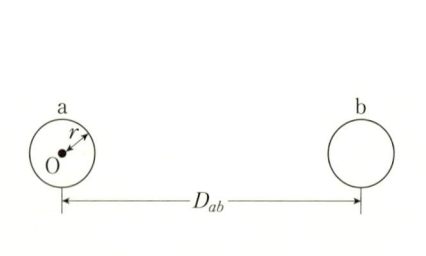

(a) 単相2線式   (b) 三相3線式

第 6.3 図

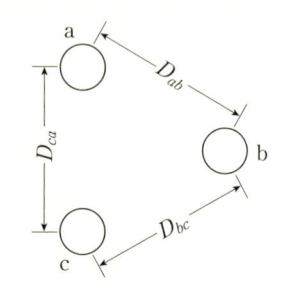

(b) 計算問題

第 6.4 図のような三相 3 線式 1 回線送電線があり，電線は硬銅より線 55 〔mm²〕（7〔本〕/3.2〔mm〕）を使用している．電線 1 条当たりの作用インダクタンス L〔mH/km〕を求めよ．

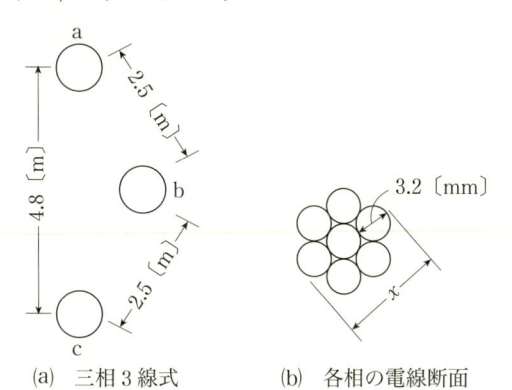

(a) 三相 3 線式　　(b) 各相の電線断面
第 6.4 図

電線の半径 r〔m〕は，
より線 1 本の直径が 3.2〔mm〕であるから，

$$r = \frac{x}{2} = \frac{3.2\,〔\text{mm/本}〕 \times 3\,〔本〕 \times 10^{-3}}{2} = 4.8 \times 10^{-3}\,〔\text{m}〕$$

等価線間距離 D〔m〕は，

$$D = \sqrt[3]{2.5 \times 2.5 \times 4.8} \fallingdotseq 3.11\,〔\text{m}〕$$

電線 1 条当たりの作用インダクタンス L〔mH/km〕は，

$$L = 0.05 + 0.4605 \log_{10} \frac{D}{r}$$

$$= 0.05 + 0.4605 \log_{10} \frac{3.11}{4.8 \times 10^{-3}} \fallingdotseq 1.34\,〔\text{mH/km}〕$$

となり，作用インダクタンスは 1.34〔mH/km〕となります．

(3) **静電容量**

架空電線路の 1 条当たりの静電容量を作用静電容量といいます．

電線の半径 r〔m〕，電線の等価線間距離 D〔m〕とすると，電線 1 条当たりの作用静電容量 C〔μF/km〕は，

$$C = \frac{0.02413}{\log_{10} \dfrac{D}{r}} \ [\mu\mathrm{F/km}]$$

一般的な架空電線路では $C = 0.008 \sim 0.01 \ [\mu\mathrm{F/km}]$ です．

(a) 対地静電容量，相互静電容量

第6.5図のように，電線1本と大地との静電容量を対地静電容量 C_0，2線間の静電容量を相互静電容量 C_m，1線と中性点または大地との静電容量を作用静電容量 C といいます．

関係式は，$C = C_0 + 3C_m$ となります．

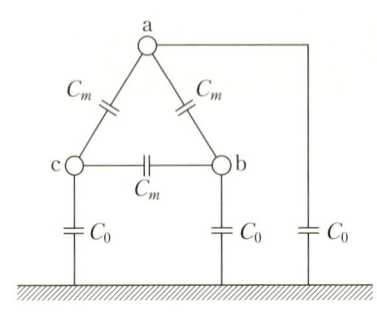

(a) 正三角形配置　　　　(b) 等価回路

第6.5図

(b) 計算問題

第6.4図のような三相3線式1回線送電線があり，電線は硬銅より線55 $[\mathrm{mm}^2]$ (7 [本] /3.2 [mm]) を使用している．電線1条当たりの作用静電容量 $C \ [\mu\mathrm{F/km}]$ を求めよ．

電線の半径 $r \ [\mathrm{m}]$ は，

より線1本の直径が 3.2 [mm] であるから，

$$r = \frac{x}{2} = \frac{3.2 \ [\mathrm{mm/本}] \times 3 \ [本] \times 10^{-3}}{2} = 4.8 \times 10^{-3} \ [\mathrm{m}]$$

等価線間距離 $D \ [\mathrm{m}]$ は，

$$D = \sqrt[3]{2.5 \times 2.5 \times 4.8} \fallingdotseq 3.11 \ [\mathrm{m}]$$

電線1条当たりの作用静電容量 $C \ [\mu\mathrm{F/km}]$ は，

$$C = \frac{0.02413}{\log_{10}\frac{D}{r}} = \frac{0.02413}{\log_{10}\frac{3.11}{4.8\times10^{-3}}} \fallingdotseq 0.00858 \,[\mu\mathrm{F/km}]$$

となり，作用静電容量は $0.00858\,[\mu\mathrm{F/km}]$ となります．

(4) **漏れコンダクタンス**

がいしの漏れ抵抗の逆数で，一般に極めて小さいため無視することが多いです．

練習問題1

送電線の抵抗，インダクタンス，(1) および (2) を (3) といい，その値は，導体の種類および構造と導体の幾何学的配置によりほぼ定まる．

20～30 [km] 以下の比較的短い架空電線路では (4) および (5) は無視できる．

【解答】 (1) 静電容量，(2) 漏れコンダクタンス，(3) 線路定数，
(4) 静電容量，(5) 漏れコンダクタンス

練習問題2

図に示す 77 [kV] 1回線送電線がある．電線に 200 [mm²]（19 [本] /3.7 [mm]）硬銅より線を用いるとすると，km 当たりの抵抗と作用インダクタンスはいくらになるか．

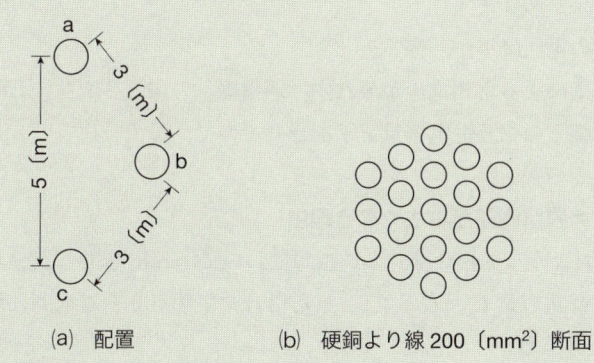

(a) 配置　　　(b) 硬銅より線 200 [mm²] 断面

【解答】 抵抗：$0.089\,[\Omega/\mathrm{km}]$，作用インダクタンス：$1.24\,[\mathrm{mH/km}]$

【ヒント】 $R = \dfrac{1}{55} \times \dfrac{l}{A}$ 〔Ω〕

$$L = 0.05 + 0.4605 \log_{10} \dfrac{D}{r} \text{〔mH/km〕}$$

STEP 2

(1) 送電線のねん架

三相3線式送電線路では，電線が正三角形に配置されていないため，インダクタンスや静電容量が不平衡になります．

このため，第6.6図のように全区間を3等分して電線の配置換えを行い，各線のインダクタンスと静電容量を等しくしています．

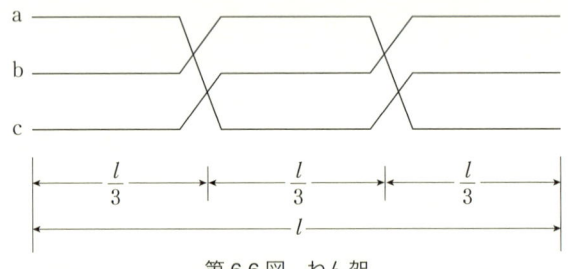

第6.6図　ねん架

(2) ねん架の効果

各線のインダクタンスと静電容量が平均化され，ほぼ同じ値になりますので，次の効果があります．

(a) 各線の電圧降下が一様
(b) 不平衡による零相電流が流れず，通信線への電磁誘導障害が低減
(c) 通信線との相互静電容量を平衡させるので，静電誘導障害が低減
(d) 中性点の残留電圧が小さい

(3) 中性点残留電圧が小さくなる理由

第6.7図のような三相3線式の送電線において，各相電圧を $\dot{E}_a$, $\dot{E}_b$, $\dot{E}_c$，各線の対地静電容量 C_a, C_b, C_c とした場合の中性点0と対地間に現れる残留電圧 $\dot{E}_N$ 〔V〕は，

$$\dot{E}_N = -\frac{C_a\dot{E}_a + C_b\dot{E}_b + C_c\dot{E}_c}{C_a + C_b + C_c} \,(\mathrm{V})$$

三相が完全にねん架されていると $C_a = C_b = C_c$ となり，残留電圧 $\dot{E}_N$ (V) は，

$$\dot{E}_N = -\frac{1}{3}(\dot{E}_a + \dot{E}_b + \dot{E}_c) \,(\mathrm{V})$$

各相電圧 $\dot{E}_a$, $\dot{E}_b$, $\dot{E}_c$ が平衡していれば，

$\dot{E}_N = 0$ (V) となります．

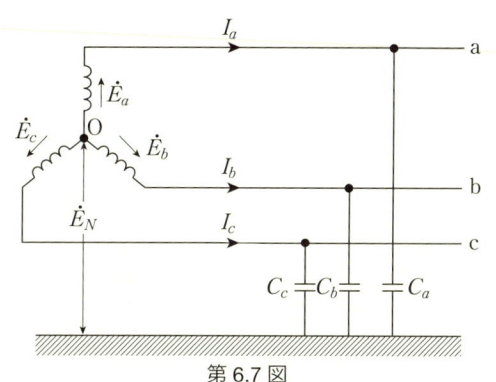

第6.7図

練習問題 1

架空送電線路の ┌(1)┐ は，各線の ┌(2)┐ および静電容量をそれぞれ相等しくして，電気的 ┌(3)┐ を防ぎ，線路の中性点に現れる ┌(4)┐ を減少させ，付近の通信線に対する誘導障害を軽減させる効果がある．

【解答】 (1) ねん架, (2) インダクタンス, (3) 不平衡, (4) 残留電圧

第6章

Lesson 2 電圧降下と送電損失

覚えるべき重要ポイント

- 短距離送電線の電圧降下，電圧降下率
- 短距離送電線の送電損失，送電損失率
- 送電損失の軽減対策

STEP 1

(1) 電圧降下

　三相3線式短距離送電線は，第6.8図のような等価回路とベクトル図になります．短距離送電線は送電端から受電端までの距離が数十〔km〕のものをいい，静電容量は十分に小さいので無視し，抵抗 R と作用インダクタンス L の等価回路で表します．

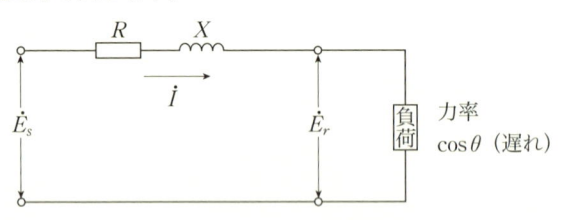

(a) 1相についての等価回路

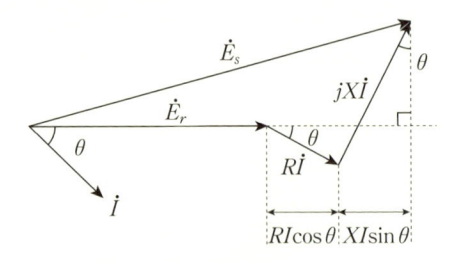

(b) ベクトル図

第6.8図

(a) 送電端相電圧 $\dot{E}_s$〔V〕，受電端相電圧 $\dot{E}_r$〔V〕，1条当たりの抵抗 R〔Ω〕，リアクタンス X〔Ω〕，負荷電流 I〔A〕（遅れ力率角 θ）とすると，送

電端相電圧 $\dot{E}_s$〔V〕は,

$$\dot{E}_s = \dot{E}_r + I(\cos\theta - j\sin\theta)(R+jX)$$
$$= \dot{E}_r + RI\cos\theta + XI\sin\theta + j(XI\cos\theta - RI\sin\theta) \qquad ①$$

短距離送電線では①式の虚数部が小さいため近似式を使います．

$$E_s \fallingdotseq E_r + RI\cos\theta + XI\sin\theta \text{〔V〕} \qquad ②$$

(b) 電圧降下 E〔V〕は,

$$E \fallingdotseq E_s - E_r = RI\cos\theta + XI\sin\theta = I(R\cos\theta + X\sin\theta) \text{〔V〕} \qquad ③$$

三相送電線の電圧降下は線間電圧で表しますので，線間電圧 V〔V〕は,

$$V = \sqrt{3}\, E = \sqrt{3}\, I(R\cos\theta + X\sin\theta) \text{〔V〕} \qquad ④$$

ここで，負荷の有効電力 P〔W〕，遅れ無効電力 Q〔var〕は次のように表します．

$$P = \sqrt{3}\, V_r I\cos\theta \text{〔W〕} \qquad ⑤$$
$$Q = \sqrt{3}\, V_r I\sin\theta \text{〔var〕} \qquad ⑥$$

⑤，⑥式より，$\sqrt{3}\, I\cos\theta$，$\sqrt{3}\, I\sin\theta$ は，

$$\sqrt{3}\, I\cos\theta = \frac{P}{V_r} \qquad ⑦$$

$$\sqrt{3}\, I\sin\theta = \frac{Q}{V_r} \qquad ⑧$$

⑦，⑧式を④式へ代入すると，

$$V = \sqrt{3}\, IR\cos\theta + \sqrt{3}\, IX\sin\theta = \frac{RP + XQ}{V_r} \text{〔V〕} \qquad ⑨$$

⑨式は，負荷の有効電力，無効電力から電圧降下を求めるのに便利です．

(2) **電圧降下率**

受電端電圧に対する電圧降下の百分率を電圧降下率といいます．電圧降下率 ε〔%〕は,

$$\varepsilon = \frac{V}{V_r} \times 100 \text{〔%〕} \qquad ①$$

〈負荷 $(P+jQ)$ が与えられた場合の式に展開〉

①式は次のようになります．

$$\varepsilon = \frac{\sqrt{3}\, I(R\cos\theta + X\sin\theta)}{V_r} \times 100 \qquad ②$$

②式の分母，分子に V_r を掛けると，

$$\varepsilon = \frac{\sqrt{3}\,IV_r(R\cos\theta + X\sin\theta)}{V_r} \times 100 \qquad ③$$

ここで，負荷の有効電力 P〔W〕，遅れ無効電力 Q〔var〕は，

$$P = \sqrt{3}\,V_r I\cos\theta \;\text{〔W〕} \qquad ④$$

$$Q = \sqrt{3}\,V_r I\sin\theta \;\text{〔var〕} \qquad ⑤$$

④，⑤式を③式に代入すると，

$$\varepsilon = \frac{RP + XQ}{V_r^2} \times 100 \;\text{〔％〕} \qquad ⑥$$

(3) 送電損失

送電線路の送電損失の大部分は，導体中に生じる<ruby>抵抗損<rt>ていこうそん</rt></ruby>（ジュール損）で，そのほかにコロナ損があり，抵抗損のことを電力損失ともいいます．

ここでは，抵抗損を送電損失と呼ぶものとします．

三相3線式送電線の1条当たりの抵抗 R〔Ω〕，負荷電流 I〔A〕とすると，送電損失 P_L〔W〕は，

$$P_L = 3I^2 R \;\text{〔W〕} \qquad ①$$

〈負荷 $(P+jQ)$ が与えられた場合の式に展開〉

負荷の有効電力 P〔W〕，遅れ無効電力 Q〔var〕は，

$$P = \sqrt{3}\,V_r I\cos\theta \;\text{〔W〕} \qquad ②$$

$$Q = \sqrt{3}\,V_r I\sin\theta \;\text{〔var〕} \qquad ③$$

②，③式の両辺を2乗して加えると，

$$P^2 + Q^2 = 3V_r^2 I^2 \cos^2\theta + 3V_r^2 I^2 \sin^2\theta \qquad ④$$

$\sin^2\theta + \cos^2\theta = 1$ より，④式は，

$$P^2 + Q^2 = 3V_r^2 I^2 \qquad ⑤$$

$$I^2 = \frac{P^2 + Q^2}{3V_r^2} \qquad ⑥$$

⑥式を①式に代入すると，

$$P_L = 3I^2 R = 3 \times \frac{P^2 + Q^2}{3V_r^2} \times R = \frac{R(P^2 + Q^2)}{V_r^2} \qquad ⑦$$

(4) 送電損失率

負荷の消費電力 $(P = \sqrt{3}\,V_r I\cos\theta)$ に対する送電損失を送電損失率とい

います．

$$送電損失率 = \frac{P_L}{P} \times 100 = \frac{3I^2R}{\sqrt{3}\,V_r I\cos\theta} \times 100 \;〔\%〕 \qquad ①$$

〈負荷（$P+jQ$）が与えられた場合の式に展開〉

(3) 送電損失の⑥式を使うと，

$$I^2 = \frac{P^2 + Q^2}{3V_r^2} \qquad ②$$

②式を①式に代入すると，

$$送電損失率 = \frac{1}{P} \times 3R \times \frac{P^2+Q^2}{3V_r^2} \times 100$$

$$= \frac{R(P^2+Q^2)}{V_r^2 P} \times 100 \;〔\%〕 \qquad ③$$

(5) まとめ

短距離送電線の電圧降下，電圧降下率，送電損失，送電損失率を第6.1表に示します．

第6.1表

	電流・力率が与えられた場合	負荷電力が与えられた場合
電圧降下 V〔V〕	$\sqrt{3}\,I(R\cos\theta + X\sin\theta)$	$\dfrac{RP+XQ}{V_r}$
電圧降下率 ε〔%〕	$\dfrac{\sqrt{3}\,I(R\cos\theta + X\sin\theta)}{V_r} \times 100$	$\dfrac{RP+XQ}{V_r^2} \times 100$
送電損失 P_L〔W〕	$3I^2R$	$\dfrac{R(P^2+Q^2)}{V_r^2}$
送電損失率〔%〕	$\dfrac{3I^2R}{\sqrt{3}\,V_r I\cos\theta} \times 100$	$\dfrac{R(P^2+Q^2)}{V_r^2 P} \times 100$

> **練習問題1**
>
> 送電線の電圧降下は，線路の ☐(1)☐ およびアドミタンス，負荷の ☐(2)☐ とその力率によって変化する．
>
> 送電端電圧を V_s，受電端電圧を V_r とすると $\dfrac{(V_s - V_r)}{☐(3)☐} \times 100$〔%〕を ☐(4)☐ という．

【解答】 (1) インピーダンス, (2) 大きさ, (3) V_r, (4) 電圧降下率

> **練習問題2**
> 受電端電圧 33〔kV〕の三相3線式の送電線路において，受電端電力が3 000〔kW〕，力率が0.95（遅れ）である場合，この送電線路での抵抗による全電力損失〔kW〕はいくらか求めよ．
> ただし，送電線1条当たりの抵抗は6〔Ω〕とし，線路のインダクタンスは無視するものとする．

【解答】 54.9〔kW〕

【ヒント】 $P_L = 3I^2R = \dfrac{RP^2}{(V_r \cos\theta)^2}$

STEP 2

(1) 送電損失の軽減対策

三相3線式送配電線路の送電損失 P_L〔W〕は，送配電線の線電流 I〔A〕，1条当たりの抵抗 R〔Ω〕とすると，

$$P_L = 3I^2R \text{〔W〕} \quad ①$$

送電損失の軽減対策は，①式の *I と R を小さく* すればよいことになります．

(a) 電線の太線化

電線の抵抗 R〔Ω〕は，電線の断面積 S〔m²〕，長さ l〔m〕，抵抗率 ρ〔Ωm²/m〕とすると，

$$R = \dfrac{\rho l}{S} \text{〔Ω〕} \quad ②$$

②式から電線を*太くする*（電線の断面積を大きくする）ことにより送電損失が軽減します．

(b) 電線の増設

電線を1回線増設して並行2回線として負荷供給すれば，①式の線電流 I が *1/2* となり，送電損失が軽減します．

(c) 電圧調整器の設置

受電端電圧 V_r〔V〕，負荷電力 P〔W〕，負荷力率 $\cos\theta$ とすると，送配電線路の送電損失 P_L〔W〕は，

$$P_L = 3I^2R = \frac{RP^2}{(V_r\cos\theta)^2} \text{〔W〕} \qquad ③$$

③式から電圧調整器を設置して受電端電圧を高くすると送電損失が軽減します．

電圧調整器の設置は電圧維持にもなり，最近の空調機のような定電力負荷に対して電圧低下時の電流増加を抑制することができます．

(d) 電力コンデンサの設置

受電端に電力コンデンサを設置することは，負荷力率の向上，無効電力が減少するので線電流が減少し，送電損失が軽減します．

練習問題1

送配電線の損失軽減対策についての記述である．誤っているのは次のうちどれか．
(1) 電線を増設する．
(2) 電線を太くする．
(3) 硬銅線を同じ太さの硬アルミ線に張り換える．
(4) 電圧調整器を設置する．
(5) 電力用コンデンサを設置する．

【解答】 (3)

第6章 Lesson 3 送電電力

覚えるべき重要ポイント
- 短距離送電線の送電電力

STEP 1

(1) 送電電力

三相3線式短距離送電線の送電電力を求めるに当たり，第6.9図に等価回路とベクトル図を示します．

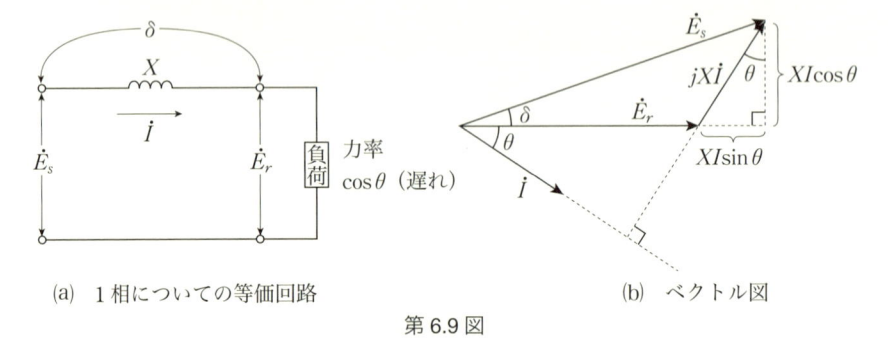

(a) 1相についての等価回路　　(b) ベクトル図

第6.9図

送電端相電圧 $\dot{E}_s$〔V〕，受電端相電圧 $\dot{E}_r$〔V〕，1条当たりのリアクタンス X〔Ω〕，負荷電流 I〔A〕（遅れ力率角 θ）とすると，送電端相電圧 $\dot{E}_s$〔V〕は，

$$\dot{E}_s = \dot{E}_r + I(\cos\theta - j\sin\theta)jX$$
$$= \dot{E}_r + XI\sin\theta + jXI\cos\theta \qquad ①$$

負荷の有効電力 P〔W〕は，

$$P = 3E_r\cos\theta \text{〔W〕} \qquad ②$$

ベクトル図から次の関係がわかります．

$$XI\cos\theta = E_s\sin\delta \qquad ③$$

③式を $I\cos\theta =$ にすると，

$$I\cos\theta = \frac{E_s\sin\delta}{X} \qquad ④$$

③式を②式に代入すると，負荷の送電電力 P〔W〕は，

$$P = \frac{3E_s E_r}{X} \sin\delta \text{ [W]} \qquad ⑤$$

⑤式を送電端線間電圧 V_s [V]，受電端線間電圧 V_r [V] で表すと，負荷の送電電力 P [W] は，

$$P = \frac{V_s V_r}{X} \sin\delta \text{ [W]} \qquad ⑥$$

ここで，δ を相差角といいます．

⑥式から送電電力 P は，$\delta = 90$ [°] のときに最大となります．最大送電電力 P_m [W] は，

$$P_m = \frac{V_s V_r}{X} \text{ [W]} \qquad ⑦$$

⑦式から，送電できる電力の上限は系統電圧と線路リアクタンスで決まります．

(2) 送電電力計算の別解

第 6.9 図の等価回路，ベクトル図より，受電端相電圧 $\dot{E}_r$ を基準にすると送電端電圧 $\dot{E}_s$ は δ [°] 進んでいることがわかります．式で表すと，

$$E_s \varepsilon^{j\delta} = E_s(\cos\delta + j\sin\delta) \text{ [V]} \qquad ①$$

線路電流 $\dot{I}$ [A] は，

$$\dot{I} = \frac{E_s \varepsilon^{j\delta} - E_r}{jX}$$

$$= \frac{E_s(\cos\delta + j\sin\delta) - E_r}{jX} \text{ [A]} \qquad ②$$

②式の分母，分子に $-j$ を掛けると，

$$\dot{I} = \frac{E_s(\sin\delta - j\cos\delta) + jE_r}{X} \text{ [A]} \qquad ②$$

負荷に送電する有効電力，無効電力（遅れ）を $P + jQ$ とすると，

$$P + jQ = 3\dot{E}_r \overline{\dot{I}} \qquad ③$$

となります．

ここで，$\overline{\dot{I}}$ を共役ベクトルといいます（第 6.10 図参照）．

なぜ，共役するのでしょうか．

一般に電流の符号は，＋：進み電流，－：遅れ電流です．また，無効電力

の符号は＋：遅れ無効電力，－：進み無効電力のため共役をします．

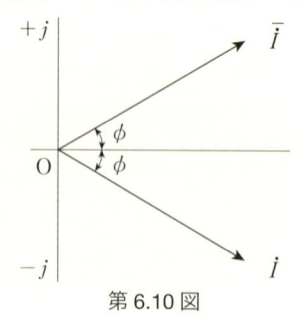

第 6.10 図

$$P+jQ = 3\dot{E}_r \times \frac{E_s(\sin\delta+j\cos\delta)-jE_r}{X}$$

$$= \frac{3E_sE_r\sin\delta+j(3E_sE_r\cos\delta-3E_r^2)}{X} \qquad ④$$

④式を送電端線間電圧 V_s〔V〕，受電端線間電圧 V_r〔V〕で表すと，

$$P+jQ = \frac{V_sV_r\sin\delta+j(V_sV_r\cos\delta-V_r^2)}{X} \qquad ⑤$$

④式を分解すると，

$$P = \frac{V_sV_r}{X}\sin\delta \text{〔W〕} \qquad ⑥$$

$$Q = \frac{V_sV_r\cos\delta-V_r^2}{X} \text{〔var〕} \qquad ⑦$$

練習問題1

　三相3線式送電線において1条当たりのリアクタンスが4〔Ω〕，送電端電圧が78.0〔kV〕，受電端電圧76.5〔kV〕で送電端電圧と受電端電圧の相差角30°とした場合の送電電力〔MW〕を求めよ．

【解答】　746〔MW〕

【ヒント】　$P = \frac{V_sV_r}{X}\sin\delta$

第6章 Lesson 4 フェランチ現象

覚えるべき重要ポイント

- フェランチ効果とは
- 調相設備の設置目的と種類

STEP 1

(1) フェランチ効果

　フェランチ効果は，第6.11図に示すように無負荷や深夜の軽負荷時などで90°近い進み電流が流れて受電端電圧 E_r が上昇し，送電端電圧 E_s より高くなる現象をいいます．

　このため，受電端に分路リアクトル，同期調相機を設置して受電端電圧を下げます．

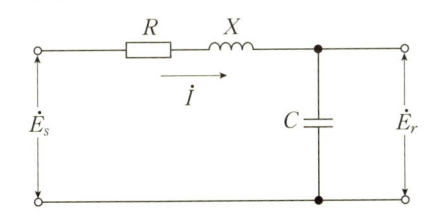

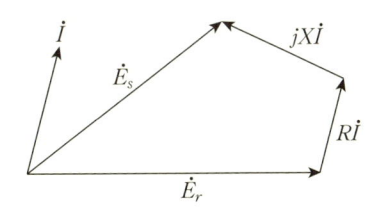

(a) 1相についての等価回路　　(b) ベクトル図

第6.11図　フェランチ効果

(2) 中距離送電線

　中距離送電線は送電端から受電端までの距離が 100〜150 [km] 程度のものをいい，静電容量は無視できません．抵抗 R, 作用インダクタンス L, 作用静電容量 C は全長にわたって分布しており，取扱いが困難です．

　このため，中距離送電線は，π形等価回路または T 形等価回路で表しています．

(a) π形等価回路

　π形等価回路は，作用静電容量によるアドミタンス $Y(\omega C)$ を2か所にまとめた等価回路です．

　第6.12図に示すπ形等価回路において，無負荷の場合の受電端電圧 E_r は，

送電端電圧 $\dot{E}_s$ の何倍になるかを求めます．

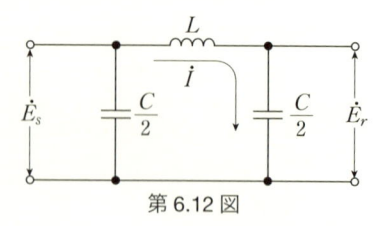

第 6.12 図

誘導リアクタンス $X_L = \omega L = 10〔Ω〕$，容量アドミタンス $Y = \omega C = 0.01〔s〕$ とした場合の電流 $\dot{I}〔A〕$ は，

$$\dot{I} = \frac{\dot{E}_s}{jX_L + \dfrac{1}{\dfrac{jY}{2}}} 〔A〕 \qquad ①$$

受電端電圧 $\dot{E}_r〔V〕$ は，

$$\dot{E}_r = \frac{\dot{I}}{\dfrac{jY}{2}} = \frac{1}{\dfrac{jY}{2}} \times \frac{\dot{E}_s}{jX_L + \dfrac{1}{\dfrac{jY}{2}}} = \frac{\dot{E}_s}{1 - \dfrac{YX_L}{2}} 〔V〕 \qquad ②$$

②式に $X_L = \omega L$，$Y = \omega C$ を代入すると，$\dot{E}_r/\dot{E}_s$ は，

$$\frac{\dot{E}_r}{\dot{E}_s} = \frac{1}{1 - \dfrac{YX_L}{2}} = \frac{1}{1 - \dfrac{\omega^2 LC}{2}} \qquad ③$$

③式に数値を代入すると，$\dot{E}_r/\dot{E}_s$ は，

$$\frac{\dot{E}_r}{\dot{E}_s} = \frac{1}{1 - \dfrac{0.01 \times 10}{2}} ≒ 1.053$$

となり，受電端電圧 $\dot{E}_r$ は，送電端電圧 $\dot{E}_s$ の 1.053 倍になります．

(b) T 形等価回路

T 形等価回路は，作用静電容量によるアドミタンス Y（ωC）を 1 か所にまとめた等価回路です．

第 6.13 図に示す T 形等価回路において，無負荷の場合の受電端電圧 $\dot{E}_r$ は，

送電端電圧 E_s の何倍になるかを求めます．

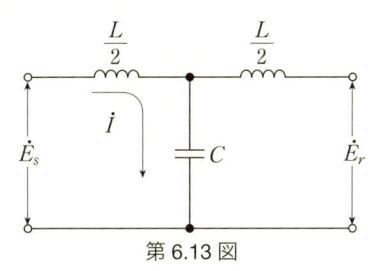

第6.13 図

誘導リアクタンス $X_L = \omega L = 10$ 〔Ω〕，容量アドミタンス $Y = \omega C = 0.01$ 〔S〕した場合の電流 $\dot{I}$ 〔A〕は，

$$\dot{I} = \frac{\dot{E}_s}{\dfrac{jX_L}{2} + \dfrac{1}{jY}} \text{〔A〕} \qquad ①$$

受電端電圧 E_r 〔V〕は，

$$\dot{E}_r = \frac{\dot{I}}{jY} = \frac{1}{jY} \times \frac{\dot{E}_s}{\dfrac{jX_L}{2} + \dfrac{1}{jY}} = \frac{\dot{E}_s}{1 - \dfrac{YX_L}{2}} \text{〔V〕} \qquad ②$$

②式に $X_L = \omega L$，$Y = \omega C$ を代入すると，$\dot{E}_r / \dot{E}_s$ は，

$$\frac{\dot{E}_r}{\dot{E}_s} = \frac{1}{1 - \dfrac{YX_L}{2}} = \frac{1}{1 - \dfrac{\omega^2 LC}{2}} \qquad ③$$

③式に数値を代入すると，$\dot{E}_r / \dot{E}_s$ は，

$$\frac{\dot{E}_r}{\dot{E}_s} = \frac{1}{1 - \dfrac{0.01 \times 10}{2}} \fallingdotseq 1.053$$

となり，受電端電圧 E_r は，送電端電圧 E_s の 1.053 倍になります．
以上より，π形等価回路も T 形等価回路も同じ値になります．

6 送電線路

> **練習問題 1**
>
> 1相分の等価回路が図のように表される無負荷の中距離送電線路がある。$L=30$〔mH〕,$C=40$〔μF〕で電源の周波数が 50〔Hz〕であるとき,この線路ではフェランチ現象により受電電圧は送電電圧に対して何〔％〕上昇するか.

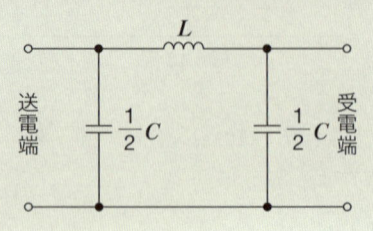

【解答】 6〔％〕

【ヒント】 $\dfrac{E_r}{E_s} = \dfrac{1}{1 - \dfrac{\omega^2 LC}{2}}$

STEP 2

(1) 調相設備の設置目的

調相設備は,進み無効電流または遅れ無効電流を調整する機器で,電力系統に並列して電力系統の電流の位相を調整します.

(a) 系統電圧の適正維持

線路の無効電流を調整して系統電圧を適正に維持します.

(i) 系統電圧が高いので低くしたい
 ・分路リアクトルの投入,同期調相機の遅相運転
 ・同期発電機の進相運転

(ii) 系統電圧が低いので高くしたい
 ・電力用コンデンサの投入,同期調相機の進相運転
 ・同期発電機の遅相運転

(b) 送電損失の軽減

線路電流の力率を改善して送電損失を軽減します.

(c) 無効電力潮流の調整

無効電流の供給や吸収により無効電力潮流の調整を行います.

(d) 送電容量の確保

送電容量は皮相電力ですので，無効電力を減少すれば有効電力が増加し，供給できる負荷容量が増加できます．

(2) 電圧，無効電力の調整

電圧または無効電力を調整する機器には，同期調相機（RC），分路リアクトル（ShR），電力用コンデンサ（SC），同期発電機，直列コンデンサ（SrC）および負荷時電圧調整変圧器（LRT）があります．

(a) 同期調相機（RC：Rotary Condenser）

励磁電流の調整により遅れおよび進み無効電力を消費して電力系統の電圧を調整します．

(b) 分路リアクトル（ShR：Shunt Reactor）

遅れ無効電力を消費して電力系統の電圧を低下させます．

(c) 電力用コンデンサ（SC：Static Capacitor）

進み無効電力を消費して電力系統の電圧を上昇させます．

(d) 同期発電機の遅相運転，進相運転

励磁電流の調整により遅れおよび進み無効電力を供給して電力系統の電圧を調整します．

(e) 直列コンデンサ（SrC：Series Capacitor）

線路に直列に接続して線路リアクタンスを補償して電圧改善を行います．

(f) 負荷時電圧調整変圧器（LRT：Load Ratio control Transfomer）

運転中に変圧器のタップを切り換えて電圧を調整します．

練習問題 1

電力系統に設置する調相設備の目的に関する記述である．誤っているのは次のうちどれか．
(1) 無効電力潮流を改善する．
(2) 送電損失を軽減する．
(3) 送電容量を確保する．
(4) 系統電圧を適正に維持する．
(5) 高調波による波形ひずみを改善する．

【解答】 (5)

> **練習問題2**
> 電力系統の電圧低下防止に有効な機器としての記述である．誤っているのは次のうちどれか．
> (1) 負荷時タップ切換変圧器
> (2) 分路リアクトル
> (3) 静止形無効電力補償装置
> (4) 同期調相機
> (5) 同期発電機

【解答】 (2)

第6章 Lesson 5 電線

覚えるべき重要ポイント
- 電線の種類
- 多導体の特徴

STEP 1

(1) 架空送電線路用の電線に必要な条件
- (a) 導電性がよいこと
- (b) 機械的強さが大きいこと
- (c) 耐久性が大きいこと
- (d) 比重が小さいこと
- (e) 価格が安いこと

(2) 電線の種類

架空送電線路の電線には，細い単線を集めたより線にしたものを用いています．

電線の種類は，一般に硬銅より線（HDCC），鋼心アルミより線（ACSR），鋼心耐熱アルミより線（TACSR）があります（第6.14図参照）．

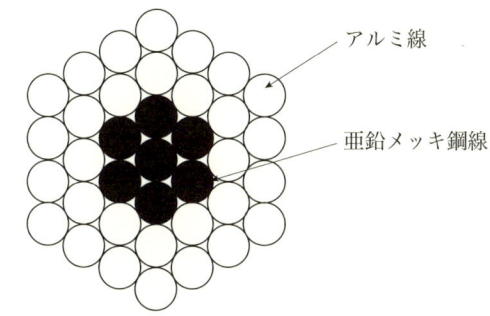

```
                            アルミ線
                            亜鉛メッキ鋼線

55〔mm²〕(7本3.2〔mm〕)    160〔mm²〕(アルミ 30本 2.6〔mm〕)
                                     (鋼心   7本 2.6〔mm〕)

   (a) 硬銅より線              (b) 鋼心アルミより線
```
第6.14図

(a) 硬銅より線（HDCC：Hard Drawn Copper stranded Conductor）
硬銅線を各層交互反対方向に同心円により合わせたものです．

(b) 鋼心アルミより線（ACSR：Aluminium Conductor Steel Reinforced）
電線の機械強度を大きくするため，亜鉛めっき鋼線のより線を中心とし，その周囲にアルミ線を同心円に各層交互反対方向により合わせたものです．

〈特徴〉
同じ長さで等しい抵抗値を持つ硬銅より線と比較

（ⅰ）重量が軽い
（ⅱ）引張強さが大きいため，長径間の送電線に適している
（ⅲ）外径が大きいため，コロナ放電の発生がしにくくなる

(c) 鋼心イ号アルミ合金より線（IACSR）
構造はACSRと同様ですが，亜鉛めっき鋼線のより線を中心とし，その周囲にマグネシウム（Mg），けい素（Si）を添加し，熱処理した強度の強いアルミ合金線で同心円に各層交互反対方向により合わせたものです．

〈特徴〉
（ⅰ）長径間送電線のほかに架空地線に使用
（ⅱ）ACSRに比較して引張荷重が1.6〜2.0倍増加できます．

(d) 鋼心耐熱アルミ合金より線（TACSR：Thermo-Resistance Aluminium alloy Conductor Steel Reinforced）
構造はACSRと同様ですが，亜鉛めっき鋼線のより線を中心とし，その周囲に微量のジルコニウム（Zr）を添加した耐熱性アルミ合金線で同心円に各層交互反対方向により合わせたものです．

〈特徴〉
（ⅰ）連続使用温度を高くできる
（ⅱ）ACSRに比較して許容電流が約55〜60〔%〕増加でき，大容量送電線路に使用

(3) 電線の多導体
一相当たりの電線本数を2本以上にしたものです．

〈多導体の特徴〉
（ⅰ）許容電流が大きい
電線の表面積が増加し，放熱もよくなり許容電流は増加します．

(ii) コロナが発生しにくい
- 等価断面積が大きくなるので，コロナ開始電圧が 15〜20〔%〕高くなる
- コロナ損，コロナ雑音が少なくなる

(iii) インダクタンスが小さい
- インダクタンスは 20〜30〔%〕減少する
- 系統の安定度の向上
- 送電容量の増大
- 電圧変動の減少

(iv) 静電容量が大きい
- 静電容量は 20〜30〔%〕増加する
- 静電容量が大きいため，軽負荷時に受電端電圧が過大となるおそれがある

(v) 構造が複雑
支持物の強度を強くしたり，スペーサ取付など，構造が複雑

(4) 架空地線

架空地線は，鉄塔の頂部に 1〜2 条設けた接地導体です．誘導雷や直撃雷から架空送電線を保護するため，電線を遮へいするように架設されます．

架空地線の種類は第 6.15 図参照．

(a) 亜鉛めっき鋼より線（GSW）
鋼，線に亜鉛めっきをしたものです．

(b) 鋼心イ号アルミ合金より線（IACSR）
強度の強いアルミ合金を使用したものです．

(c) アルミ覆鋼より線（AC）
亜鉛めっき鋼線の上にアルミを圧接被覆したものです．

(d) 光ファイバ複合架空地線（OPGW：composite fiber-OPtic overhead Ground Wire）
アルミ覆鋼より線の同心円の中心に光ファイバケーブルを内蔵し，情報通信用の機能を付加させたものです．

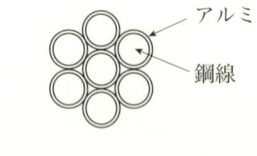

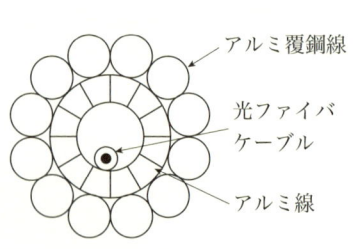

(a) 亜鉛めっき鋼より線
(b) アルミ覆鋼より線　アルミ／鋼線
(c) 光ファイバ複合架空地線　アルミ覆鋼線／光ファイバケーブル／アルミ線

第 6.15 図　架空地線

> **練習問題 1**
>
> 同一断面積の電線で，多導体方式と単導体方式と比較した場合についての記述である．誤っているのは次のうちどれか．
> (1) 電流容量が大きい．
> (2) コロナが発生しやすい．
> (3) 静電容量が大きい．
> (4) インダクタンスが小さい．
> (5) 構造が複雑である．

【解答】　(2)

第6章 Lesson 6 支持物とがいし

覚えるべき重要ポイント
- 支持物の種類と荷重
- がいしの種類と特徴
- がいし，電線の付属品の役割

STEP 1

(1) 支持物

電線を空中で保持するものを支持物といいます．

(a) 支持物の種類
  (i) 鉄塔
  (ii) 鉄柱
  (iii) 鉄筋コンクリート柱
  (iv) 木柱

(b) 鉄塔の種類

鉄塔の形状により第6.16図のように分類します．
  (i) 四角鉄塔
  (ii) 方形鉄塔
  (iii) 門形鉄塔
  (iv) えぼし形鉄塔
  (vi) MC鉄塔（コンクリート充てん鋼管鉄塔）

四角鉄塔の形状で山形鋼の代わりに鋼管の中にコンクリートを充てんしたものを用い，断面積は円形で，鉄塔重量が軽減できます．

(c) 鉄塔の強度面からの分類

  (i) 直線鉄塔

送電線路の直線および水平角3°以下の箇所に用います．

  (ii) 耐張鉄塔

送電線路の補強のために必要な箇所，例えば直線鉄塔が10基以上連続する場合や両側の径間差の大きい箇所に用います．

6 送電線路

(a) 四角鉄塔　　(b) 方形鉄塔

(c) 門形鉄塔　　(d) えぼし形鉄塔

電気車線

第6.16図　鉄塔

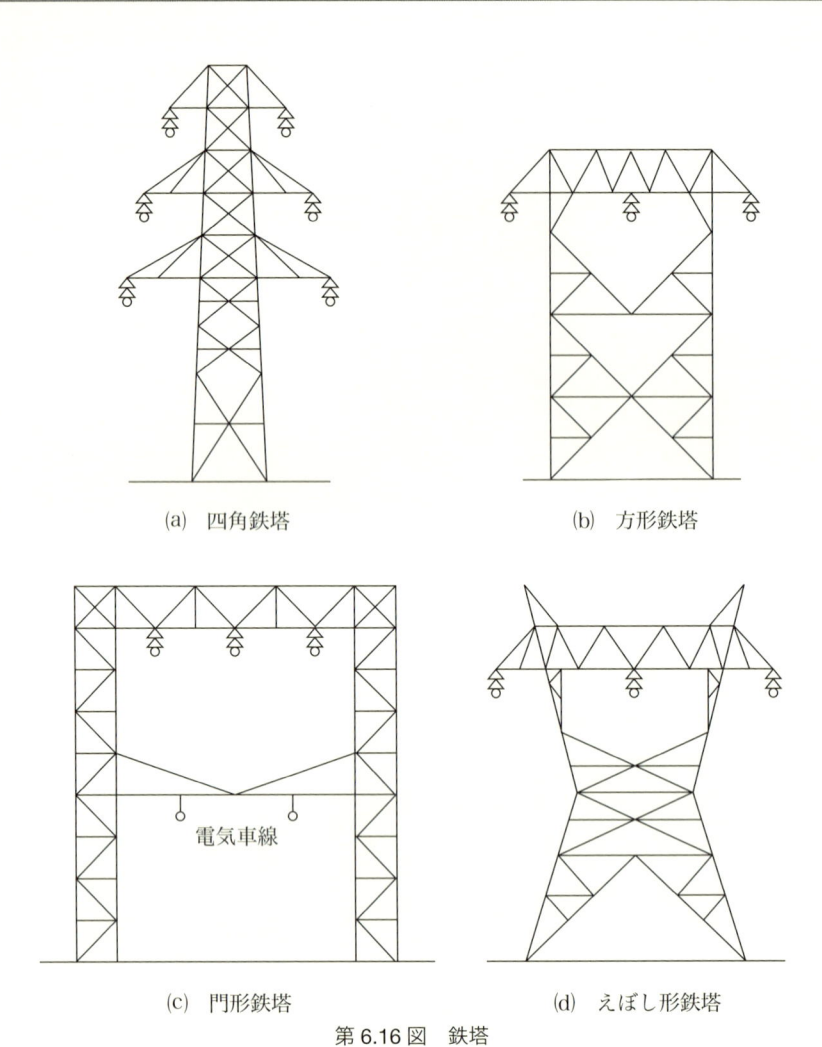

(iii) 引留鉄塔

送電線路の始端または終端で電線を引き留めるのに用います．

(iv) 角度鉄塔

送電線路の水平角が3°を超える箇所に用います．

(v) 補強鉄塔

耐張鉄塔以外の鉄塔で，送電線路の補強のために用います．

(vi) 特殊鉄塔

川越え，谷越えなどの長径間箇所や分岐箇所などに用います．

(2) 支持物の荷重

支持物の荷重には垂直荷重，水平横荷重および水平縦荷重があります（第6.17 図参照）．

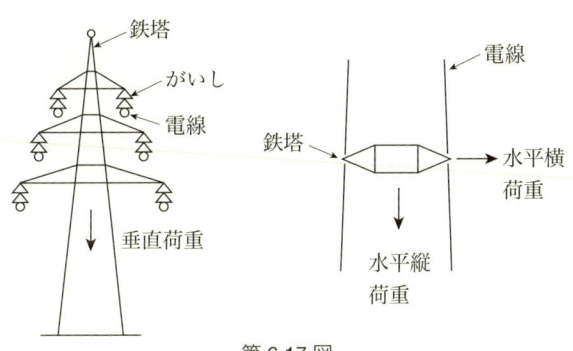

第 6.17 図

(a) 垂直荷重

電線，がいし，金具類による荷重です．

(b) 水平横荷重

電線路方向と直角で水平に働く荷重で，主として風圧荷重です．

送電線路が支持物で方向を変えているときは，電線張力の水平分力が働きます．

(c) 水平縦荷重

電線路の方向に水平に働く荷重で，主として電線の不平均張力による荷重です．

電線が片方の径間で断線した場合は，非常に大きな力が働きます．

(3) がいしの具備すべき条件

(a) 絶縁耐力および絶縁抵抗が高いこと

(b) 機械的強さが大きいこと

(c) 長年月の電気的，機械的性能が劣化しないこと

(d) 温度の急変に耐え，吸湿しないこと

(e) 価格が安いこと

(4) がいしの種類

送電線路に用いられるがいしの種類を第6.18図に示します．

(a) ピンがいし

磁器片をセメントで接着したもので，鉄筋コンクリート柱，鉄柱などの腕木，腕金に固定して電線を保持します．

(b) 懸垂がいし

電線を吊り下げたり，耐張状に張って用い，最も多く使用されます．

(c) スモッグがいし

懸垂がいしよりもひだの深さを深くし，表面漏れ距離を長くし，汚損耐電

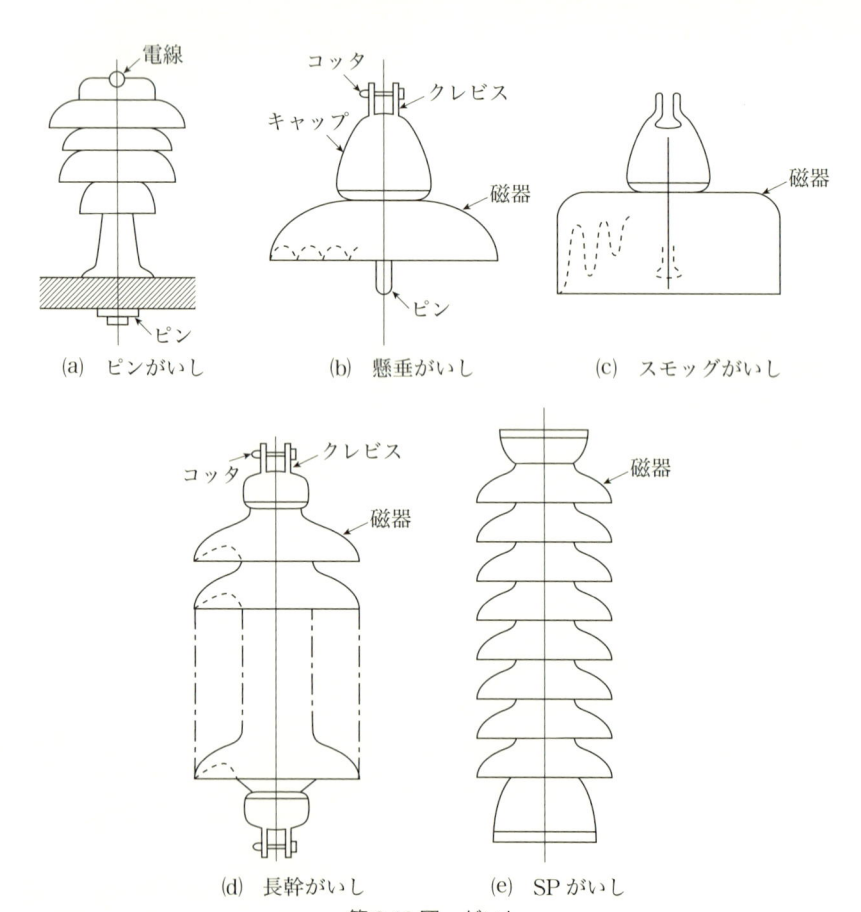

(a) ピンがいし
(b) 懸垂がいし
(c) スモッグがいし
(d) 長幹がいし
(e) SPがいし

第6.18図　がいし

圧を高くしたもので，臨海部などの重汚損地帯に使用します．

(d) 長幹がいし

棒状磁器に円形状のひだを設け，上下に連結用金具を取り付けたがいしで，雨洗効果がよく，汚損地帯に使用されます．

(e) ステーションポストがいし（SPがいし）

ジャンパが長い場合，横振れを小さくした場合など，ジャンパを固定する場合に使用します．

練習問題1

支持物に加わる荷重は， (1) 荷重， (2) 荷重および (3) 荷重に大別される．このうち常時の荷重としては (2) 荷重が最も重要である．

(1) 荷重は支持物などの重量による荷重であり，一方の径間で断線が起こった場合は (4) 荷重が，電線路に水平角度がある場合は (5) 荷重がそれぞれ生じる．

【解答】 (1) 垂直，(2) 水平横，(3) 水平縦，(4) 水平縦，(5) 水平横

練習問題2

がいしの具備すべき条件は次のとおり．
① (1) および絶縁抵抗が高いこと．
② (2) 強さが大きいこと．
③ 電気的， (3) 性能が劣化しないこと．
④ (4) が安いこと．

【解答】 (1) 絶縁耐力，(2) 機械的，(3) 機械的，(4) 価格

STEP 2

(1) がいし，電線の付属品

第6.19図に示すようにアークホーン，ダンパ，アーマロッドおよびスペーサがあります．

239

6 送電線路

第6.19図

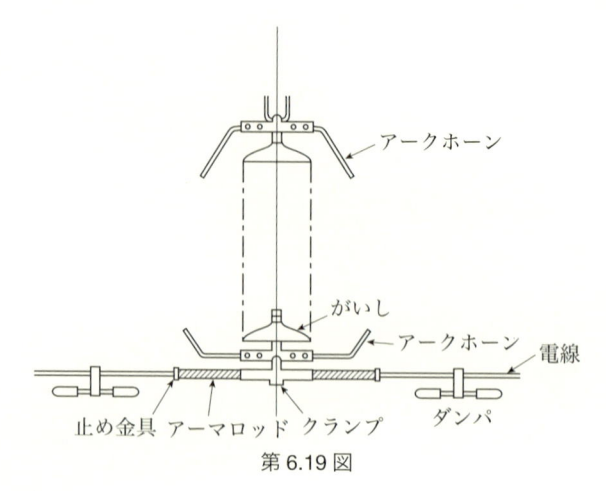

(a) アークホーン

がいし連の上下にアークホーンを取り付けています．

〈役割〉

(i) がいし沿面でフラッシオーバが発生した場合のがいし破損防止

(ii) 雷，開閉サージなどによるフラッシオーバに対して電線，がいしの破損防止

(iii) がいし，金具から発生するコロナの軽減

(b) ダンパ

クランプの近くにダンパを取り付け，微風振動の発生によるクランプ位置での電線の疲労損傷を防止しています．

〈役割〉

(i) ダンパのおもりによる電線のねじり防止

(ii) 電線の振動エネルギーを吸収させて振動の軽減

(c) アーマロッド

電線と同一材質または合金素線を電線表面に巻き付け，クランプ部の電線補強を行っています．

〈役割〉

(i) 電線の振動によるクランプ位置での電線の疲労による素線切れ防止

(ii) がいし連フラッシオーバ時にアークが接触した場合の電線保護

(d) スペーサ

多導体（1相に2本以上の電線を使用）に用いられ，電線相互の接触による損傷防止を行っています（第6.20図参照）．

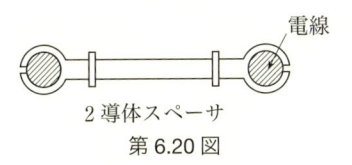

第6.20図　2導体スペーサ

練習問題1

架空送電線路の構成材についての記述である．誤っているのは次のうちどれか．

(1) 架空地線は送電線を雷から保護するもので，送電線の上部に施設される．
(2) 遮へい線は送電線から電界や磁界の影響を遮るために施設される．
(3) ダンパは，突風による電線の振動を防止するために用いられるもので，微風による振動防止には効果がない．
(4) アーマロッドは，アークスポットによる電線の溶断や振動による素線切れを防ぐため，電線支持点の付近に取付け，電線の補強をするものである．
(5) スペーサは，負荷電流による電磁吸引および強風による電線相互の接近，接触を防止するために用いられる．

【解答】　(3)

第6章 Lesson 7 微風振動，コロナ放電

覚えるべき重要ポイント

- 微風振動の概要と防止対策
- コロナ放電の概要と防止対策

STEP 1

(1) 微風振動

　比較的緩やかで一様な風が電線に直角方向に水平に吹くと，電線背後に気流の乱れが生じ，第6.21図のような渦（カルマン渦）が継続的に上部と下部に並ぶようになります．

　電線は気流と直角方向に交番力を受け，電線の固有振動数と一致すると，上下方向に共鳴振動します．これを微風振動といいます．

　微風振動が長年月継続すると，電線は支持点で疲労現象を起こし，素線切れや断線を生じます．

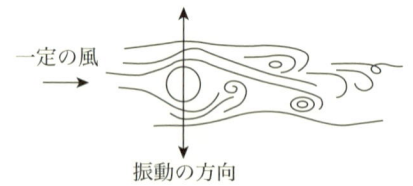

第6.21図　微風振動の発生模様

(2) 微風振動が起こりやすい条件

(a) 全径間にわたり電線の質量が均等である
(b) 軽い電線または長径間の個所
(c) 風速，風向が一定のとき

　風速は5〔m/s〕程度,平たん地で日中よりも早朝,日没時に起こりやすい．

(d) 耐張個所より懸垂個所

(4) 防止対策

　ダンパ，アーマロッド，フリーセンタ形懸垂クランプおよびベートダンパを取り付けて微風振動の対策を行います（第6.22図参照）．

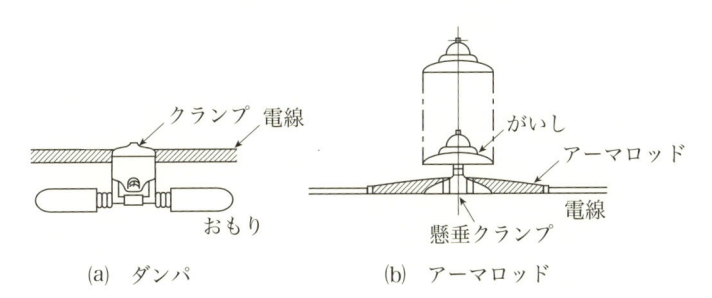

Lesson 7　微風振動，コロナ放電

(a) ダンパ
(b) アーマロッド
(c) ベートダンパ 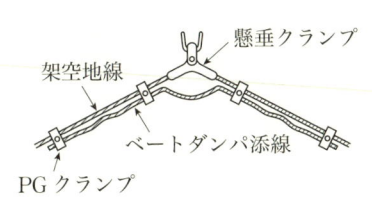

第 6.22 図

(a)　ダンパ

クランプの近くにダンパを取り付け，振動エネルギーを吸収して振動防止を行います．

(b)　アーマロッド

懸垂クランプで電線を支持する部分に電線と同一材質または合金素線を電線表面に巻き付け，補強するものです．

(c)　フリーセンタ形懸垂クランプ

クランプが電線の振動に応じて自由に動きうるようにしたもので，振動はクランプを通じて次の径間へ移行しながら減衰し，支持点にはほとんど応力を生じません．

(d)　ベートダンパ

架空地線など鋼より線の振動防止に使用され，電線支持点に 5～7〔m〕程度の添線をつけ，振動エネルギーを吸収します．

⑥ 送電線路

> **練習問題1**
> 電線の微風振動の発生しやすい場合についての記述である．誤っているのは次のうちどれか．
> (1) 電線が軽いほど発生しやすい．
> (2) 径間が短いほど発生しやすい．
> (3) 硬銅より線よりも鋼心アルミより線に発生しやすい．
> (4) 早朝や日没時に発生しやすい．
> (5) 周囲に山や林のない平たんな地で発生しやすい．

【解答】 (2)

STEP 2

(1) コロナ放電

電線間に加える電圧を次第に上昇していくと，電線表面の電位の傾きが，空気の絶縁耐力（交流実効値21.1〔kV/cm〕，波高値29.8〔kV/cm〕）を超えると電線の表面に低い音と淡い光を伴った放電を生じます．

この現象をコロナ放電といい，空気の局部的絶縁破壊で，火花前に生じる持続放電です．

(2) コロナの影響

(a) コロナ損

コロナ発生に伴う微小な放電電流が，電界中を流れるときにコロナ損が発生します．

コロナ損は電源から供給され，抵抗損とともに送電損失として送電効率を低下させます．

(b) コロナ雑音

電線，がいしおよび付属金具からコロナが発生すると，放電点付近では局部的な電磁界が生じます．また，放電点左右の線路にはパルス性進行波が伝搬して周囲に電磁界を発生します．

送電線路周辺では両者を合成した電磁界により，ラジオや搬送電話に雑音が発生します．

(c) 第三調波による誘導障害

コロナが発生すると，おもに第三高調波の電圧，電流が生じます．

(d) 腐食

コロナ放電によりオゾンと酸化窒素が発生し，雨などの水と結合して硝酸ができます．これにより，わずかながら電線や付属金具に腐食を生じます．

(3) **コロナの防止対策**

(a) 電線の表面の電位の傾きを下げる

（i）電線の直径を大きくする

（ii）1相当たりの導体を電線2〜6条を一定間隔に保って使用する多導体方式を採用する

(b) 架線金具は突起物の少ないものとし，遮へい環（シールドリング）を用います．

(c) 架線時などにおいて電線表面や架線金具を傷つけないようにします．

練習問題1

コロナ放電に関する記述である．誤っているのは次のうちどれか．

(1) コロナ放電は導体付近の電界がある値を超えると発生する．
(2) コロナ放電により，電力損失を生じる．
(3) コロナ放電により，雷サージの波高値は増大する．
(4) コロナ放電により，雑音が発生する．
(5) コロナ放電は，電線腐食の誘因になる．

【解答】 (3)

第6章 Lesson 8 雪害，塩じん害

覚えるべき重要ポイント
- 雪害の種類の防止対策
- 塩害の防止対策

STEP 1

(1) 雪害とは

雪が支持物，電線に着雪して支持物の倒壊などの設備被害を起こしたり，電線相互が接触して線間短絡故障が発生することを雪害といいます．

(2) 雪害の分類

(a) 着氷雪による支持物の倒壊や電線の断線

(b) スリートジャンプによる線間短絡

(c) ギャロッピングによる線間短絡

(3) 着氷雪対策

(a) 着雪の防止

　(i) 融雪通電系統を構成して大電流を流し，ジュール熱により着氷雪を溶かす融雪送電を行います．

　(ii) 電線に難着雪リング，スパイラルロッドの取り付けや難着雪電線を用いて着雪を防ぎます．

　(iii) 着雪により電線自体の回転防止のため，ねじれ防止ダンパを取り付けます．

　(iv) 電線サイズを太くして断線を防止します．

　(v) 支持物の強度を増やして着雪荷重に耐えるようにします．

(b) スリートジャンプ

着雪または着氷雪が電線から脱落すると電線が跳ね上がり，上部電線と接触して線間短絡が発生します（第6.23図参照）．

　〈対策〉

　(i) 弛度（たるみ）を適切する

　(ii) 長径間をなるべく避けるルートを選定する

(ⅲ) 電線配列はオフセットをとり，電線が跳ね上がっても短絡しないようにする

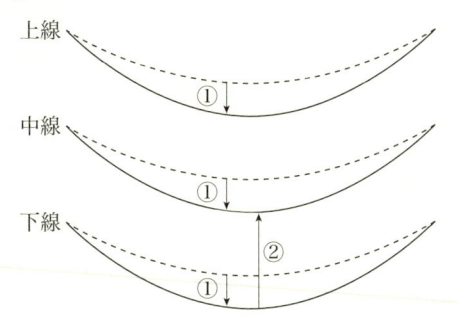

上線
中線
下線

① 電線が着雪の重みで垂れ下がる．
② 下線の電線が着雪が脱落した反動で跳ね上がり，径間の途中で中線と短絡を起こす．
----：常時の電線の状態
第6.23図　スリートジャンプ

(c) ギャロッピング

電線に着氷雪し，着氷雪断面が翼状のときに強風（風速10〜20〔m/s〕）により，電線に揚力が発生し，電線が上下左右に動揺する現象で線間短絡が発生します（第6.24図参照）．

〈対策〉
(ⅰ) ダンパや相間スペーサを設置する
(ⅱ) ギャロッピングが発生しやすいルートを避ける

(4) **用語の解説**

(a) 難着雪リング

電線に一定間隔で取り付けたリングのことで，電線に付着した雪は素線のよりに沿って移動して大きくなり着雪が成長していきます．

難着雪リングは，より方向に沿った着雪の移動を分断して脱落させるものです（第6.25図参照）．

6 送電線路

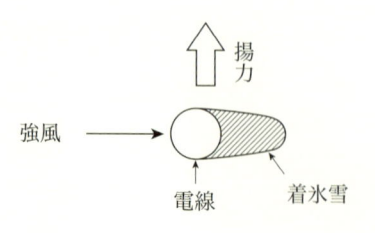

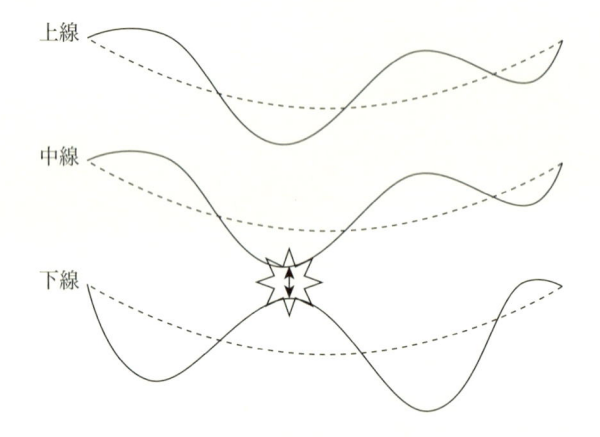

（図：強風・揚力・電線・着氷雪、上線・中線・下線のギャロッピング波形）

----：常時の電線の状態
———：ギャロッピング発生時の電線の動揺
✺：電線の動揺により，離隔距離がなくなり，中線と下線が短絡を起こす

第 6.24 図　ギャロッピング

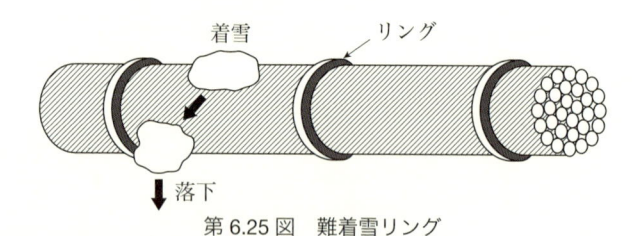

（図：着雪・リング）

第 6.25 図　難着雪リング

(b)　スパイラルロッド

　電線にらせん状に巻かれた金属線のことで，難着雪リングと同様に着雪が回転しながら大きくなるのを防ぐものです（第 6.26 図参照）．

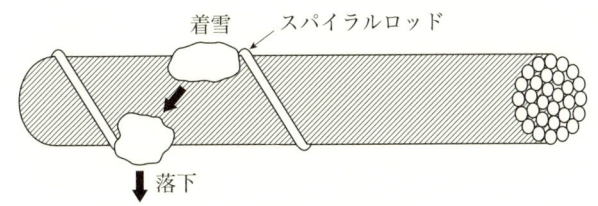

第6.26図　スパイラルロッド

(c)　難着雪電線

電線に難着雪リングを取り付けた構造で，製造時にリングを形成し，架線の省力化を図っています．

(d)　オフセット

鉄塔の3本腕金長さのうち中段を長くしたものや，上段は短く，中段は長く，下段はさらに長くしてオフセットをとり，スリートジャンプなどによる上下電線間での接触による短絡を防止しています（第6.27図参照）．

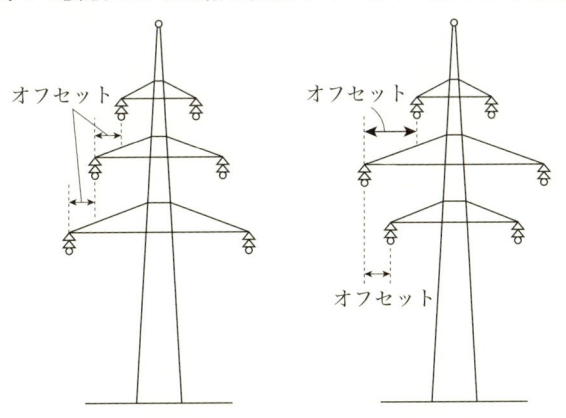

(a)　最下段を長くしたもの　　(b)　中段を長くしたもの
第6.27図　オフセット

6 送電線路

> **練習問題1**
> 架空送電線路の着氷雪対策に関する記述である．誤っているのは次のうちどれか．
> (1) 鉄塔など支持物の機械的強度を大きくする．
> (2) 電線に難着雪リングを取り付ける．
> (3) 電線にねじれ防止用ダンパを取り付ける．
> (4) 電線に大きい電流を流し，そのジュール熱で着雪または着氷を溶かす．
> (5) 電線をねん架する．

【解答】 (5)

STEP 2

(1) **塩害とは**

がいし表面に塩分が付着し，小雨，霧などによって湿潤状態になると導電性をおびるため，漏れ電流が増大し，フラッシオーバとなります．

塩害は広範囲にわたる停電を引き起こします．

(2) **塩害対策**

(a) 過絶縁

がいしの連結数を増加します．

(b) 汚損しにくいがいしの採用

スモッグがいし，耐塩がいしなどのがいしを使用します．

(c) 雨洗効果のよい長幹がいしの採用

汚損のひどい場所では，長幹下ひだがいしを使用します．

(c) シリコン・コンパウンドの塗布

汚損物をシリコンのアメーバ作用で包みます．また，シリコン・コンパウンドには発水性があります．

(d) がいしの洗浄

定期的に活線洗浄を行います．

練習問題 1

架空送電線路の塩じん害対策に関する記述である．誤っているのは次のうちどれか．
(1) がいしの個数を増加する．
(2) がいしをV吊にする．
(3) がいしの表面にシリコン・コンパウンドを塗布する．
(4) 耐張吊りにし，または長幹がいしもしくはスモッグがいしを使用する．
(5) 定期的に活線洗浄を行う．

【解答】 (2)

第6章 Lesson 9 送電線路における異常電圧

覚えるべき重要ポイント
- 直撃雷，誘導雷の対策
- 架空地線の目的

STEP 1

(1) **直撃雷の対策**

雷撃個所別の雷撃による現象と防止対策は次のとおりです．

(a) 鉄塔

がいし装置で逆フラッシオーバします．

　(i) 架空地線の設置
　(ii) アークホーンの間隔を大きくします（過絶縁）．
　(iii) 塔脚接地抵抗（とうきゃくせっちていこう）を小さくします．

(b) 電線

がいし装置でフラッシオーバします．

　(i) 架空地線との遮へい角を小さくします．
　(ii) 架空地線を1条よりも2条にします．

(c) 架空地線

がいし装置で逆フラッシオーバします．

　(i) アークホーンの間隔を大きくします（過絶縁）．
　(ii) 塔脚接地抵抗を小さくします．
　(iii) 架空地線を2条にします．

(2) **誘導雷の対策**

(a) 電線

がいし装置でフラッシオーバします．

　(i) 架空地線の設置
　(ii) アークホーンの間隔を大きくします（過絶縁）．

(3) **2回線故障防止対策**

落雷による2回線同時故障は広範囲の停電となりますが，1回線故障にと

どめれば停電を回避することができます．

対策として，不平衡絶縁方式，送電用避雷装置，続流遮断形アークホーンの設置があり，最近は送電用避雷装置，続流遮断形アークホーンの設置を進めています．

(a) 不平衡絶縁方式

片回線側のがいし連のがいし数を1個程度少なくし，先にフラッシオーバをさせ2回線故障を防止します．

(b) 送電用避雷装置の設置

送電用避雷装置は，酸化亜鉛（ZnO）素子の働きにより電力線との間に設けたギャップを介して雷電流だけを通過させ，続流遮断し，がいし装置のフラッシオーバを防止しています（第6.28図参照）．

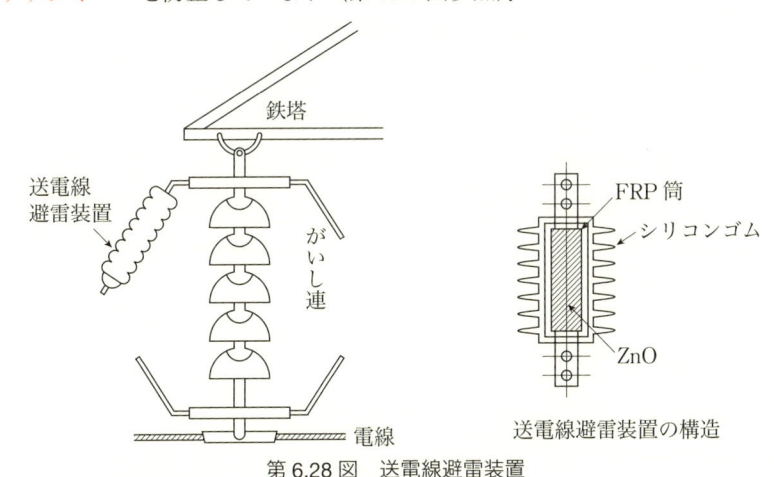

第6.28図　送電線避雷装置

(c) 続流遮断形アークホーンの設置

フラッシオーバにより続流遮断形アークホーンに電流が流れ，消弧ガスが発生し，アークを消弧ガスで吹き消し，続流を遮断します．

続流遮断形アークホーンには，地絡対応用と短絡対応用があります(第6.29図参照)．

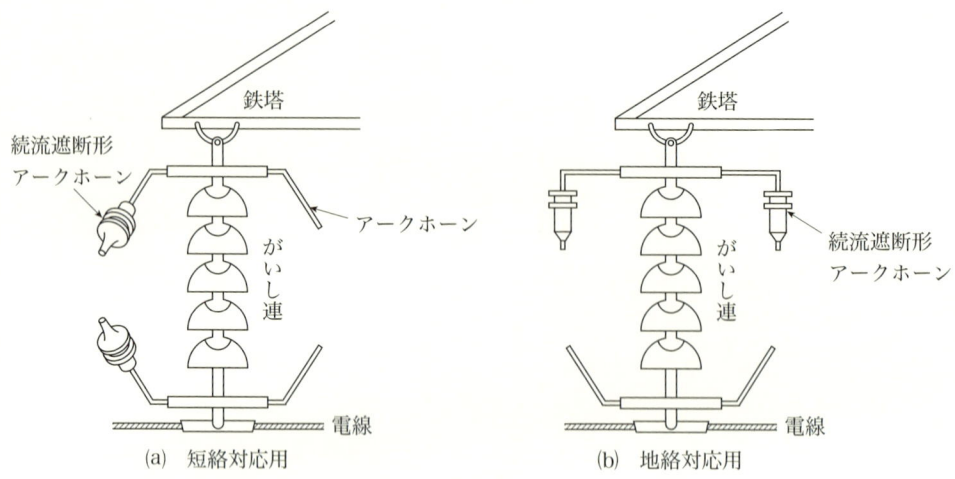

第 6.29 図　続流遮断形アークホーン

(4) **架空地線**

架空地線は，鉄塔の頂部に 1～2 条設けた接地導体です．

(a)　架空地線の目的
 (i) 落雷を架空地線で受けて電線への直撃を防止
 (ii) 落雷により鉄塔の電位上昇が発生し，鉄塔側から電線への逆フラッシオーバの防止
 (iii) 誘導雷の減衰
 (iv) 通信線への電磁誘導障害の軽減

(b)　架空地線の効果を大きくする方法
 (i) 架空地線と電線との遮へい角を小さくする
 (ii) 架空地線を 1 条より 2 条にする
 (iii) 鉄塔の塔脚接地抵抗を小さくする

　　塔脚接地抵抗を小さくするため，埋設地線や接地棒を地中に設け，落雷点の鉄塔電位上昇を抑制し，逆フラッシオーバを防止しています（第 6.30 図参照）．

Lesson 9　送電線路における異常電圧

(a)　鉄塔　　　　　　　(b)　遮へい角 θ

第 6.30 図

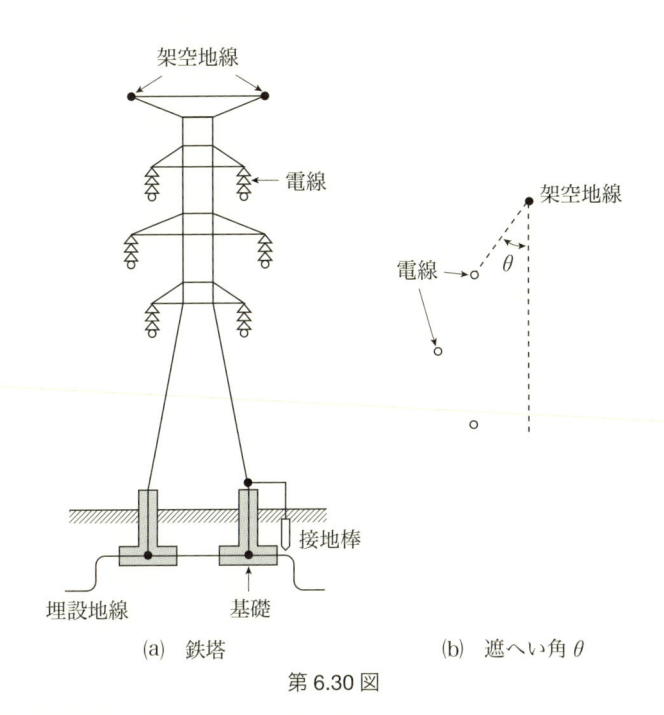

練習問題1

送電線路に発生する雷過電圧についての記述である．誤っているのは次のうちどれか．

(1) 雷過電圧は，送電線に発生する過電圧の中で最も大きい．
(2) 架空地線は，雷の架空電線への直撃を防止するために，架空電線を遮へいするものである．
(3) 雷過電圧には，直撃雷によるものの他に，架空地線や鉄塔へ電撃したものがさらに電線へ逆フラッシオーバするものがある．
(4) 埋設地線は，鉄塔の接地抵抗を低減し，鉄塔や架空地線から電線への逆フラッシオーバを防止する．
(5) 避雷器は，架空地線への雷の直撃を防止する．

【解答】　(5)

練習問題2

架空電線路の架空地線についての記述である．誤っているのは次のうちどれか．

(1) 架空地線は電力線への雷直撃を防止するために設けられている．
(2) 架空地線の遮へい角は，大きいほど望ましい．
(3) 架空地線は，1条より2条のほうが効果は大きい．
(4) 架空地線には，常時は電流があまり流れない．
(5) 架空地線に落雷した場合，雷電流は，架空地線および鉄塔を伝搬し，鉄塔の電位を上昇させる．

【解答】 (2)

第6章 Lesson 10 中性点接地方式

覚えるべき重要ポイント

- 中性点接地の目的
- 中性点接地方式の種類と特徴
- 1線地絡故障時の地絡電流計算

STEP 1

(1) 中性点接地の目的

(a) 間欠アーク地絡，その他の原因による異常電圧の発生を防止します．

(b) 1線地絡故障時における健全相の電圧上昇を抑え，線路や機器の絶縁を軽減します．

(c) 地絡事故に対して保護継電器の動作を確実にさせます．

(d) 消弧リアクトル方式では，1線地絡故障点のアークを速やかに消滅させます．

(2) 中性点接地方式の種類と特徴

中性点接地方式には非接地方式，直接接地方式，抵抗接地方式，消弧リアクトル接地方式があります．各種接地方式の比較を第6.2表に示します．

第6.2表 接地方式の比較

接地方式＼項目	非接地方式	直接接地方式	抵抗接地方式	消弧リアクトル接地方式
地絡電流	小	大	中	なし
1線地絡故障時の健全相電圧	線間電圧	変化なし	中	線間電圧
誘導障害	小	大	中	なし
概要図				

(a) 非接地方式

中性点を接地しない方式で，1線地絡時には健全相の対地電圧が線間電圧

まで上昇し，地絡電流は一相当たりの対地充電電流の3倍になります（第6.31図参照）．

〈特徴〉

(i) 送受電端の変圧器を △－△ 結線とすることができます．
変圧器の故障や点検・修理等のときにはV結線にして送電ができます．

(ii) 1線地絡故障には，健全相対地電圧が線間電圧（相電圧の$\sqrt{3}$倍）まで上昇します．

(iii) 高電圧長距離送電線の1線地絡時には，対地充電電流が大きく，地絡点に間欠アークが生じます．

これにより，高周波振動が生じて異常電圧が発生するおそれがあります．

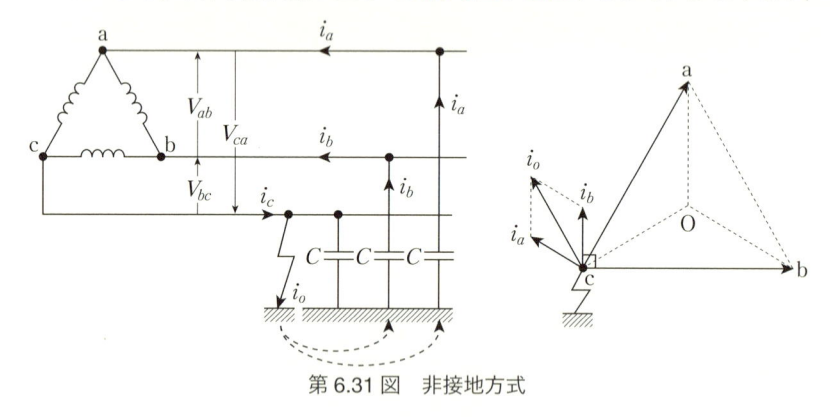

第 6.31 図　非接地方式

(b) 直接接地方式

送電線路に接続する変圧器の中性点を直接接地する方式で，1線地絡時にも健全相対地電圧はほとんど上昇しませんが，地絡電流は非常に大きくなります．275〔kV〕，500〔kV〕系統で採用されています（第6.32図参照）．

〈利点〉

(i) 1線地絡故障に健全相の対地電圧はほとんど上昇せず，間欠アークによる異常電圧が低いため，線路のがいし個数の減少や機器の絶縁レベルを軽減できます．

(ii) 変圧器の中性点は常に零電位に保たれているため，段絶縁が可能となり，変圧器や付属設備の重量，価格を低減できます．

(iii) 大きな地絡電流が流れ，保護継電器の確実な動作が期待できます．

〈欠点〉
(ⅰ) 地絡電流が非常に大きく，送電系統の過渡安定度が悪くなります．
(ⅱ) 地絡故障時に送電線路に近接する通信線に電磁誘導障害を与えます．
(ⅲ) 地絡故障時に機器に与える機械的衝撃が大きくなります．
(ⅳ) 遮断器は容量の大きいものを必要とします．

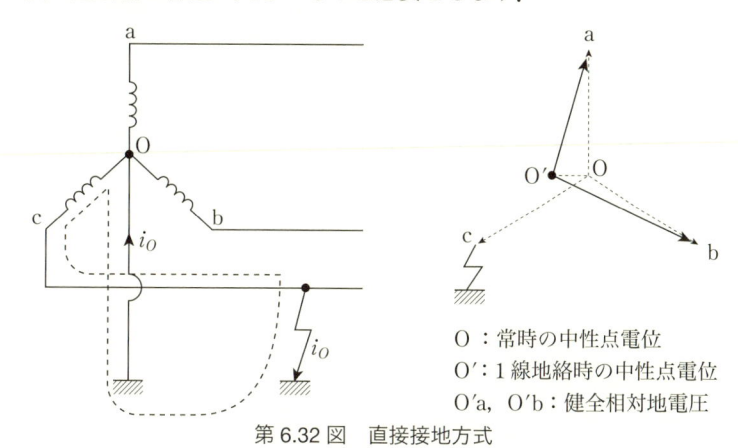

O：常時の中性点電位
O′：1線地絡時の中性点電位
O′a，O′b：健全相対地電圧

第6.32図　直接接地方式

(c)　抵抗接地方式

　中性点を接地する抵抗値は，電磁誘導障害と保護継電器に重点をおいて決定され，22〔kV〕〜154〔kV〕系統で広く採用されています（第6.33図参照）．

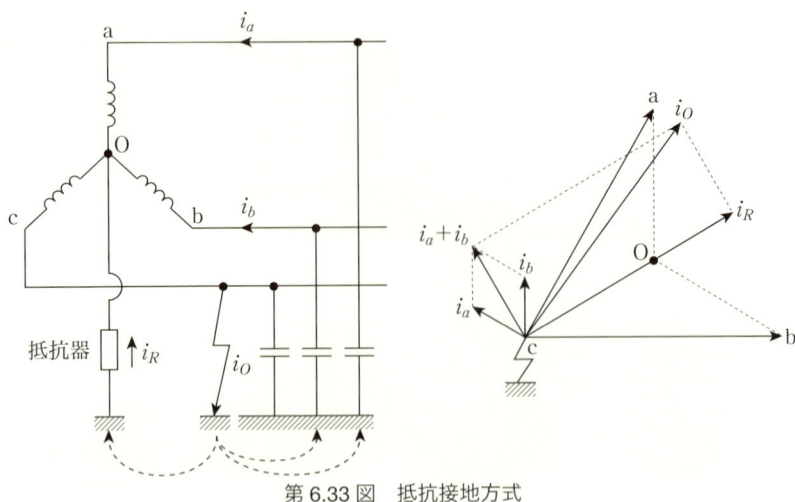

第6.33図　抵抗接地方式

〈特徴〉

抵抗接地方式には<u>単一接地方式</u>と<u>複接地方式</u>があり，送電系統の1か所のみを接地するものを単一接地方式，系統の送受電端の2か所あるいはそれ以上の複数個所で接地するものを複接地方式といいます．

(d)　消弧リアクトル接地方式

送電線路の対地静電容量と共振するリアクタンスを持ったリアクトルを用いて中性点を接地する方式です．このリアクトルを消弧リアクトルまたは発明者の名前を冠してペテルゼンコイルともいいます．

1線地絡故障において故障点の地絡電流は，消弧リアクトルと対地静電容量との並列共振により零となり，アークを自然消滅させ停電や異常電圧の発生を防止します．

消弧リアクトル接地方式は66〔kV〕〜77〔kV〕系統で，故障原因が鳥獣類接触の多い系統に採用されています（第6.34図参照）．

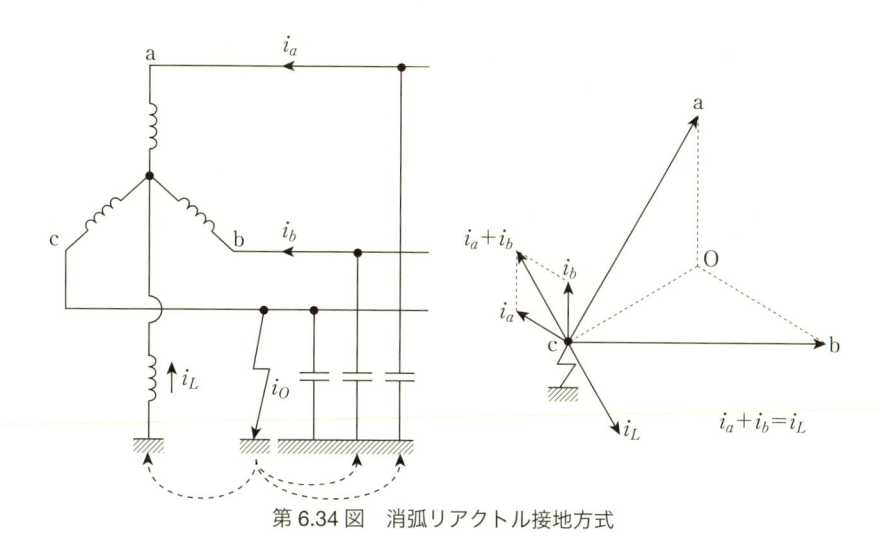

第 6.34 図　消弧リアクトル接地方式

〈特徴〉

(ⅰ) 1線地絡故障は，アークを自然消滅させ，停電や異常電圧の発生を防止します．

(ⅱ) 送電線路故障は1線地絡がほとんどのため，停電回数が減少します．

(ⅲ) 送電系統の構成変更する場合は，送電線路の対地静電容量が異なるため，消弧リアクトルのタップ切換えを行う必要があります．

(ⅳ) 対地静電容量が不平衡であると中性点に零相電圧が発生し，直列共振により異常電圧を発生するおそれがあります．

(ⅴ) 永久地絡故障では消弧できないため，消弧リアクトルと並列に抵抗器を挿入して保護継電器により選択遮断させる必要があります．

6 送電線路

> **練習問題1**
>
> 送電系統の中性点の接地抵抗を低くする目的についての記述である．誤っているのは次のうちどれか．
> (1) 地絡時の健全相の対地電位の上昇抑制
> (2) 電線や機器の絶縁レベルの低減
> (3) 地絡継電器の確実な動作
> (4) 異常電圧発生の軽減
> (5) 通信線に対する電磁誘導の抑制

【解答】 (5)

> **練習問題2**
>
> 消弧リアクトル接地の送電線路では，__(1)__ 故障の大部分は瞬時に消弧されるが，例えば永久地絡になっても，送電線の安定が害されることなく送電を継続できる．しかし，そのまま放置すれば，通信線に対して __(2)__ 障害を及ぼし，また，健全相は大地に対する電圧が __(3)__ 倍に上昇するので，__(4)__ に移行し，被害が拡大するおそれがあり，できるだけ早く故障回線を検出して除去する必要がある．

【解答】 (1) 1線地絡，(2) 誘導，(3) $\sqrt{3}$，(4) 2線地絡

STEP-2
1線地絡故障時の地絡電流計算

(1) 非接地系の1線地絡

第6.35図(a)のような非接地系の系統において1線地絡故障が発生したとします．

線間電圧 V〔V〕，1相の対地静電容量 C〔F〕，地絡点の地絡抵抗を R〔Ω〕としたときの地絡電流を求めます．

テブナンの定理を適用すると第6.35図(b)のような等価回路となります．

(a) 地絡点の地絡電流 $\dot{I}_g$〔A〕は，

$$\dot{I}_g = \frac{\frac{V}{\sqrt{3}}}{R+\frac{1}{j3\omega C}} = \frac{j3\omega C}{1+j3\omega CR} \cdot \frac{V}{\sqrt{3}} \ \text{[A]}$$

(b) 地絡電流 $\dot{I}_g$ の大きさ $|\dot{I}_g|$ [A] は，

$$|\dot{I}_g| = \frac{3\omega C}{\sqrt{1+(3\omega CR)^2}} \cdot \frac{V}{\sqrt{3}} \ \text{[A]}$$

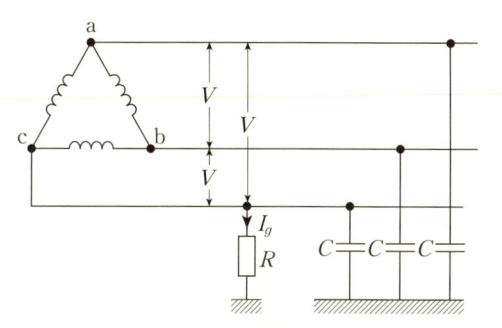

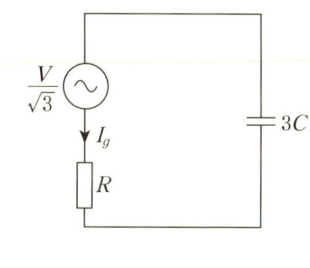

(a) 1線地絡の系統　　　(b) 等価回路

第 6.35 図

(2) 抵抗接地系の1線地絡

第 6.36 図(a)のような抵抗接地系の系統において1線地絡故障が発生したとします．

線間電圧 V [V]，中性点接地抵抗器の値が R_N [Ω]，1相の対地静電容量 C [F]，地絡点の地絡抵抗を R [Ω] としたときの地絡電流を求めます．

テブナンの定理を適用すると第 6.36 図(b)のような等価回路となります．

中性点接地抵抗器 R_N [Ω] と対地静電容量 $3C$ [F] の合成インピーダンス $\dot{Z}$ [Ω] は，

$$\dot{Z} = \frac{\frac{R_N}{j3\omega C}}{R_N+\frac{1}{j3\omega C}} = \frac{R_N}{1+j3\omega CR_N} \ \text{[Ω]}$$

地絡電流 $\dot{I}_g$ は，

$$\dot{I}_g = \frac{\frac{V}{\sqrt{3}}}{R+\dot{Z}} = \frac{\frac{V}{\sqrt{3}}}{R+\dfrac{R_N}{1+j3\omega C R_N}}$$

$$= \frac{1+j3\omega C R_N}{R+R_N+j3\omega C R R_N} \cdot \frac{V}{\sqrt{3}} \quad [\mathrm{A}]$$

地絡電流 $\dot{I}_g$ の大きさ $|\dot{I}_g|$ 〔A〕は,

$$|\dot{I}_g| = \sqrt{\frac{1+(3\omega C R_N)^2}{(R+R_N)^2+(3\omega C R R_N)^2}} \cdot \frac{V}{\sqrt{3}} \quad [\mathrm{A}]$$

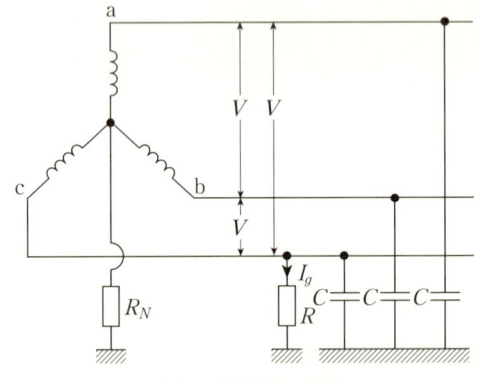

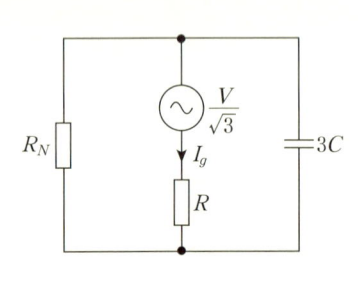

(a) 1線地絡の系統 　　　　(b) 等価回路

第 6.36 図

(3) 消弧リアクトル接地系の1線地絡

第 6.37 図(a)のような消弧リアクトル接地系の系統において1線地絡故障が発生しました.

線間電圧 V〔V〕, 消弧リアクトルのタップ値は共振タップとし, インダクタンス L〔H〕, 1相の対地静電容量 C〔F〕, 地絡点の地絡抵抗を R〔Ω〕としたときの地絡電流を求めます.

テブナンの定理を適用すると第 6.37 図(b)のような等価回路となります.

消弧リアクトルのインダクタンス L〔H〕と対地静電容量 $3C$〔F〕の合成インピーダンス $\dot{Z}$〔Ω〕は,

$$\dot{Z} = \frac{j\omega L \cdot \dfrac{1}{j3\omega C}}{j\omega L + \dfrac{1}{j3\omega C}} = \frac{j\omega L}{1-3\omega^2 LC} \quad [\Omega] \tag{①}$$

地絡電流 $\dot{I}_g$ は，

$$\dot{I}_g = \frac{\dfrac{V}{\sqrt{3}}}{R+\dot{Z}} = \frac{\dfrac{V}{\sqrt{3}}}{R+\dfrac{j\omega L}{1-3\omega^2 LC}} \tag{②}$$

ここで，題意より消弧リアクトルのタップ値は共振タップであるから，並列共振の条件は，

$$\omega L = \frac{1}{3\omega C} \text{ より}$$

$$3\omega^2 LC = 1 \tag{③}$$

③式を②式へ代入すると，地絡電流 $\dot{I}_g$ は，

$$\dot{I}_g = \frac{\dfrac{V}{\sqrt{3}}}{R+\dfrac{j\omega L}{1-1}} = \frac{\dfrac{V}{\sqrt{3}}}{R+\infty} = 0 \text{ [A]}$$

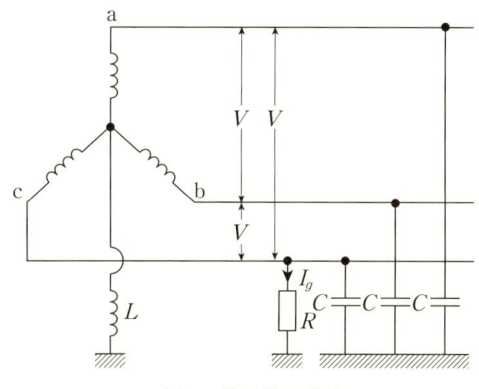

(a) 1線地絡の系統　　　(b) 等価回路

第 6.37 図

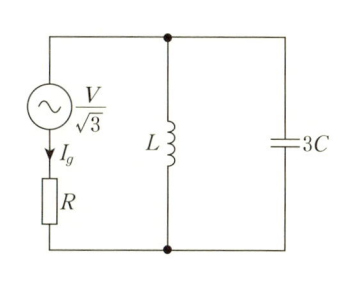

練習問題 1

　図のような 77〔kV〕三相 3 線式 1 回線送電線の F 点において故障抵抗 20〔Ω〕を伴った 1 線地絡故障が発生した．このときの地絡電流の大きさ〔A〕はいくらか．ただし，中性点抵抗は A 変のみに設置され，その値は 100〔Ω〕であり，送電線のインピーダンスは無視するものとする．

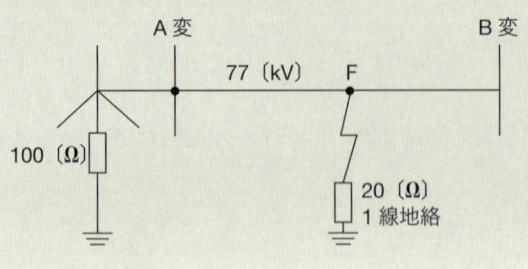

【解答】　370〔A〕

【ヒント】　$I_g = \dfrac{\dfrac{V}{\sqrt{3}}}{R + R_N}$

第6章 Lesson 11 誘導障害

覚えるべき重要ポイント

- 静電誘導障害の概要と防止対策
- 電磁誘導障害の概要と防止対策

STEP 1

(1) 誘導障害

　誘導障害とは，送電線路と通信線路とが接近または並行する場合，通信線に電圧，電流を誘導して通信線に障害を与えたり，送電線路近傍で人体にショックを与えたりするもので，静電誘導障害と電磁誘導障害があります．

(2) 静電誘導障害

　静電誘導は，送電線と通信線との間の静電容量によって通信線に誘導する作用と，送電線との空間電位によって人体にショックを与えたりするもので，通信線の雑音障害と静電誘導感知があります．

　静電容量が三相不平衡の場合には，通信線に静電誘導電圧が現れます．

　第6.38図より通信線の対地電圧（誘導電圧）$\dot{E}_0$〔V〕を求めます．

$$\dot{E}_0 = \frac{C_a\dot{E}_a + C_b\dot{E}_b + C_c\dot{E}_c}{C_a + C_b + C_c + C_s} \text{〔V〕}$$

　ただし，$\dot{E}_a$, $\dot{E}_b$, $\dot{E}_c$：三相3線式送電線の対地電圧〔V〕

　　　　　C_a, C_b, C_c：各相と通信線間の静電容量〔F〕

　　　　　C_s：通信線との対地静電容量〔F〕

第 6.38 図　　　　　　　第 6.39 図

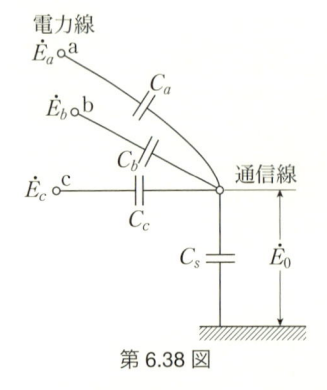

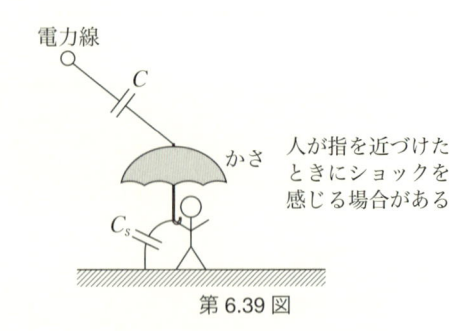

(a) 雑音障害

送電線路に接近する通信線において誘導電圧により雑音が発生します．

(b) 静電誘導感知

送電線下にある絶縁された金属体に電圧が誘導され，人が触れたときにショックを感じます（第 6.39 図参照）．

(3) 静電誘導障害の防止対策

(a) 雑音障害の防止方法

　(i) 送電線は十分にねん架します．
　(ii) 送電線と通信線の離隔距離をできるだけ大きくします．
　(iii) 送電線と通信線との間に遮へい線を設けます．
　(iv) 通信線にケーブルを用います．

(b) 静電誘導感知の防止方法

　(i) 送電線の電線地上高を高くし，地表面付近の電界強度を弱めます．
　(ii) 2回線垂直配列送電線では，回線ごとに相順を逆にする逆相配列とします（第 6.40 図参照）．
　(iii) 遮へい線を設けます．
　(iv) 送電線に近接して施設される金属製のさく，屋根等には接地工事を施します．

第 6.40 図　逆相配列

第 6.41 図

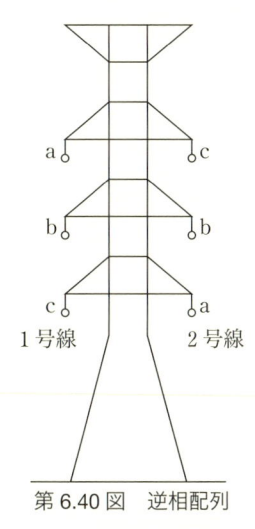

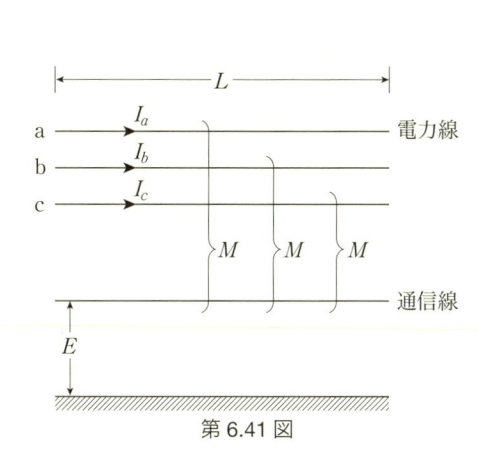

(3) **電磁誘導障害**

電磁誘導は，送電線と通信線との間の相互インダクタンスにより通信線に誘導電圧を生じるもので，地絡電流や不平衡電流による電磁誘導作用のため通信線に誘導電圧を発生し，雑音や通信障害を起こします．

第 6.41 図より通信線に誘導される電圧 $\dot{V}_m$ 〔V〕を求めます．

$$\dot{V}_m = j\omega ML(\dot{I}_a + \dot{I}_b + \dot{I}_c) = j\omega ML(3\dot{I}_0) \ \text{〔V〕}$$

ただし，$\dot{I}_a$, $\dot{I}_b$, $\dot{I}_c$：三相 3 線式送電線の線電流〔A〕

　　　　I_0：零相電流〔A〕

　　　　M：送電線と通信線の単位長さ当たりの相互インダクタンス〔H/km〕

　　　　L：送電線と通信線の平行長さ〔km〕

(4) **電磁誘導障害の防止対策**

(a) 対策

(i) 送電線と通信線の離隔距離をできるだけ大きくします．また，交差する場合にはできるだけ直角とします．

(ii) 送電線と通信線との間に遮へい線を設けます．

上記のほか，電力線側，通信線側での対策は次のとおりです．

(b) 電力線側での対策

(i) 常時誘導電圧を小さくするため，送電線のねん架を十分に行い，で

きるだけ不平衡が生じないようにします．
　(ⅱ)　起誘導電流を制限するため，直接接地系では高速度の故障検出と高速度遮断を行います．

抵抗接地系では中性点接地抵抗を大きくします．
　(ⅲ)　消弧リアクトル接地方式を採用し，地絡電流を抑制します．

(c)　通信線側の対策
　(ⅰ)　中継コイルの使用

通信線の途中に中継コイルや絶縁変圧器を入れて，誘導こう長を短くします．
　(ⅱ)　排流コイル・中和コイルの使用

通信線をコイルを通して接地し，低周波の誘導電流を大地へ流出させます．
　(ⅲ)　通信線に電磁遮へいをしたケーブルを使用します．
　(ⅳ)　避雷器や保安器などの保安装置を設置します．

練習問題 1

架空送電線の静電誘導障害に関する記述である．誤っているのは次のうちどれか．
(1)　一般に，送電線の地上高が高いほど静電誘導障害は発生しにくい．
(2)　フェンスの設置によって静電誘導障害を軽減することができる．
(3)　抵抗接地方式を採用することにより，静電誘導障害を軽減することができる．
(4)　静電誘導障害は，各相の対地電圧により発生する．
(5)　三相式送電線では，各相の対地静電容量の差が大きいと障害が発生しやすい．

【解答】　(3)

練習問題2

架空送電線の通信線に対する電磁誘導障害防止対策に関する記述である．誤っているのは次のうちどれか．

(1) 送電線と通信線との間に導電率の大きな遮へい線を設ける．
(2) 送電線の中性点の接地抵抗を小さくする．
(3) 通信線との離隔距離を大きくする．
(4) 通信線にケーブルを使用する．
(5) 通信線に避雷器を取り付ける．

【解答】 (2)

第6章 Lesson 12 安定度向上対策，短絡容量低減対策

覚えるべき重要ポイント

- 電力系統の安定度とは
- 電力系統の安定度向上対策
- 電力系統の短絡容量低減対策

STEP 1

(1) 電力系統の安定度とは

電力系統の安定度には，定態安定度，過渡安定度があります．

(a) 定態安定度

送電系統で不変負荷，徐々に変化する負荷を継続して送電しうる能力をいい，安定度を保ちうる範囲内の極限電力を定態安定極限電力といいます（第6.42図参照）．

送電電力 P〔W〕は

$$P = \frac{V_1 + V_2}{X} \sin\theta \text{〔W〕} \qquad ①$$

ただし，V_1：発電機内部電圧〔V〕

V_2：無限大母線電圧〔V〕

X：発電機の同期リアクタンスと外部リアクタンス〔Ω〕
（送電線，変圧器のリアクタンス）を加算したもの

θ：発電機内部電圧と無限大母線電圧の間の相差角〔°〕
（発電機内部相差角 δ ＋ 外部リアクタンス角 β）

なお，定態安定極限電力は $\theta = 90°$（$\delta + \beta = 90°$）のときです．

(b) 過渡安定度

送電系統が安定に運転している際に，負荷急増，短絡故障などのじょう乱が起きても，再び平衡状態に回復して送電しうる能力をいい，このときの極限電力（じょう乱発生前）を過渡安定極限電力といいます．

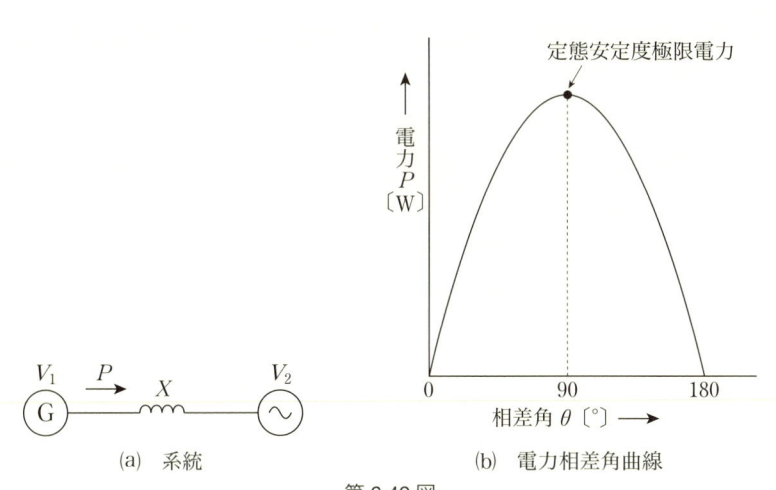

第 6.42 図

(a) 系統
(b) 電力相差角曲線

(2) **電力系統の安定度向上対策**
(a) 系統の直列リアクタンスを減少させる
(ⅰ) 多導体方式の採用

多導体方式は等価的に導体直径を増加して，リアクタンスの減少をさせるばかりでなく，コロナ臨界電圧を上昇させることができます．

(ⅱ) 機器のリアクタンスを減少させる

発電機，変圧器のリアクタンスはできるだけ小さいことが望ましく，発電機では短絡比を大きくすることにより，リアクタンスは小さくなり大形機械になりますが，慣性が大きくなり過渡安定度が増進します．

(ⅲ) 直列コンデンサの採用

送電線に直列にコンデンサを挿入して線路の誘導性リアクタンスを補償します．

(b) 電圧変動を少なくする

電力系統の故障時において発電機端子電圧の低下が著しくなります．

発電機端子電圧を高める方策を行うことにより，定態安定度および過渡安定度の増進に効果があります．

(ⅰ) 超速応励磁方式の採用
・超速応励磁は，励磁制御装置にサイリスタを用いた界磁制御
・短絡故障等で系統電圧が急激に低下した場合，励磁電流を急速に増大

して発電機の背後電圧を上げ，電気出力を増加，同期化力を増して脱調を防止します．

(ii) **系統安定化装置**（PSS：Power System Stabilizer）の採用
- 系統安定化装置は，発電機の有効電力変動，周波数変動から，自動電圧調整装置（AVR：Automatic Voltage Regulator）を介して発電機励磁系を制御（発電機の内部誘起電圧を制御）する装置
- 発電機の制動トルクを増加させ，電力動揺の抑制を行います．

(iii) **中間調相機方式**の採用

線路の中間に静止形無効電力補償装置（SVC：Static Var Com-pensator）または同期調相機（RC：Rotary Condenser）を設置して電圧を維持します．

(c) 故障部分を速やかに除去する

故障時において系統に与える衝撃を小さくして適切な処置を行う必要があります．

(i) **高速度遮断器，高速度継電器**の採用

遮断器，継電器を高速度動作により，故障をできるだけ早く切り離して過渡安定度の向上を図っています．

(ii) **高速度再閉路方式**の採用

線路の故障区間を遮断後，一定の時間をおいて再び閉路すると約 90〔％〕はそのまま送電を継続することができます．

(d) じょう乱時における発電機の入出力の不平衡を少なくする

(i) **制動抵抗**（SDR：System Damping Resistor）の設置

遮断器が遮断し高速度再閉路実施後は，発電機出力が急激に減少するため，発電機が加速して脱調するおそれがあります．

これを防止するため，一時的に発電機出力端子に SDR を並列に接続し，発電機の加速エネルギーを吸収するものです．

(ii) **タービン高速バルブ制御方式**（EVA：Early Valve Actuation）の採用

系統故障による発電機の急激な出力低下に応じて，タービンへの蒸気入力を高速で減少させ発電機の加速を抑えるものです．

練習問題1

送電系統の安定度向上対策に関する記述である．誤っているのは次のうちどれか．
(1) 系統のリアクタンスを低減するため，多導体を採用する．
(2) 事故時には，高速度遮断を行い，更に高速度再閉路を行う．
(3) 送電線路に直列コンデンサを挿入する．
(4) 送電線路に中間開閉所を設置する．
(5) 火力および原子力発電設備に大容量ユニットを採用する．

【解答】 (5)

STEP 2

(1) 電力系統の短絡容量

電力系統の短絡容量は，系統連系の増加，送電線のループ運用，大容量火力・原子力発電所の新増設により増加していきます．

短絡容量の増加は，故障発生時に故障点からみた電源の内部インピーダンスが小さく，故障時の電圧維持能力が高いため，故障点を流れる短絡電流は非常に大きくなり，遮断器の遮断容量が不足することになります．

(2) 電力系統の短絡容量低減対策

(a) 高インピーダンス機器の採用

発電機，変圧器のインピーダンスを高くして短絡容量を低減させます．

(b) 系統または母線の分割

送電線のループ運用の解除や母線の分割により，放射状系統とし，短絡容量を低減させます．

(c) 高次電圧系統の導入による低次電圧系統の分割

例として275〔kV〕から500〔kV〕へ昇圧して基幹系統を構成し，275〔kV〕系統を分割させます．これにより，短絡容量が低減できます．

(d) 限流リアクトルの採用

短絡時の短絡電流を制限します．

(e) 直流連系の採用

直流電源は定電流電源のためインピーダンスが無限大であり，短絡容量が

増加しません．

> **練習問題1**
> 電力系統の短絡容量軽減対策に関する記述である．誤っているのは次のうちどれか．
> (1) 系統または母線の分割
> (2) 変圧器のループ運転
> (3) 高インピーダンス機器の採用
> (4) 直流連系の採用
> (5) 高次電圧系統の導入による低次電圧系統の分割

【解答】 (2)

第6章 Lesson 13 たるみ

覚えるべき重要ポイント

- たるみの計算
- 支線の強度計算

STEP 1

(1) たるみ（弛度）

電線には，重量があるため，これを支持物の間で架線する場合には，たるみを持たせます．

たるみは，一般に夏季は最大となり，冬季は最小となります．

たるみの算定には，電線の自重だけでなく，氷雪や風などによる荷重を考慮しています．

(2) たるみの計算

第6.43図に示すような両支持点間に高低差がない場合について，たるみ，電線実長を計算します．

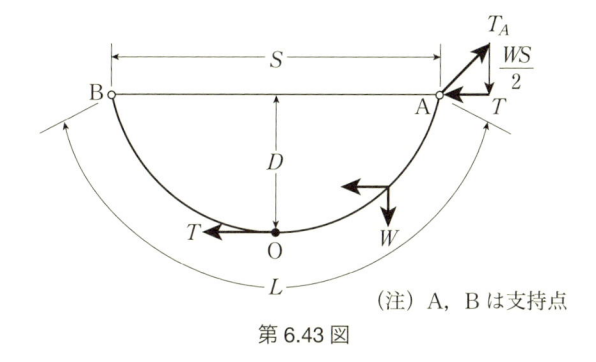

(注) A，Bは支持点

第6.43図

(a) たるみ D 〔m〕は，

$$D = \frac{WS^2}{8T} \text{〔m〕}$$

ただし，S：径間〔m〕，T：最低点O点における水平張力〔N〕
W：電線1〔m〕当たりの電線荷重〔N/m〕

(b) 電線実長 L〔m〕は,

$$L = S + \frac{8D^2}{3S} \text{〔m〕}$$

(c) 支持点の張力 T_A〔N〕は,

$$T_A = \sqrt{T^2 + \left(\frac{WS}{2}\right)^2} = T\sqrt{1 + \left(\frac{WS}{2T}\right)^2}$$

$$\fallingdotseq T\left\{1 + \frac{1}{2}\left(\frac{WS}{2T}\right)^2\right\} = T + \frac{W^2S^2}{8T} = T + WD$$

$$\fallingdotseq T = \frac{WS^2}{8D} \text{〔N〕}$$

(d) 温度変化による電線実長 L_2〔m〕は,

$$L_2 = L_1 + \alpha(t_2 - t_1)L_1 \text{〔m〕}$$

ただし, L_1: t_1 のときの電線実長〔m〕

L_2: t_2 のときの電線実長〔m〕

α: 線膨張係数〔m/℃〕

t_1, t_2: 温度〔℃〕(ただし, $t_1 < t_2$)

(e) 温度変化によるたるみ D_2〔m〕は,

$$D_2 = \sqrt{D_1^2 + \frac{3}{8}S^2\alpha(t_2 - t_1)} \text{〔m〕}$$

ただし, D_1: t_1 のときのたるみ〔m〕

D_2: t_2 のときのたるみ〔m〕

α: 線膨張係数〔m/℃〕

t_1, t_2: 温度〔℃〕(ただし, $t_1 < t_2$)

練習問題 1

架空送電線に関する記述である. 誤っているのは次のうちどれか.

(1) 夏季高温には, 電流容量が減少する.
(2) 一定送電電流に対し, 夏季高温時には, 電線のたるみが増大する.
(3) 一定送電電流に対し, 冬季寒冷時には, 電線の実長が短くなる.
(4) 一定送電電流に対し, 夏季高温時には, 電線の実長が長くなる.
(5) 一定送電電流に対し, 冬季寒冷時には, 電線張力が減少する.

【解答】 (5)

練習問題2
　架空送電線の支持点に加わる電線の張力の大きさに関する記述である．誤っているのは次のうちどれか．
(1)　電線の重量の大きい方が大きい．
(2)　電線の外径が大きい方が大きい．
(3)　電線のたるみの大きい方が大きい．
(4)　径間の長い方が大きい．
(5)　支持点に高低差のある場合，高支持点の方が大きい．

【解答】 (3)

第6章 Lesson 14 直流送電方式

覚えるべき重要ポイント

- 直流送電方式の機器構成
- 直流送電方式の特徴

STEP 1

(1) 直流送電方式

　直流送電方式は，第6.44図に示すような構成で，交直変換器（サイリスタバルブ），直流リアクトル，変換用変圧器，交流フィルタ，調相設備，各種制御保護装置があります．

　わが国の直流送電線には，250〔kV〕北本連系線（本州－北海道），250〔kV〕阿南紀北直流幹線（本州－四国）があります．

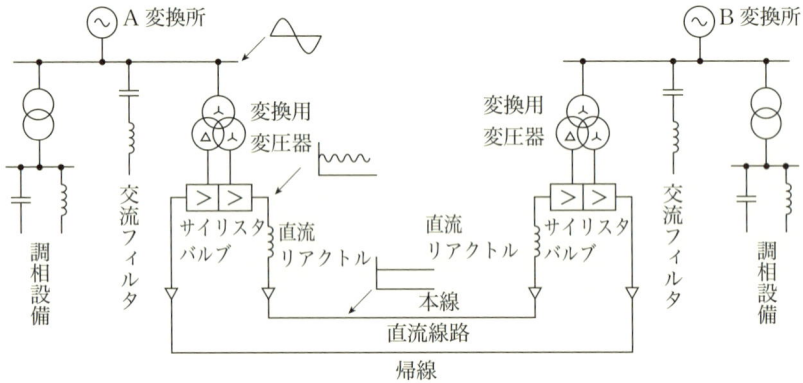

第6.44図　直流送電方式

(a) 交直変換器（サイリスタバルブ）

　サイリスタを使用して順変換（交流から直流へ変換），逆変換（直流から交流へ変換）を相互に行う装置です．

(b) 直流リアクトル

　順変換した直流をより平滑にします．

(c) 変換用変圧器

　交流系統の電圧をサイリスタバルブに適応する電圧に変成します．

(d) 交流フィルタ

交直変換を行う際に発生する高調波を吸収し，交流系統への流入を防止しています．

交流フィルタは，5次，11次，13次，高次のフィルタを設置しています．

(e) 調相設備

サイリスタを使用して，交直変換を行うと無効電力が消費されますので，これを補償して交流系統の電圧を維持しています．

調相設備には，電力用コンデンサ（SC），同期調相機（RC）があります．

(2) 直流送電方式の特徴

(a) 長所

(i) 周波数の異なる系統と連系が可能
・周波数の異なる交流系統相互を直接連系できます．

(ii) 送電容量は許容電流限度まで可能
・直流のため，リアクタンスによる送受電端電圧に位相差（いそうさ）が生じないため，安定度による容量制限がありません．
・安定度の限界がないため，距離に無関係に電流容量の限界まで送電容量を大きくすることができます．

(iii) 電力損失や電圧変動率の減少
・交流のような無効電力を考える必要がないため，電力損失や電圧変動率が少なくなります．
・ケーブル線路では，充電電流や誘電損（ゆうでんそん）の問題がないので，電力損失が小さくなります．

(iv) 短絡容量を増大させずに交流系統の連系が可能
・系統側からみた変換器は定電流源とみなせ，内部インピーダンスが非常に大きいため，短絡容量が増加しません．

(v) 機器絶縁の低減
・機器の絶縁は波高値で決まるため，実効値と波高値が同じ値の直流では，絶縁に要する費用が低減できます．

(vi) その他
・直流ケーブルは，誘電損による熱の発生や電離作用（でんりさよう）による絶縁劣化がありません．

- 通常，交流では3導体必要ですが，直流では正負の2導体ですむため経済的です．
- 直流のほうがコロナ損は少なくなります．

(b) 短所

(i) 交直変換装置は高価で複雑

(ii) 高調波が吸収する交流フィルタが必要
- 交直変換装置を使用している半導体素子から高調波が発生するため，交流フィルタの設置が必要となります．

(iii) 無効電力を供給する調相設備が必要
- 送電電力の調整は変換装置の位相制御で行うため，遅れ無効電力を消費するので，補償する調相設備が必要となります．
- 直流送電は無効電力の送受ができないため，受電端の負荷に無効電力を供給する設備が必要となります．

(iv) 高電圧，大電流の直流遮断が困難
- 直流電流には零点がないため，電流遮断が非常に困難です．
- 高電圧・大電流用の直流遮断器は現在，未開発

(v) 地中埋設物に電食を生じるおそれがあります．

(3) FCとBTB

FC，BTBとも基本的な構成は第6.50図と同様で，直流送電線なしで直流連系しています．

(a) FC（Frequency Converter equipment）

周波数変換設備のことで，異なる周波数を直流送電線なしに直流連系するものです．

わが国では，周波数の異なる間（50〔Hz〕地域と60〔Hz〕地域間）の相互電力融通等を行うため，佐久間周波数変換所，新信濃変電所，東清水変電所に周波数変換設備が設置されています．

(b) BTB（Back To Back）

非同期連系設備のことで，同一周波数を直流送電線なしに直流連系するものです．

わが国では，南福光連系所（中部－北陸）に非同期連系設備が設置されています．

練習問題1

直流送電方式に関する記述である．誤っているのは次のうちどれか．

(1) 交流と比較して，高価な変換設備を必要とするが，送電線路のコストが小さいため，送電距離が長くなれば経済的になる．
(2) 二つの独立した交流系統を直流により連系すると，系統容量は増大し，交流系統における短絡容量も増大する．
(3) ケーブルによる送電でも充電電流がない．
(4) 異なった周波数の系統間連系ができる．
(5) 高調波の対策が必要である．

【解答】 (2)

練習問題2

直流送電（直流送電線がない交直変換所だけの直流連系を含む）の採用箇所に関する記述である．誤っているのは次のうちどれか．

(1) 大容量長距離送電が必要な箇所
(2) 大容量海底ケーブル送電が必要な箇所
(3) 異周波数系統の連系が必要な箇所
(4) 短絡電流抑制が必要な箇所
(5) 高調波，高周波抑制が必要な箇所

【解答】 (5)

STEP-3 総合問題

【問題1】 こう長30〔km〕の三相3線式2回線送電線路がある．受電端で30〔kV〕，6000〔kW〕，力率0.8の三相負荷に供給している．次の(a)および(b)の問いに答えよ．
(a) 1回線送電線に流れる線電流はいくらか．
(b) 送電損失を10〔%〕以下にするために，電線の太さはいくらにすればよいか．ただし，使用電線の太さは1〔mm²〕，長さ1〔m〕当たり1/55〔Ω〕とする．

【問題2】 こう長30〔km〕の三相3線式1回線送電線路で，受電端電圧66〔kV〕，消費電力50000〔kW〕力率0.9（遅れ）の負荷に送電している．
次の(a)および(b)の問いに答えよ．ただし，1線当たりの抵抗を0.15〔Ω/km〕とし，他の線路定数は無視するものとする．
(a) 線路損失〔kW〕はいくらか．
(b) 送電損失率〔%〕はいくらか．

【問題3】 50〔Hz〕，こう長100〔km〕の三相3線式1回線送電線がある．いま，受電端電圧60〔kV〕で遅れ力率80〔%〕の三相負荷10.4〔MW〕を受電している．
次の(a)および(b)の問いに答えよ．ただし，1線当たりのインダクタンスは1〔mH/km〕とし，他の線路定数は無視するものとする．
(a) 三相負荷の遅れ無効電力〔Mvar〕はいくらか．
(b) 送電端電圧〔kV〕はいくらか．

【問題4】 三相3線式1回線の無負荷送電線の送電端に線間電圧77〔kV〕を加えると，受電端の線間電圧は83.0〔kV〕，1線当たりの送電端電流は35〔A〕であった．
この送電線の線路アドミタンスB〔mS〕と線路リアクタンスX〔Ω〕を用いて，図に示すπ形等価回路で表現できるものとする．次の(a)および(b)の問いに答えよ．

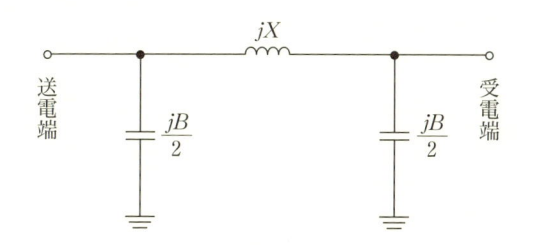

(a) 線路アドミタンス B〔mS〕はいくらか．
(b) 線路リアクタンス X〔Ω〕はいくらか．

【問題5】 高低差のない連続2径間の架空送電線路がある．径間長は $S_1 = 300$〔m〕，$S_2 = 250$〔m〕で電線が同一張力で架線されている．いま，S_1 径間のたるみを実測したところ8〔m〕であった．
　次の(a)および(b)の問いに答えよ．
(a) 電線1〔m〕当たりの荷重を W〔N/m〕とすると，電線に働く張力〔N〕はいくらか．
(b) S_2 径間のたるみ〔m〕はいくらか．

【問題6】 径間50〔m〕で，たるみ1〔m〕に架線した架空送電線路がある．大気の温度が35〔℃〕降下した．
　次の(a)および(b)の問いに答えよ．ただし，電線の線膨張係数は1〔℃〕につき0.000017とし，張力による電線の収縮は無視するものとする．
(a) 大気の温度が降下する前の電線実長〔m〕はいくらか．
(b) 大気の温度が降下したときの線路のたるみ〔m〕はいくらか．

第7章
地中電線路

第7章 Lesson 1 電力用ケーブル

覚えるべき重要ポイント
- OF，CV ケーブルの構造と特徴
- CV ケーブル，水トリーの特徴

STEP 1

(1) 地中送電線路の特徴

・風水害，雷および火災などに対する安全性，信頼性が高い
・保安，美観の点から都会地，景観地などに望まれる
・架空送電線路と比較して建設費が高い
・故障箇所の発見，修理に時間を多く費やす

(2) 電力用ケーブル

現在，使用されている電力用ケーブルには OF ケーブル，CV ケーブルおよび CVT ケーブルがあります．

(a) OF ケーブル（Oil Filled cable）

OF ケーブルは絶縁紙に，極めて粘度の低い絶縁油を含浸してボイド（気泡）発生による劣化を防止し，ケーブル内に油通路を設けています．

油通路は屋外に設置した油槽と接続し，膨張，収縮する絶縁油の油圧変化を補償し，ケーブル内圧を常に外圧より高い値に保つようにしています．

OF ケーブルは 66〔kV〕～500〔kV〕まで使用されています（第7.1図参照）．

〈特徴〉
(i) 絶縁性能は無劣化であり，信頼性が高い
(ii) 給油設備などの付帯設備が必要で，建設費が高い
(iii) 長距離線路では，ルート途中に給油所や給油用マンホールを設置が必要
(iv) 保守に手数がかかり，接続作業が複雑

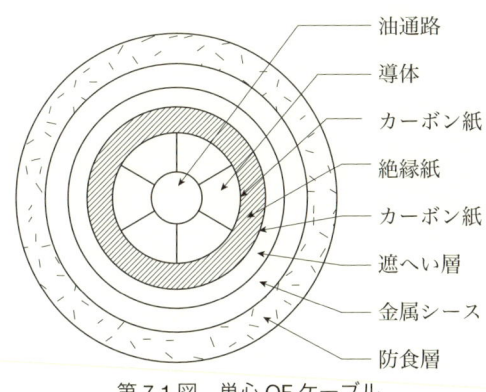

第 7.1 図　単心 OF ケーブル

(b) CV ケーブル（Cross-linked polyethylene insulated poly Vinyl-chloride sheathed cable）

CV ケーブルは，架橋ポリエチレン絶縁ビニルシースケーブルといい，C は架橋ポリエチレン，V はビニルシース（防食層の材料）の意味です．

絶縁体に架橋ポリエチレンを使用し，ポリエチレンの欠点である耐熱性を改善したもので，600〔V〕〜500〔kV〕まで広く使用されています．

〈CV ケーブルの構成（第 7.2 図参照）〉

(i)　内部，外部半導電層

絶縁物の内側と外側に半導体ポリエチレンの半導電層を設けて，電位の傾きを緩和し，絶縁物の電気的ストレスを緩めています．

(ii)　遮へい層（金属遮へい層）

絶縁体内部に局部的な高圧がかからないようにして絶縁耐力を向上させ，電気的特性の安定性向上を図っています．

(iii)　金属シース

ケーブル絶縁物への湿気侵入防止と機械的科学的な保護および故障電流の帰路などの機能があります．

材料として鉛，アルミ，ステンレスなどを使用しています．

(iv)　防食層

金属シースの電食と化学腐食等を防止するもので，材料としてビニルやクロロプレン（合成ゴム系）などを使用しています．

〈特徴〉
(i) 軽く作業性がよく，接続工事が容易
(ii) 絶縁物の誘電正接，比誘電率が小さく，誘電損失や充電電流を低減できる
(iii) 許容電流が大きい
(iv) 耐熱性に優れており，最高許容温度が 90〔℃〕と，ほかのケーブルより 5～15〔℃〕高い
(v) OF ケーブルのような給油装置などの付属設備が不要
(vi) 水トリー現象が見られる

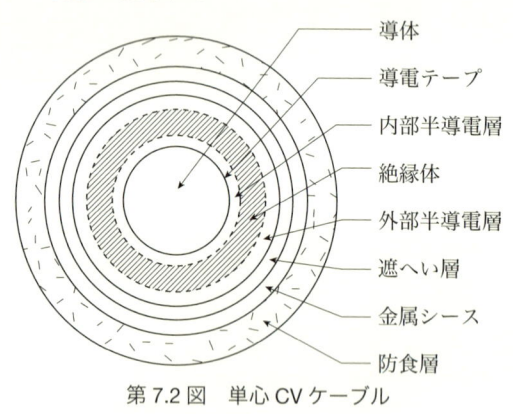

第 7.2 図　単心 CV ケーブル

(c) CVT ケーブル

CVT ケーブルはトリプレックス形 CV ケーブルといい，T はトリプレックス（triplex）で 3 重の，3 層のという意味です．

単心の CV ケーブルを 3 条にしてより合わせた構造のもので，6.6〔kV〕～77〔kV〕まで使用されています（第 7.3 図参照）．

〈特徴〉
(i) 3 心共通シース形に比べて放熱性がよく，許容電流が 10〔%〕程度大きくなる
(ii) 3 心共通シース形に比べてケーブル重量が約 10〔%〕程度軽くなり，作業性がよくなる
(iii) 曲げやすく，末端処理が容易
(iv) 熱伸縮の吸収が容易

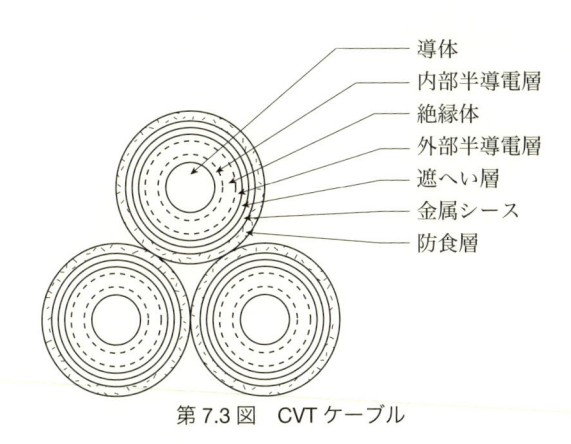

第 7.3 図　CVT ケーブル

> 練習問題 1
>
> 　　CV ケーブルや CVT ケーブルに関する記述である．誤っているのは次のうちどれか．
> (1)　絶縁体に架橋ポリエチレンを用いている．
> (2)　CVT ケーブルは，単心 3 本を介在物と一緒に円形により合わせた上に，一括してビニル外装を施したものである．
> (3)　耐熱性に優れている．
> (4)　耐薬品性に優れている．
> (5)　軽量で取扱いが良い．

【解答】　(2)

STEP 2

(1)　CV ケーブルの水トリー

　水トリーは水分と電圧の両方が存在する条件で発生し，絶縁体に侵入した水と異物やボイド（気泡），突起などに加わる局所的な高電界との相乗作用により樹枝状の水トリーができます．

　水トリーが発生したケーブルでは，絶縁性能の低下を引き起こし，誘電正接 ($\tan\delta$)，直流漏れ電流が増大します．

(2)　水トリーの種類

　水トリーは発生の起点，形状により内導水トリー，外導水トリー，ボウタ

イトリーと呼ばれ，時間とともに成長していきます（第7.4図参照）．

(a) 内導水トリー，外導水トリー

電気的ストレスにより内部半導電層，外部半導電層を起点として水で満たされた亀裂が発生し樹枝状に発達していきます．

内導水トリー，外導水トリーは，ケーブルの絶縁性能を大きく低下させ絶縁破壊の原因となります．

(b) ボウタイトリー

絶縁物中に製造過程でできる微小のボイド（気泡）や混入異物を起点に蝶ネクタイに似たトリーが発生します．これをボウタイトリーといいます．ボウタイとは蝶ネクタイのことです．

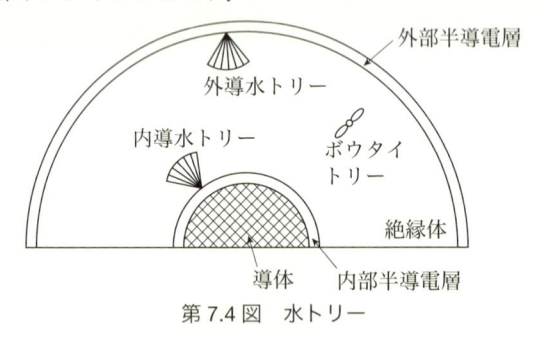

第7.4図　水トリー

練習問題1

CVケーブルに発生する水トリーに関する記述である．誤っているのはどれか．

(1) 絶縁破壊電圧が低下する．
(2) ケーブル製造上の水トリー対策は，絶縁体内の含水率や不純物を低減する乾式架橋方式がある．
(3) 交流課電中の直流分を検出することによって水トリーの発生を検出する方法がある．
(4) 課電しない状態でも，ケーブル内に水が入ると水トリーは進展する．
(5) ボウタイトリーは水トリーの一種である．

【解答】　(4)

第7章 Lesson 2 ケーブル布設方法

> **覚えるべき重要ポイント**
> - 電力用ケーブル布設方法の種類と特徴
> - ケーブルの作用静電容量，充電容量

STEP 1

(1) 電力用ケーブルの布設方法

布設方法には，直接埋設式，管路式，暗きょ（洞道）式があります．

(a) 直接埋設式

布設場所を掘り，電力用ケーブルをトラフや簡易形管路で防護して土に埋め戻す方法です（第7.5図参照）．

〈特徴〉

(i) 布設工事費が少ない
(ii) ケーブルの熱放散がよい
(iii) 工事期間が短い
(iv) ケーブルが外傷を受けやすい
(v) 保守・点検が不便

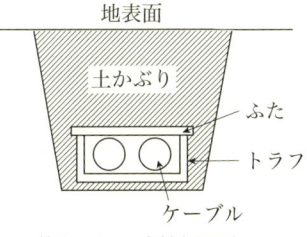

第7.5図　直接埋設式

(b) 管路式

鉄管，鉄筋コンクリート管などで地中に管路をつくり，100〜200〔m〕ごとに鉄筋コンクリート製のマンホールを設けます．

ケーブルはマンホールを通じて管路の各穴に引き入れ，マンホールのなかで接続します（第7.6図参照）．

〈特徴〉

(i) ケーブルの増設や撤去に有利
(ii) ケーブルが外傷を受ける機会が少ない
(iii) 直接埋設式に比べ建設費が高い
(iv) 熱放散がよくないため，条数が多いと電流容量が減少する

293

7 地中電線路

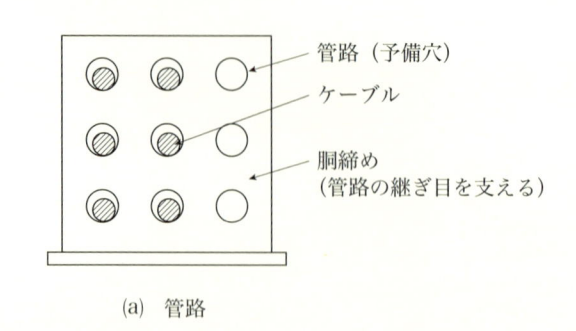

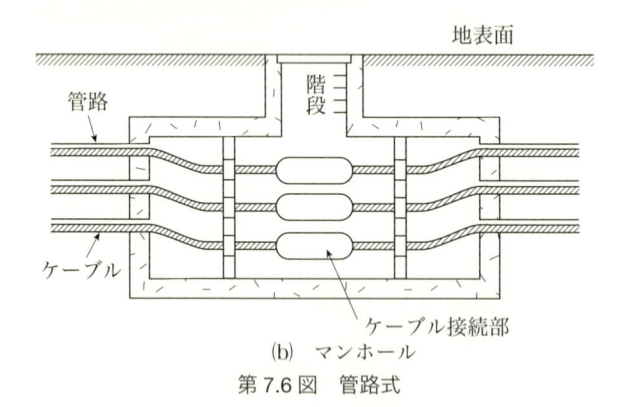

(a) 管路

(b) マンホール

第 7.6 図　管路式

(c) 暗きょ（洞道）式

地中に暗きょ（洞道）をつくり，棚上にケーブルを布設するものです．

最近は，共同溝を設け，ガス管，上・下水道，通信ケーブルなどと一緒に電力ケーブルを布設する場合が多くなっています（第 7.7 図参照）．

〈特徴〉

(ⅰ)　ケーブルの熱放散がよい

(ⅱ)　ケーブルの条数が多いときに有利

(ⅲ)　ケーブルの増設や撤去に有利

(ⅳ)　保守・点検が容易

(ⅴ)　建設費が高い

Lesson 2 ケーブル布設方法

⑦ 地中電線路

第7.7図 暗きょ式

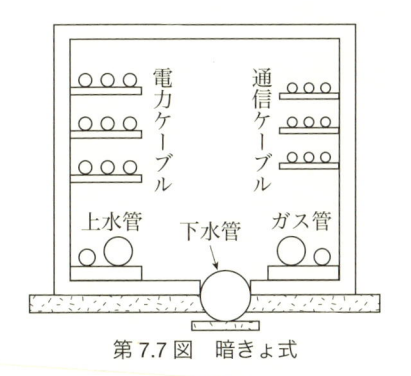

練習問題1

　一般に用いられる地中ケーブルの布設方法には，(1) 式，(2) 式および (3) 式がある．

　このうち，(1) 式は埋設条数の少ない本線部分や引込線部分などに用いられ，また，(2) 式は変電所の引出しなどでケーブル条数の多い場所に使用する洞道などがある．

【解答】　(1) 直接埋設，(2) 暗きょ，(3) 管路

練習問題2

　地中電線路の布設方式に関する記述である．誤っているのは次のうちどれか．

(1) 地中電線路の布設方式としては，暗きょ式，管路式および直埋式が一般的に用いられている．
(2) 暗きょ式は，直埋式に比べ保守が容易である．
(3) 直埋式は，管路式に比べてケーブルが外傷を受けやすい．
(4) 直埋式は，発変電所の引出し口等の多条数を布設する場合に用いられる．
(5) 管路式は，直埋式に比べ将来のケーブル増設が容易である．

【解答】　(4)

295

STEP-2

(1) 三心ケーブルの静電容量

第7.8図のような三心ケーブルにおいて，各導体と金属シース間の静電容量 C_0 [F]，各導体間の静電容量 C_m [F] の場合，ケーブルの導体1条当たりの静電容量（作用静電容量）を求めます．

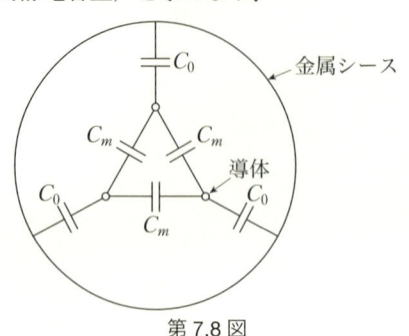

第7.8図

作用静電容量は，一相導体線と中性線に対する静電容量のことですから，各導体間の静電容量 C_m を △ → Y 変換します．

△ → Y 変換すると，$3C_m$ [F] となります．

ケーブルの導体1条当たりの静電容量（作用静電容量）は第7.9図のような回路となり，作用静電容量 C [F] は，

$$C = 3C_m + C_0 \text{ [F]}$$

第7.9図

(2) ケーブルの充電容量

一相当たりの静電容量 C [F/m] のケーブルを，こう長 L [m]，三相3線式1回線の地中線で使用し，線間電圧 V [V]，f [Hz] の電圧で印加したときの無負荷充電容量 P [var] を求めます．

充電電流 I_C [A] は，

$$I_C = 2\pi fCL \cdot \frac{V}{\sqrt{3}} \; [\mathrm{A}]$$

無負荷充電容量 P 〔var〕は，

$$P_C = 3I_C \cdot \frac{V}{\sqrt{3}} = 3 \times 2\pi fCL \left(\frac{V}{\sqrt{3}}\right)^2 = 2\pi fCLV^2 \; [\mathrm{var}]$$

(3) 地中電線路の線路定数の特徴

地中電線路と架空送電線路の線路定数を比較すると

(a) インダクタンス

架空送電線路の約 1/3 になります．

(b) 静電容量

架空送電線路の約 20〜50 倍になります．

練習問題 1

　一相当たりの静電容量 0.42〔μF/km〕のケーブルを，こう長 6〔km〕，三相 3 線式 1 回線の地中線で使用し，77〔kV〕，60〔Hz〕の電圧で印加したときの無負荷充電容量 P〔kvar〕を求めよ．

【解答】　5 630〔kvar〕

【ヒント】　$P = 2\pi fCLV^2$〔var〕

第7章 Lesson 3 ケーブルの電力損失

覚えるべき重要ポイント

- 電力用ケーブルの電力損失の種類
- 地中ケーブルの送電容量を増大する方法

STEP 1

(1) 電力用ケーブルの電力損失

電力用ケーブルの電力損失には抵抗損，誘電損，シース損があります．

(a) 抵抗損

抵抗損はケーブル心線（導体）に生じる損失です．

三相3線式電力用ケーブルにおいて，心線に流れる電流 I 〔A〕，一相の抵抗 R 〔Ω〕とすると，抵抗損 P_L 〔A〕は，

$$P_L = 3I^2R \text{〔W〕}$$

(b) 誘電損

誘電損はケーブルの絶縁体（誘電体）に生じる損失です．

電力用ケーブルは，誘電正接（$\tan\delta$）の小さい絶縁物を用いて誘電損を少なくしています．

第7.10図に示すように線間電圧 V 〔V〕，角周波数 ω 〔rad/s〕，絶縁体に流れる電流 I_c 〔A〕，一相の静電容量 C 〔F〕とすると，三相3線式電力用ケー

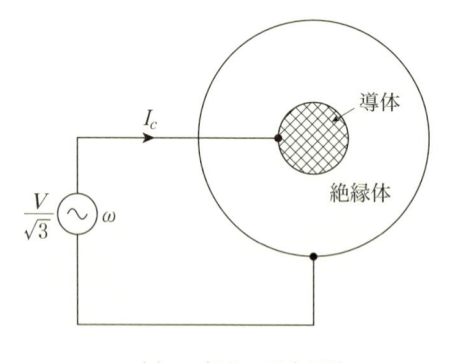

(a) 一相分の測定回路   (b) ベクトル図

第7.10図

298

ブルの誘電損 P_C 〔W〕は，

$$P_C = 3I_c \tan\delta \cdot \frac{V}{\sqrt{3}} = 3\omega C \tan\delta \cdot \left(\frac{V}{\sqrt{3}}\right)^2 = 3\omega CV^2 \tan\delta \text{〔W〕}$$

(c) シース損

シース損にはシース回路損とシース渦電流損があります．

（i）シース回路損

シース電流によって，金属シースの中に生じる抵抗損をシース回路損といいます．

シース電流は，ケーブル導体に交流電流が流れると電磁誘導作用により金属シースに起電力が誘起し，ケーブルの両端が接地されている場合に流れる電流をいいます（第7.11図参照）．

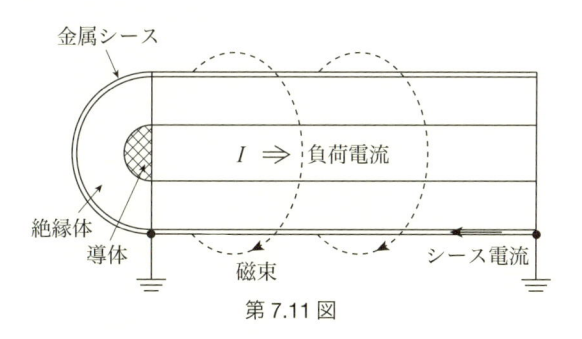

第7.11図

（ii）シース渦電流損

負荷電流によりケーブル内に磁束が生じ，その磁束が金属シースを貫くことで金属シースに渦電流が流れます．渦電流による損失をシース渦電流損といいます．

(2) ケーブルの許容電流

ケーブルの許容電流は，ケーブルの温度上昇により決まります．第7.12図に示す回路からケーブルの発熱量を求めます．

ケーブルの発熱量は，導体の抵抗損，絶縁体の誘電損，シース損，外装における外装損を加算したものであり，一般にシース損，外装損は小さいため無視します．

(a) ケーブルの発熱量 W 〔W/cm〕は，

$$W = nI^2r + W_d \text{〔W/cm〕} \quad ①$$

7 地中電線路

(a) ケーブルの構成

(b) 熱回路

第7.12図

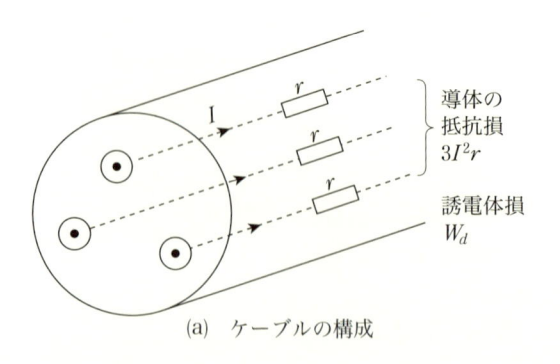

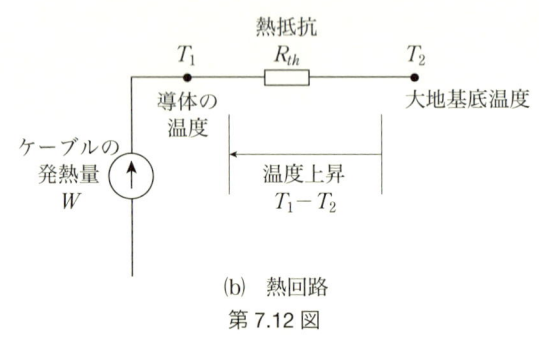

ただし，n：心線数

I：導体に流れる電流〔A〕

r：導体の抵抗〔Ω/cm〕

W_d：誘電損〔W/cm〕

$$W = \frac{T_1 - T_2}{R_{th}} \text{〔W/cm〕} \quad ②$$

ただし，T_1：ケーブル導体の温度〔℃〕

T_2：大地の基底温度〔℃〕

R_{th}：ケーブル導体から基底温度帯に至る全熱抵抗

（ケーブル，大地の総合熱抵抗）〔℃・cm/W〕

(b) ケーブルの最大許容電流 I_m〔A〕は，②式より T_1 がケーブルの導体最高許容温度 T_m〔℃〕に等しいときですので，①，②式より，

$$nI^2r + W_d = \frac{T_m - T_2}{R_{th}}$$

$$I_m = \sqrt{\frac{T_m - T_2 - W_d R_{th}}{R_{th} n r}} \ \text{[A]} \quad \text{③}$$

$$= \sqrt{\frac{T_m - T_2 - T_d}{R_{th} n r}} \ \text{[A]} \quad \text{④}$$

ただし，T_d：誘電損による温度上昇〔℃〕

(3) 地中ケーブルの送電容量を増大する方法

(a) 抵抗損の低減

導体の抵抗を小さくするためには断面積を大きくすればよいが，製造上，輸送上，工事上の制約から 2 500〜3 000〔mm²〕が限界で，単心ケーブルの場合は表皮効果の影響が出てきます．

このため，4または6分割圧縮導体を，絶縁紙を挟んでより合わせる方法をとっています．

(b) 誘電損の低減

誘電損失 W_d は，

$$W_d = \omega C E^2 \tan \delta \times 10^{-9} \ \text{[W/cm]} \quad \text{①}$$

ただし，ω：電源の角周波数〔rad/s〕
　　　　E：電源の相電圧 V〔V〕
　　　　$\tan \delta$：誘電体の正接

$$C = 0.02413 \times \frac{\varepsilon_S}{\log_{10} \frac{D}{r}} \ \text{[\mu F/km]} \quad \text{②}$$

ただし，ε_S：ケーブル絶縁体の比誘電率
　　　　D：金属シースの半径（絶縁物の半径 + 導体半径）〔mm〕
　　　　r：導体の半径〔mm〕

①，②式より，誘電損を低減するには，

・静電容量すなわち絶縁体の比誘電率を小さくする

・$\tan \delta$ の小さい絶縁体の採用

〈参考〉上記2点に該当したものが CV ケーブルになります．

(c) 発生熱の放散特性の改善

ケーブルの発生熱の放散をよくすることにより温度上昇を抑制します．

　(i) 金属シースの低減

(ii) 絶縁体および外装部の熱抵抗の低減.
(iii) 布設条件に応じた土壌等の熱抵抗の低減.
(iv) 強制冷却方式の採用.

(d) 最高許容温度を高くする

ケーブルの絶縁物等の限界による最高許容温度を高くすることです.

OFケーブルは80〜85〔℃〕, CVケーブルは90〔℃〕まで許容されています.

練習問題1

電力ケーブルに生じる損失には,導体内に発生する (1) ,絶縁体内に発生する (2) ,シースに発生する (3) 等がある.

(2) があるため,ケーブルに電圧を印加した際の充電電流にはわずかであるが有効分が含まれる.

【解答】 (1) 抵抗損, (2) 誘電損, (3) シース損

練習問題2

ケーブルの送電容量に関する記述である.誤っているのは次のうちどれか.
(1) 気中布設の方が地中布設よりも送電容量は大きい.
(2) 多条数であればあるほど1条当たりの送電容量は小さくなる.
(3) 土壌熱抵抗が小さいほど,送電容量は小さくなる.
(4) ケーブル間隔を大きくとるほど,送電容量は大きくなる.
(5) 回路損失が大きいほど,送電容量は小さくなる.

【解答】 (3)

STEP-2

(1) 電力用ケーブルの接地

電力用ケーブル(特に単心ケーブル)を施設する場合に安全対策上,金属シースを接地しています.

接地方式には片端接地方式,直接接地方式およびクロスボンド接地方式があります.

(a) 片端接地方式

第7.13図に示すように，ケーブルの片端で金属シースを接地し他端を開放する方式です．

〈特徴〉

(i) シース回路損は零となる
(ii) 他端には接地点からの距離に応じてシースと大地との間に電位差を生じる
(iii) 他端にはシースと大地間に避雷器を接続し，サージが侵入したときの異常電圧を抑制する

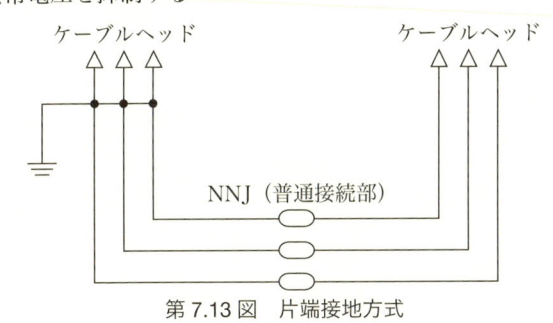

第7.13図　片端接地方式

(b) 直接接地方式（ソリッドボンド方式）

第7.14図に示すように，金属シースを2か所以上で接地する方式です．

〈特徴〉

(i) シース電位はほとんど零
(ii) シースに電流が流れてシース回路損が発生する
(iii) シース回路損で発生する熱によりケーブルの温度上昇となり，送電容量の低下をまねく

第7.14図　直接接地方式

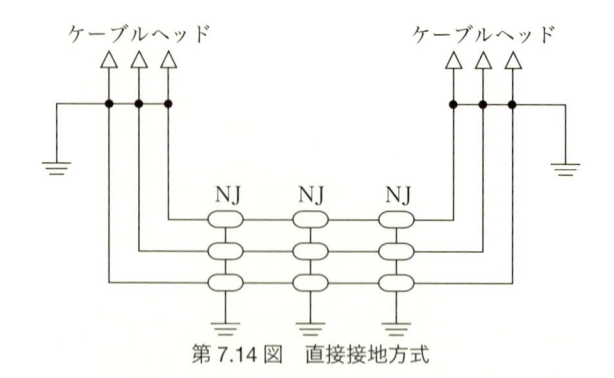

(c)　クロスボンド接地方式

こう長の長い単心ケーブルで広く採用されている接地方式で，第7.15図に示すような1クロスボンド区間に（普通接続部（NJ）の接地区間）2個の絶縁接続部（IJ）を設けてシース接続を行い，大地に接地します．

クロスボンド接地方式は，3区間（1クロスボンド区間）でのシース電圧のベクトル和を零にしています．

〈特徴〉
　(i)　3区間でのシース電圧は，ほとんど零
　(ii)　シース回路損が低減する
　(iii)　地絡時の大地帰路電流の大部分（70〜90〔%〕）が金属シースを流れるため，外部への起誘導電流が低減される

1クロスボンド区間

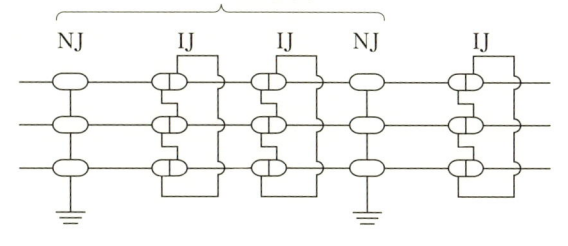

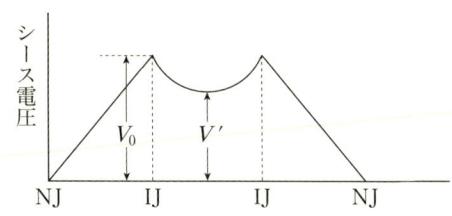

NJ：普通接続部（金属シースは導通）
IJ ：絶縁接続部
　　（金属シースは接続部中央で絶縁）
第 7.15 図　クロスボンド接地方式

> **練習問題1**
> 　単心ケーブルではシースに誘導される電圧は大きく，(1) 損は大きくなります．
> 　ケーブルの接続点をまたいでクロスボンドで (2) を接続する (3) 接地方式では，それぞれのケーブルに発生するシース誘導電圧を打消し合ってシース電流を減少させ，損失を (4) させている．

【解答】　(1)　シース回路，(2)　シース，(3)　クロスボンド，(4)　低減

第7章 Lesson 4 ケーブルの故障点測定

> **覚えるべき重要ポイント**
> - ケーブルの劣化診断法
> - ケーブルの故障点測定法

STEP 1

(1) ケーブルの劣化診断法

(a) 絶縁抵抗測定

絶縁抵抗計で絶縁抵抗を測定します．

(b) 部分放電測定

使用電圧程度の高電圧を印加してコロナ放電の有無を測定します．

(c) 誘電正接測定

交流電圧を印加して誘電正接（tanδ）を測定します．

(d) 油中ガス分析

OFケーブルに使用する絶縁油に溶解するガス成分を測定します．

(e) 直流漏れ電流測定

直流高電圧をケーブルに印加すると第7.16図のような電流が流れ，電流－時間特性を測定し，吸収電流，漏れ電流，キック電流（部分放電電流）を調べます．

なお，絶縁物が劣化し絶縁抵抗値が低下すると漏れ電流が大きくなり，キック電流が流れるようになります（第7.17図参照）．

　　(i) 変位電流

静電容量を充電する電流で，短時間で減衰します．

　　(ii) 漏れ電流

絶縁抵抗値により決まる電流で一定値です．

　　(iii) 吸収電流

絶縁物の性状を表すもので，減衰するまでにかなり時間を要します．なお，絶縁のよい絶縁体ほど減衰時間は長くなります．

第 7.16 図

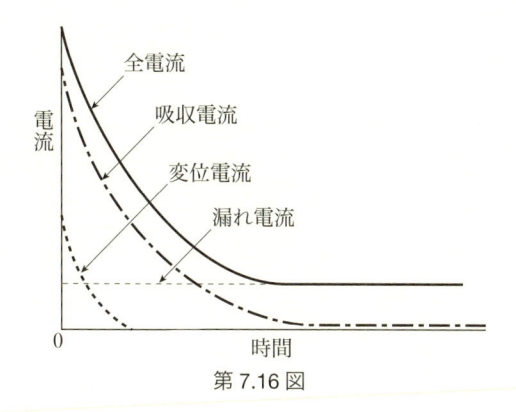

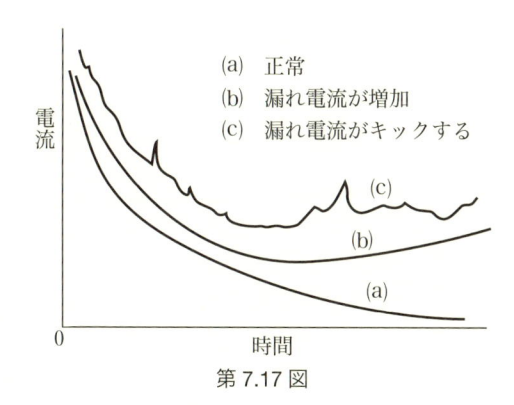

第 7.17 図
(a) 正常
(b) 漏れ電流が増加
(c) 漏れ電流がキックする

(2) **ケーブルの劣化の判定基準**

(a) 正極指数

絶縁劣化の定量的な判定として正極指数があります．

$$正極指数 = \frac{電圧印加1分後の電流値}{電圧印加10分後の電流値}$$

(b) 劣化の判定基準

 (i) 漏れ電流の値が大きい

 (ii) 正極指数が1より小さい

 (iii) 各相漏れ電流の不平衡を表す相間不平衡率が大きい

 (iv) 放電性電流が認められる

(3) **ケーブルの故障点測定法**

ケーブルの故障点測定には，マーレーループ法，パルス法，容量法などが

(a) マーレーループ法

ホイートストンブリッジの原理を応用し，故障点までの導体抵抗を測定して，故障点までの距離を求めます．

第7.18図(a)に測定回路において，1 000〔Ω〕しゅう動抵抗器のP点で検流計Gの指針が0となった．このときのP点の値をa〔Ω〕，ケーブル（b, c相）の心線の長さL〔m〕とすると，故障点までの距離x〔m〕はいくらか求めます．

測定回路は第7.18図(b)のブリッジ回路となりますので，ブリッジ回路の平衡条件を求めます．

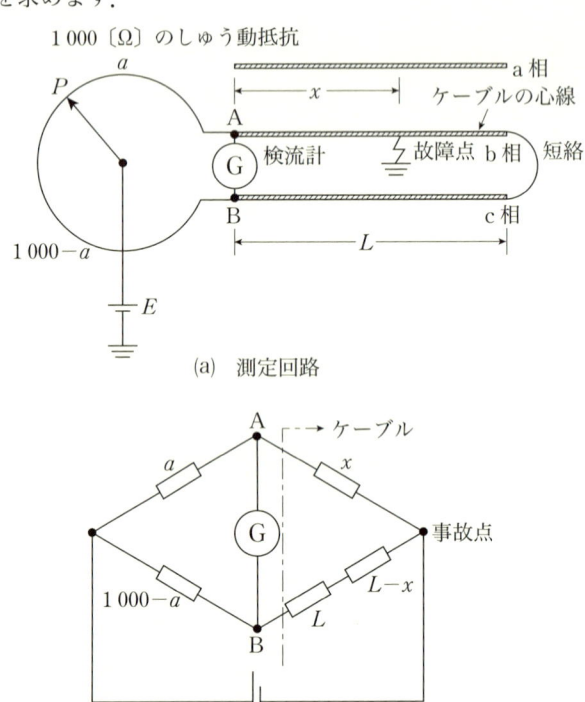

(a) 測定回路

(b) ブリッジ回路

第7.18図　マーレーループ法

$$a(2L-x) = x(1\,000-a)$$

$$\therefore \ x = \frac{2L}{1\,000}a \ [\text{m}]$$

ここで，$2L = 1\,000$〔m〕とすれば，P点の指示値を直読することができ，故障点までの距離は a〔m〕となります．

(b) パルス法

パルス電圧をケーブルの心線に送り，事故点でパルスが反射して戻ってくるため，反射パルスが戻ってくる時間を測定して距離を求めます．

第7.19図の測定回路において，伝搬速度 v〔m/s〕のパルスが t〔s〕後に測定器に戻ってきたとします．故障点までの距離 L〔m〕はいくらか求めます．

伝搬する距離が vt〔m〕なので，故障点までの距離 L〔m〕は，

$$L = \frac{vt}{2} \ [\text{m}]$$

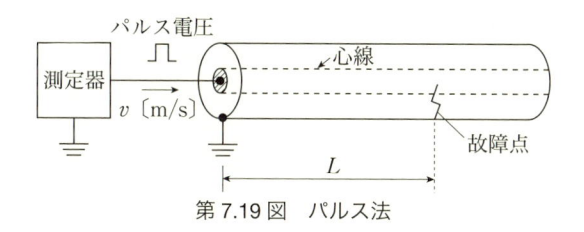

第7.19図 パルス法

(c) 容量法

ケーブルの断線故障はマーレーループ法が使えないため，静電容量を測定して距離を求めます．

第7.20図において静電容量の測定結果は，健全線が C〔μF〕，故障線が C_x〔μF〕であり，健全線のこう長は L〔m〕でした．断線した故障点までの距離 L_x〔m〕はいくらか求めます．

ケーブルの単位長さ当たりの静電容量は健全線も故障線も等しいので，次の関係を導くことができます．

$$L : C = L_x : C_x$$

よって，故障点までの距離 L_x〔m〕は，

$$L_x = \frac{C_x}{C}L \ [\text{m}]$$

7 地中電線路

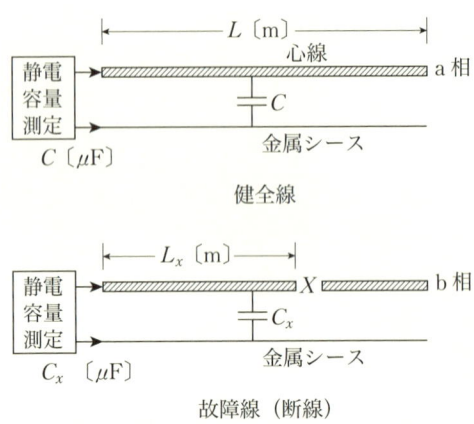

```
        ├────── L [m] ──────┤
                 心線
 静電  ┌━━━━━━━━━━━━━━━━━━┓ a相
 容量  │            ┤├ C
 測定  └──────────────────┘
        金属シース
 C [μF]
        健全線

        ├── Lₓ [m] ──┤
 静電  ┌━━━━━━━━━━X━━━━━━┓ b相
 容量  │          ┤├ Cₓ
 測定  └──────────────────┘
        金属シース
 Cₓ [μF]
        故障線（断線）
```

第 7.20 図 容量法

練習問題1

現場でケーブルの絶縁劣化状況を診断する方法の一つとして，[(1)] の高電圧を印加したときに流れる電流を測定する方法がある．

この電流値は充電電流と [(2)] および [(3)] の合計で，絶縁物が吸収や汚染により劣化すると，[(3)] が大きくなる．また，極端に絶縁が劣化すると，電流値が増大したり，キック電流が発生したりする．

【解答】 (1) 直流，(2) 吸収電流，(3) 漏れ電流

練習問題2

地中ケーブルの事故点を測定する方法として誤っているのは次のうちどれか．

(1) ホイートストンブリッジの原理を応用したマーレーループ法
(2) 断線事故の場合に静電容量を測定して行う容量法
(3) パルス電圧を送り事故点からの反射パルスを検知するパルス法
(4) 事故点からのサージ電流の到来時間差を測定する方法
(5) 地絡電流と電線の抵抗値から距離を測定する方法

【解答】 (5)

STEP 3 総合問題

【問題1】 3心ケーブルの静電容量を図のab間で測定した結果，A図の接続の場合には C_1〔μF〕，B図の接続の場合には C_2〔μF〕であった．

次の(a)および(b)の問いに答えよ．

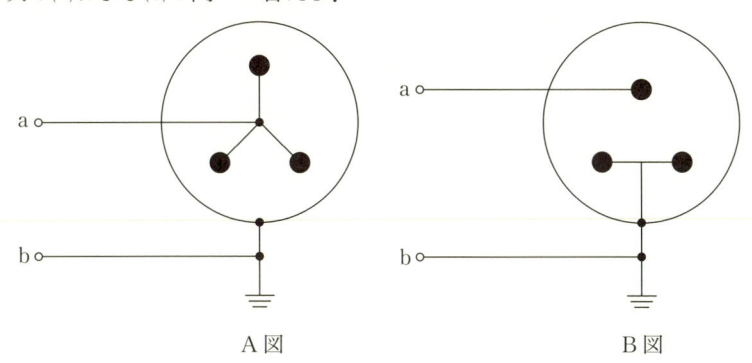

A図　　　　　　　　B図

(a) 各心線の対地静電容量 C_S〔μF〕はいくらか．
(b) 各心線の間の相互静電容量 C_m〔μF〕はいくらか．

【問題2】 66〔kV〕，50〔Hz〕の三相3線式で使用した場合，誘電損が 1 800〔W〕のケーブルがある．

次の(a)および(b)の問いに答えよ．

(a) これを 22〔kV〕，60〔Hz〕の三相3線式で使用した場合の誘電損〔W〕はいくらか．
(b) $\tan\delta$ が 0.0003 の場合のケーブルの1線当たりの静電容量〔μF〕はいくらか．

【問題3】 ある長さの三相3心ケーブルの1線当たりの静電容量（作用静電容量）は C〔F〕とする．

次の(a)および(b)の問いに答えよ．

(a) 任意の2心間に 50〔Hz〕，22〔kV〕の電圧を加えたときの充電電流 I_1〔A〕はいくらか．
(b) このケーブルに 60〔Hz〕，33〔kV〕の三相電圧を加えたとき充電電流を I_2〔A〕としたとき，I_2/I_1 はいくらか．

7 地中電線路

【問題4】 長さ L 〔m〕の3心ケーブルで2相短絡事故が生じた．測定回路は図のようなケーブルの末端に短絡してブリッジ回路を作り，抵抗 R_1 および R_2 を調整したところ $R_1/R_2 = a$ のとき，検流計 G の振れが零を示した．

次の(a)および(b)の問いに答えよ．

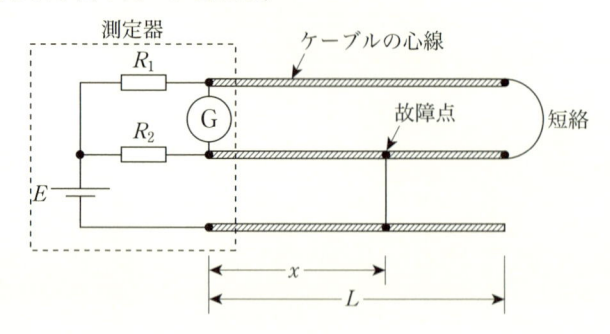

(a) 故障点までの距離を x とした場合のブリッジ回路の平衡条件を求めよ．
(b) 故障点までの距離 x 〔m〕はいくらか．

第 8 章
配電線路

第8章 Lesson 1 配電方式

覚えるべき重要ポイント
- 高圧配電方式の種類と特徴
- 低圧配電方式の種類と特徴

STEP 1

(1) 配電線

配電線には，低圧配電線，高圧配電線および特別高圧配電線があり，電力会社の変電所から給電しています．また，それぞれの配電線の電気方式を第8.1図に示します．

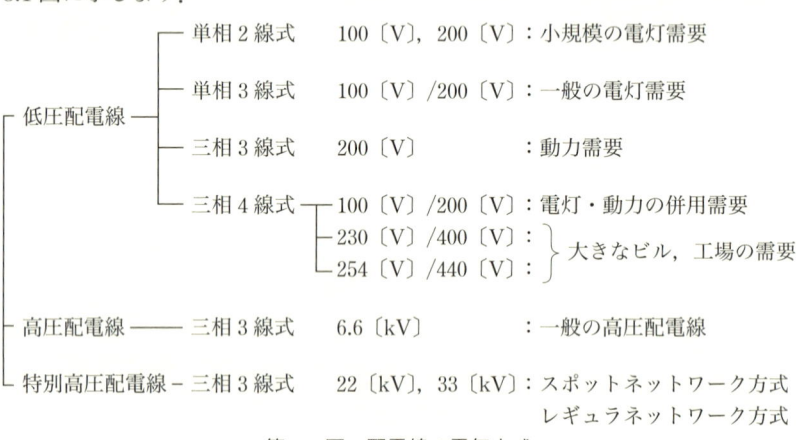

```
              ┌ 単相2線式    100〔V〕, 200〔V〕  : 小規模の電灯需要
              │
              ├ 単相3線式    100〔V〕/200〔V〕  : 一般の電灯需要
 ┌ 低圧配電線 ┤
 │            ├ 三相3線式    200〔V〕           : 動力需要
 │            │
 │            └ 三相4線式 ┬ 100〔V〕/200〔V〕  : 電灯・動力の併用需要
 │                        ├ 230〔V〕/400〔V〕 ┐
 │                        └ 254〔V〕/440〔V〕 ┘ 大きなビル，工場の需要
 │
 ├ 高圧配電線 ── 三相3線式    6.6〔kV〕          : 一般の高圧配電線
 │
 └ 特別高圧配電線 ─ 三相3線式  22〔kV〕, 33〔kV〕: スポットネットワーク方式
                                                  レギュラネットワーク方式
```

第8.1図　配電線の電気方式

(2) 高圧配電方式

高圧配電方式には，樹枝状方式，ループ方式があります．

(a) 樹枝状方式

幹線から木の枝のように分岐線を出して配電する方式です．

第8.2図のように樹枝状方式は，故障時や作業時の停電範囲を縮小するため，区分開閉器と隣接する他の配電線と連系用の開閉器を設置し，連系用開閉器は常時「開」で，故障時や作業時には「閉」にします．

〈特徴〉
 (ⅰ) 最も多く採用されている
 (ⅱ) 需要増加に伴って線路延長や増強が容易
 (ⅲ) 設備費が安価
 (ⅳ) 電圧降下や電力損失が大きくなる
 (ⅴ) 故障の際の停電範囲が広くなる

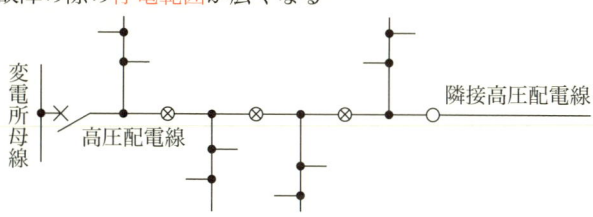

⊗：区分開閉器（常時閉）
○：連系用開閉器（常時開）
第8.2図　樹枝状方式

(b)　ループ方式

第8.3図のように線路が環状になっている方式で，一般にループ点は常時「開」とし，配電線間に循環する零相電流で地絡継電器が誤動作するのを防止しています．

〈特徴〉
 (ⅰ) 負荷が平均化するため全体でみると配電容量の増加となる
 (ⅱ) 電圧降下や電力損失が軽減する
 (ⅲ) 故障区間を除去して区分開閉器にて直ちに送電可能

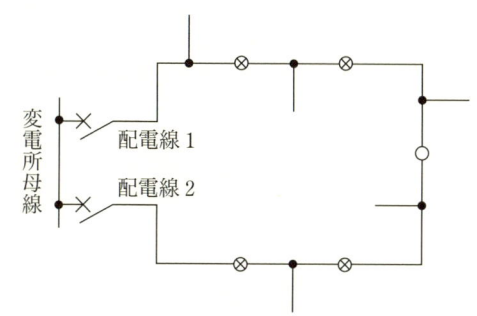

⊗：区分開閉器（常時閉）
○：ループ点開閉器（常時開）
第8.3図　ループ方式

(2) 低圧配電線の電気方式

　低圧配電線の一般的な電気方式は，電灯負荷に対しては 100/200 〔V〕の単相3線式，動力負荷に対しては三相3線式を用います．

　電灯と動力の両方の負荷を供給できる方式に 100/200〔V〕三相4線式（V結線電灯動力共用方式）があります．この方式は2台の単相変圧器を電柱上に設置し，第8.4図のようにV結線に接続して単相100/200〔V〕，三相200〔V〕をつくります．

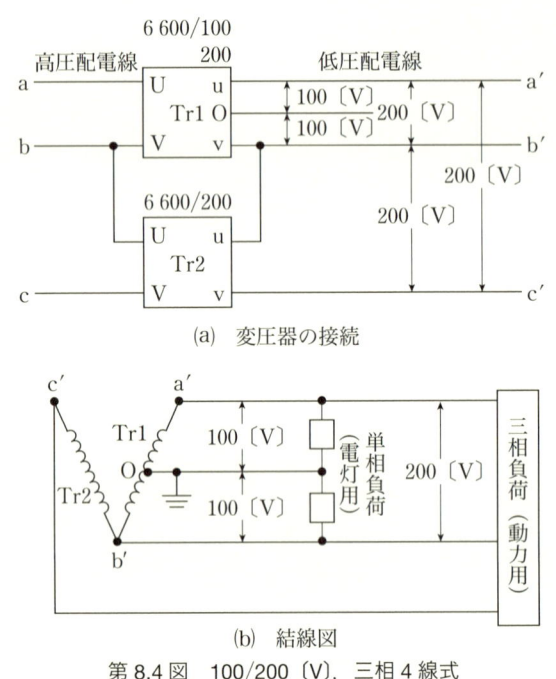

(a) 変圧器の接続

(b) 結線図

第8.4図　100/200〔V〕，三相4線式

(3) 低圧配電方式

　低圧配電方式には，樹枝状方式，低圧バンキング方式，レギュラネットワーク方式があります．

(a) 樹枝状方式

　高圧配電線と同様に，幹線から木の枝のように分岐線を出して配電する方式で，最も多く採用されています．

(b) 低圧バンキング方式

第8.5図のように同一高圧配電線に2台以上の配電用変圧器の低圧側を並列接続して，低圧幹線によって連系する方式です．

変圧器や低圧幹線に短絡故障が生じた場合，保護協調が適切でないと，低圧区分ヒューズや変圧器の高圧ヒューズが溶断し，次々に回路から遮断されるカスケーディングが発生します．

〈特徴〉
 (i) 電圧降下や電力損失が減少する
 (ii) 変動負荷によるフリッカが軽減できる
 (iii) 変圧器容量が節減できる
 (iv) 需要増加に対処しやすい
 (v) 故障または作業の際の停電範囲を小さくできる
 (vi) 保護協調が適切でないと，短絡故障の際に健全な変圧器が次々に遮断されるカスケーディングが起こるおそれがある

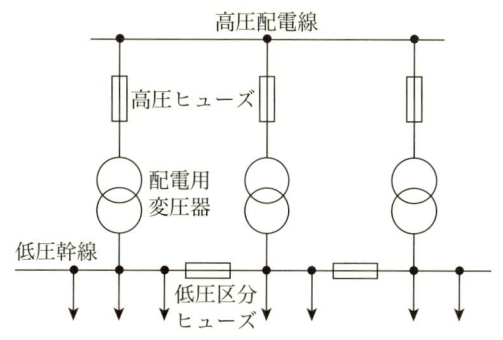

第8.5図　低圧バンキング方式

(c) レギュラネットワーク方式

第8.6図のように変電所母線から2，3本の22〔kV〕または33〔kV〕特別高圧配電線からネットワーク変圧器，ネットワークプロテクタを通じて低圧幹線を格子状に構成して供給する方式です．

1本の配電線が停電しても他の配電線で供給し，無停電で供給を継続できます．

〈特徴〉
 (i) 電圧変動が小さい

8 配電線路

(ii) 無停電供給ができ，信頼度が高い
(iii) 建設費が高いため，需要密度の高い地域で採用される

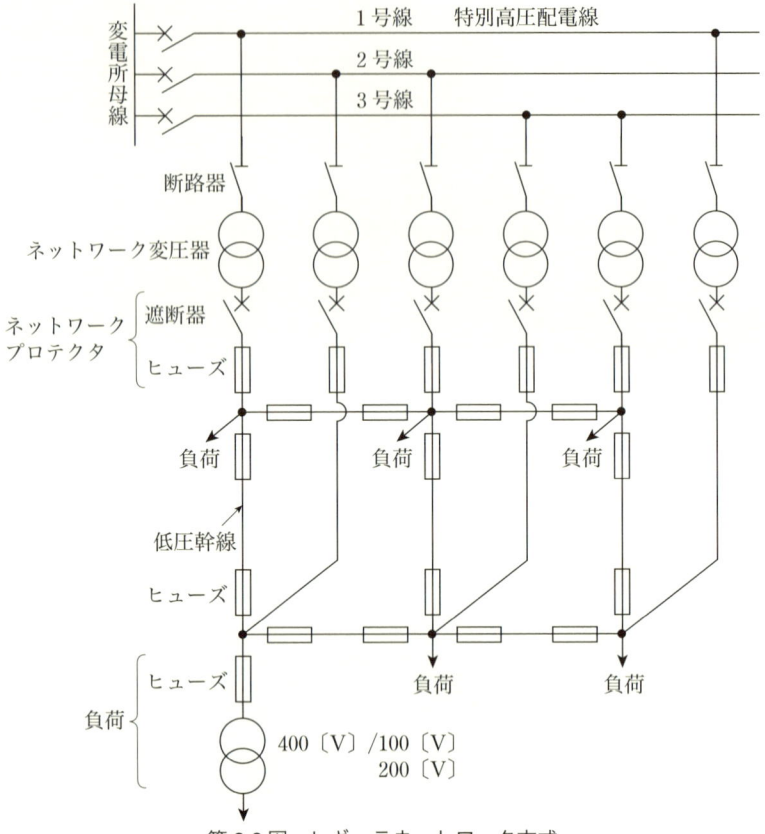

第 8.6 図　レギュラネットワーク方式

練習問題 1

　[(1)] 方式は，需要の分布に応じて樹枝状に分岐線を引き出すもので，信頼度は劣るが建設費は [(2)]．ループ方式は，配電線を [(3)] に連絡した方式で，電流分布がよくなり，電圧降下や [(4)] は軽減される．

【解答】　(1) 樹枝状，(2) 安い，(3) 環状，(4) 電力損失

練習問題2

配電方式として用いられる低圧バンキング方式を樹枝状配電方式と比較した場合の低圧バンキング方式の利点に関する記述である．誤っているのは次のうちどれか．

(1) 変圧器容量が節減できる．
(2) 電力損失および電圧降下が少ない．
(3) 需要増加に対して融通性がある．
(4) フリッカが軽減できる．
(5) 保護対策が簡単である．

【解答】 (5)

2 スポットネットワーク方式

覚えるべき重要ポイント

- スポットネットワーク方式の特徴

STEP 1

(1) スポットネットワーク方式

　第8.7図のように，22〔kV〕または33〔kV〕特別高圧配電線2～3回線で受電し，各回線の変圧器二次側を連系した方式で，T分岐，**断路器**，**ネットワーク変圧器**，**ネットワークプロテクタ**および**ネットワーク母線**から構成されています．

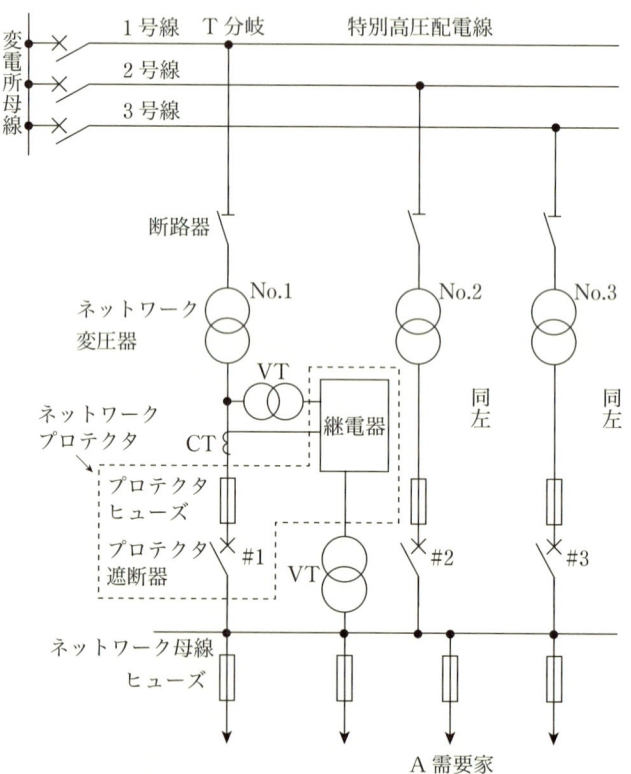

第8.7図　スポットネットワーク方式

特別高圧配電線1回線が停電しても他の回線で供給し，無停電で供給を継続でき，都心部の高層ビルなどに用いられています．

(2) **構成機器**

(a) ネットワーク変圧器

負荷バランスや故障時電流の抑制のため高インピーダンスとし，過負荷耐量は大きくしています（過負荷耐量：130〔%〕，8時間）．

(b) ネットワークプロテクタ

プロテクタヒューズ，プロテクタ遮断器およびネットワークプロテクタ継電器から構成され，二次側故障をネットワークプロテクタで対応して一次側への事故波及を防止しています．

ネットワークプロテクタには無電圧投入，差電圧投入，逆電力遮断の機能があり，第8.7図により説明します．

　(i) 電力会社の変電所が全停

A需要家へ送電している1, 2, 3号線の電圧が零となります．

　(ii) A需要家は停電

#1, #2, #3のプロテクタ遮断器は「切」になります．

　(iii) 最初に変電所から1号線を復電

A需要家のNo.1変圧器は加圧され，ネットワーク母線電圧が零のため，#1プロテクタ遮断器は無電圧投入機能で「入」となります．

　(iv) 続いて変電所から2号線を復電

A需要家のNo.2変圧器は加圧され，ネットワーク母線との電圧差が整定値以下であれば，#2プロテクタ遮断器は，差電圧投入機能で「入」となります．

　(v) さらに変電所から3号線を復電

A需要家のNo.3変圧器は加圧され，ネットワーク母線との電圧差が整定値以下であれば，#3プロテクタ遮断器は，差電圧投入機能で「入」となります．

　(vi) 1号線で短絡または地絡故障が発生

変電所の1号線遮断器が遮断し1号線電圧が零となり，A需要家のネットワーク母線からNo.1変圧器へ電流が流れ，逆電力リレーが動作します．#1プロテクタ遮断器は，逆電力遮断機能で「切」となります．

(3) **特徴**
(a) 電圧変動が小さい
(b) 無停電供給ができ，信頼度が高い
(c) 建設費が高いため，需要密度の高い地域で採用される
(d) 回生電力を有する機器は，逆電力リレーが動作し，ネットワークプロテクタの逆電力遮断機能により誤動作することがあるため，用いることはできない

> **練習問題 1**
> 都心のビルなどに適用されているスポットネットワーク方式に関する記述である．誤っているのは次のうちどれか．
> (1) 一般に多回線で供給されるので，供給線路のうち，1回線が故障停電しても無停電供給が可能であり，信頼度が高い．
> (2) 一次側は，遮断器が省略される場合が多く，設備の簡素化が図れる．
> (3) 負荷に大きな回生電力を発生する回転機があると，プロテクタが不必要動作するおそれがある．
> (4) ネットワークは多回線で構成されるため，ネットワーク母線の信頼度は，それほど高くしなくてもよい．
> (5) ネットワーク系統は，ループ方式などに比べて配電線の稼働率を高くすることができる．

【解答】 (4)

第8章 Lesson 3 電気方式（単相）

覚えるべき重要ポイント

- 単相2線式，単相3線式の特徴
- 単相3線式 不平衡負荷接続の影響
- バランサの役割

STEP 1

(1) 単相2線式

第8.8図に示すように，負荷の端子電圧 V〔V〕，電流 I〔A〕，力率 $\cos\theta$，電線1条の抵抗 R〔Ω〕とすると，

(a) 負荷電力 P

$$P = VI\cos\theta \text{〔W〕}$$

(b) 線路損失 P_L

$$P_L = 2RI^2 \text{〔W〕}$$

(c) 特徴

(ⅰ) 家庭用100〔V〕回路に使用

(ⅱ) 単線3線式に比べて電圧降下と線路損失が大きい

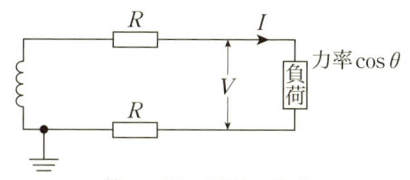

第8.8図 単相2線式

(2) 単相3線式

第8.9図に示すように二つの負荷が等しく，端子電圧 V〔V〕，電流 I〔A〕，力率 $\cos\theta$，電線1条の抵抗 R〔Ω〕とすると，中性線に流れる電流 $I_n = 0$〔A〕となります。

(a) 負荷電力 P

$$P = 2VI\cos\theta \text{〔W〕}$$

323

(b) 線路損失 P_L

$$P_L = 2RI^2 \text{ [W]}$$

(c) 特徴

 (i) 100 [V], 200 [V] が使用でき, 家庭用の標準的な方式

 (ii) 単線 2 線式に比べて電圧降下と線路損失が軽減できる

 (iii) 一般的に変圧器の一次側は 6.6 [kV] の高圧配電線なので, 中性線に B 種接地工事を施す

 (iv) 負荷に不平衡があると, 両端の電圧が不平衡になる

 (v) 不平衡の場合, 中性線が断線すると大きな電圧不平衡を生じるおそれがある

 (vi) 中性線にヒューズを入れてはいけない

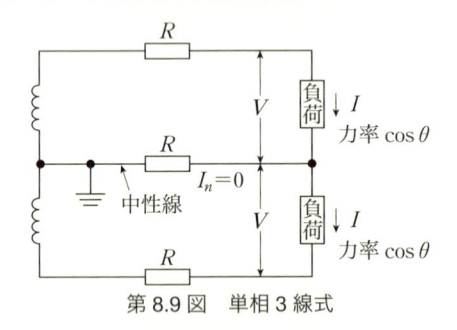

第 8.9 図　単相 3 線式

(3) 単相 2 線式と単相 3 線式の比較

(a) 線路電流, 線路損失

負荷（力率 1.0）と端子電圧および線路の 1 線当たりの抵抗が同一の場合について, 線路電流, 1 線当たりの線路損失の比（単相 3 線式 / 単相 2 線式）を第 8.1 表に示します.

(b) 所要電線量

所要電線量比（単相 3 線式 / 単相 2 線式）を求めます.

(i) 負荷と線路損失が等しい場合

単相 2 線式で負荷 P [W], 負荷力率 1.0, 端子電圧 V [V], 電線 1 条の抵抗 R_2 [Ω] とすると, 線路損失 P_{L2} [W] は,

$$P_{L2} = \frac{2R_2 P^2}{V^2} \text{ [W]} \qquad ①$$

第 8.1 表

方式	線路電流〔A〕	線路損失〔W〕
単相2線式	$\dfrac{P}{V}$	$\dfrac{2RP^2}{V^2}$
単相3線式	$\dfrac{P}{2V}$	$\dfrac{RP^2}{2V^2}$
比（単相3線式／単相2線式）	1/2	1/4

単相3線式で負荷 P〔W〕（二つの負荷合計が P で同一），負荷力率 1.0，端子電圧 V〔V〕，電線1条の抵抗 R_3〔Ω〕とすると，線路損失 P_{L3}〔W〕は，

$$P_{L3} = 2R_3\left(\frac{P}{2V}\right)^2 = \frac{R_3 P^2}{2V^2} \text{〔W〕} \qquad ②$$

条件が同一線路損失ですから，①式 ＝ ②式より，

$$\frac{2R_2 P^2}{V^2} = \frac{R_3 P^2}{2V^2}$$

$$\therefore \quad R_3 = 4R_2 \qquad ③$$

電線の抵抗率 ρ〔Ω・m²/m〕と電線長さ l〔m〕は同一とし，単相2線式，単相3線式の電線1条当たりのそれぞれの断面積 A_2〔m²〕，A_3〔m²〕とすると，③式から，

$$R_3 = \frac{\rho l}{A_3} = \frac{4\rho l}{A_2}$$

$$\therefore \quad A_3 = \frac{A_2}{4} \qquad ④$$

電線単位体積当たりの重量を σ〔kg/m³〕とすると，単相3線式，単相2線式それぞれの電線重量 W_3〔kg〕，W_2〔kg〕は，

$$W_3 = 3\sigma A_3 l = \frac{3\sigma A_2 l}{4} \ [\text{kg}]$$

$$W_2 = 2\sigma A_2 l \ [\text{kg}]$$

所要電線量の比（W_3/W_2）は，

$$\frac{W_3}{W_2} = \frac{\dfrac{3\sigma A_2 l}{4}}{2\sigma A_2 l} = \frac{3}{8}$$

となり，線路損失が等しい場合の所要電線量比は 3/8 となります．

(ii) 負荷と線路容量（電流密度）が等しい場合

単相2線式で負荷 P [W]，負荷力率1.0，端子電圧 V [V]，電線1条当たりの長さ l [m]，断面積 A_2 [m²] とすると，電流密度 i_2 [A/m³] は，

$$i_2 = \frac{P}{A_2 l V} \ [\text{A/m}^3] \quad\quad ①$$

単相3線式で負荷 P [W]（二つの負荷合計が P で同一），負荷力率1.0，端子電圧 V [V]，電線1条当たりの長さ l [m]，断面積 A_3 [m²] とすると，電流密度 i_3 [A/m³] は，

$$i_3 = \frac{P}{2A_3 l V} \ [\text{A/m}^3] \quad\quad ②$$

条件が同一電流密度ですので，①式 = ②式より，

$$\frac{P}{A_2 l V} = \frac{P}{2A_3 l V}$$

$$\therefore \ A_2 = 2A_3 \quad\quad ③$$

電線単位体積当たりの重量を σ [kg/m³] とすると，単相3線式，単相2線式それぞれの電線重量 W_3 [kg]，W_2 [kg] は，

$$W_3 = 3\sigma A_3 l \ [\text{kg}]$$

$$W_2 = 2\sigma A_2 l = 4\sigma A_3 l \ [\text{kg}]$$

所要電線量の比（W_3/W_2）は，

$$\frac{W_3}{W_2} = \frac{3\sigma A_3 l}{4\sigma A_3 l} = \frac{3}{4}$$

となり，線路容量が等しい場合の所要電線量比は 3/4 となります．

練習問題 1

200/100〔V〕単相3線式の特徴に関する記述である．誤っているのは次のうちどれか．

(1) 100〔V〕単相2線式と電線の銅量が等しければ，配電容量が大きい．
(2) 中性線を接地しなければならない．
(3) 200〔V〕と100〔V〕の両電圧を同一の配電変圧器で利用できる．
(4) 100〔V〕単相2線式と電線の太さが等しく，送電電力も等しければ，配電線内のオーム損が小さい．
(5) 中性線には，自動遮断装置を設置しなければならない．

【解答】 (5)

STEP 2

(1) 単相3線式　不平衡負荷接続の影響

第8.10図に示すように負荷力率1.0，負荷Aの電流 I_A〔A〕，負荷Bの電流 I_B〔A〕に供給しているとします．変圧器二次側電圧を E〔V〕，電線1条の抵抗 R〔Ω〕とする場合の負荷A，負荷Bの両端電圧 V_A〔V〕，V_B〔V〕について検討します．

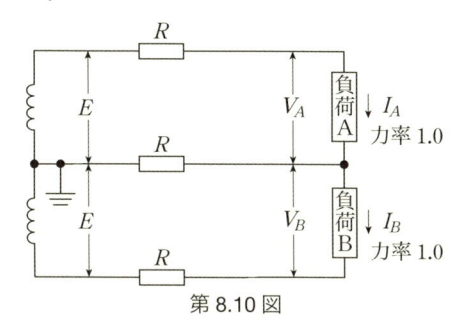

第8.10図

(a) 負荷が不平衡の場合

第8.10図の回路において，$E = 105$〔V〕，$R = 0.1$〔Ω〕，負荷Aの電流 $I_A = 10$〔A〕，負荷Bの電流 $I_B = 30$〔A〕のときの負荷A，負荷Bの両端電圧 V_A〔V〕，V_B〔V〕と電力損失 P_L〔W〕を求めます．

第8.11図に示すように回路Ⅰと回路Ⅱについて関係式を求めます．

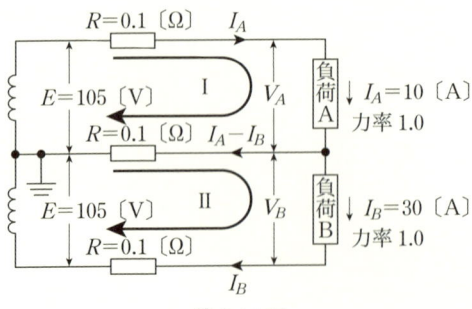

第 8.11 図

回路 I
$$E = I_A R + V_A + (I_A - I_B)R \qquad ①$$
回路 II
$$E = -(I_A - I_B)R + V_B + I_B R \qquad ②$$

①式から負荷 A の両端電圧 V_A 〔V〕を求めます．

$$V_A = E - I_A R - (I_A - I_B)R$$
$$= E + (I_B - 2I_A)R \qquad ③$$

③式に数値を代入すると，

$$V_A = 105 + (30 - 2 \times 10) \times 0.1 = 105 + 1 = 106 \text{〔V〕}$$

②式から負荷 B の両端電圧 V_B 〔V〕を求めます．

$$V_B = E - (I_A - I_B)R + I_B R$$
$$= E + (2I_B - I_A)R \qquad ④$$

④式に数値を代入すると，

$$V_B = 105 + (2 \times 30 - 10) \times 0.1 = 105 + 5 = 110 \text{〔V〕}$$

電力損失 P_L 〔W〕は，

$$P_L = RI_A{}^2 + R(I_A - I_B)^2 + RI_B{}^2$$
$$= R(2I_A{}^2 - 2I_A I_B + 2I_B{}^2)$$
$$= 0.1 \times (2 \times 10^2 - 2 \times 10 \times 30 + 2 \times 30^2)$$
$$= 140 \text{〔W〕}$$

となり，$V_A = 106$〔V〕，$V_B = 110$〔V〕，$P_L = 140$〔W〕となります．

負荷に不平衡があると両端の電圧は不平衡になります．

(b) 中性線が断線した場合

第8.10図の回路において中性線が断線しました．$E = 105$〔V〕，$R = 0.1$〔Ω〕，

負荷A（電流 $I_A = 10$〔A〕）の負荷抵抗 R_A〔Ω〕, 負荷B（電流 $I_B = 30$〔A〕）の負荷抵抗 R_B〔Ω〕としたとき，負荷A，負荷Bの両端電圧 V_A〔V〕, V_B〔V〕を求めます．

ただし，負荷の定格電圧 $V = 100$〔V〕とします．

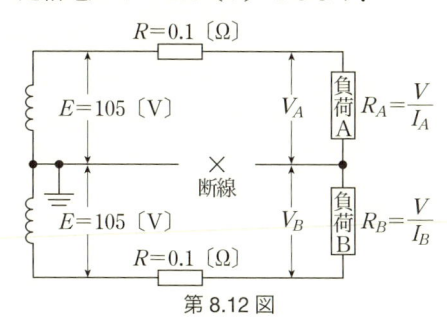

第 8.12 図

中性線が断線すると第 8.12 図に示す回路となり，負荷Aの両端電圧 V_A〔V〕を求めます．

$$V_A = \frac{R_A}{R_A + R_B + 2R} \times 2E \qquad ①$$

①式に数値を代入すると，$R_A = 100/10 = 10$〔Ω〕, $R_B = 100/30 ≒ 3.333$〔Ω〕であるから，

$$V_A = \frac{10}{10 + 3.333 + 2 \times 0.1} \times 2 \times 105 ≒ 155.2 \text{〔V〕}$$

負荷Bの両端電圧 V_B〔V〕を求めます．

$$V_B = \frac{R_B}{R_A + R_B + 2R} \times 2E \qquad ②$$

②式に数値を代入すると，

$$V_B = \frac{3.333}{10 + 3.333 + 2 \times 0.1} \times 2 \times 105 ≒ 51.7 \text{〔V〕}$$

となり，$V_A = 155.2$〔V〕, $V_B = 51.7$〔V〕となります．

中性線が断線すると大きな電圧不平衡を生じます．

(2) 単相3線式　バランサの設置

バランサは巻数比1:1の単巻変圧器で，第 8.13 図に示すように接続します．

第 8.13 図　バランサ

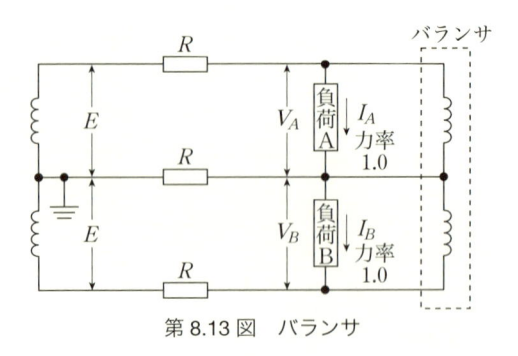

(a)　負荷が不平衡の場合

第 8.13 図の回路において，$E = 105$ 〔V〕，$R = 0.1$ 〔Ω〕，負荷 A の電流 $I_A = 10$ 〔A〕，負荷 B の電流 $I_B = 30$ 〔A〕のときの負荷 A，負荷 B の両端電圧 V_A 〔V〕，V_B 〔V〕と電力損失 P_L 〔W〕を求めます．

第 8.14 図に示すように回路 I と回路 II について関係式を求めます．

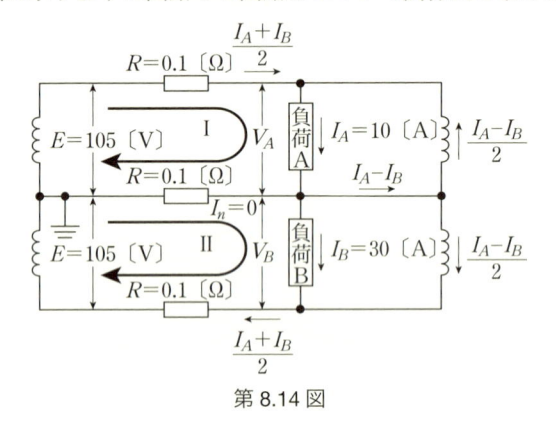

第 8.14 図

回路 I

$$E = \frac{I_A + I_B}{2} R + V_A \qquad ①$$

回路 II

$$E = V_B + \frac{I_A + I_B}{2} R \qquad ②$$

①式から負荷 A の両端電圧 V_A 〔V〕を求めます．

$$V_A = E - \frac{I_A + I_B}{2}R$$

$$= 105 - \frac{10+30}{2} \times 0.1 = 103 \text{ [V]}$$

②式から負荷 B の両端電圧 V_B [V] を求めます．

$$V_B = E - \frac{I_A + I_B}{2}R$$

$$= 105 - \frac{10+30}{2} \times 0.1 = 103 \text{ [V]}$$

中性線には電流が流れないため，電力損失 P_L [W] は，

$$P_L = 2R \left(\frac{I_A + I_B}{2} \right)^2$$

$$= 2 \times 0.1 \times \left(\frac{10+30}{2} \right)^2 = 80 \text{ [W]}$$

となり，$V_A = 103$ [V]，$V_B = 103$ [V]，$P_L = 80$ [W] となります．

バランサを設置すると，負荷が不平衡であっても両端の電圧は平衡になります．また，電力損失も低減できます．

(b) バランサの特徴

(ⅰ) 負荷電流をバランスさせ，負荷の両端電圧が平衡になる

(ⅱ) 線路損失を減少させる

(ⅲ) 両外線には外線電流の平均値が流れ，中性線には電流が流れない

練習問題 1

バランサは一種の [(1)] 比 1：1 の [(2)] 変圧器であり，負荷末端に並列に接続する．

バランサは，電圧の高い軽負荷側の負荷を増加し，電圧の低い重負荷側の負荷を [(3)] し，負荷分担および負荷電圧を [(4)] にする働きがある．

【解答】 (1) 巻数，(2) 単巻，(3) 軽減，(4) 平衡

第8章 Lesson 4 電気方式（三相）

> **覚えるべき重要ポイント**
> ● 三相3線式，三相4線式の特徴

STEP 1

(1) **三相3線式**

第8.15図に示すように三相平衡負荷において，線間電圧 V〔V〕，線電流 I〔A〕，力率 $\cos\theta$，電線1条の抵抗 R〔Ω〕とすると，

(a) 負荷電力 P

$$P = \sqrt{3}\ VI\cos\theta\ \text{〔W〕}$$

(b) 線路損失 P_L

$$P_L = 3RI^2\ \text{〔W〕}$$

(c) 特徴

(i) 工場や事務所などの200〔V〕動力回路に用いられます．

(ii) 一般的に変圧器の一次側は6.6〔kV〕の高圧配電線ですので，二次側は△接続して B種接地工事 を施します．

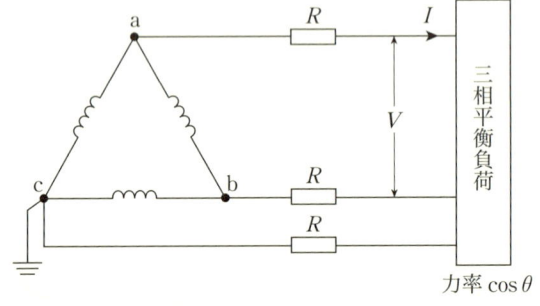

第8.15図　三相3線式

(2) **三相4線式**

第8.16図に示すように三相平衡負荷において，線間電圧 V〔V〕，線電流 I〔A〕，力率 $\cos\theta$，電線1条の抵抗 R〔Ω〕とすると，

(a) 負荷電力 P

$P = \sqrt{3}\ VI\cos\theta\ \mathrm{[W]}$

(b) 線路損失 P_L

$P_L = 3RI^2\ \mathrm{[W]}$

(c) 特徴

(i) 大形ビルや工場などの 400〔V〕回路に用いられます（第 8.17 図参照）．

(ii) 一般的に変圧器の一次側が 22〔kV〕，33〔kV〕または 6.6〔kV〕配電線ですので，二次側は Y 接続し，中性線に B 種接地工事を施します．

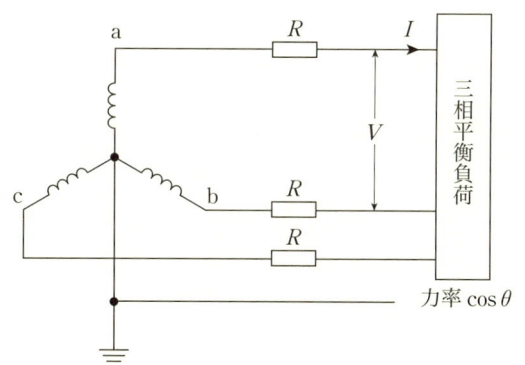

第 8.16 図　三相 4 線式

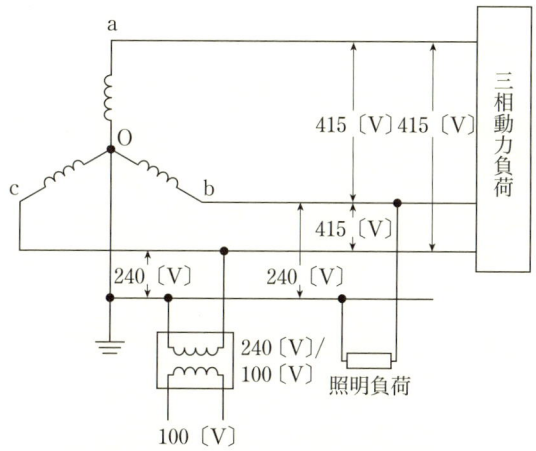

第 8.17 図　400〔V〕三相 4 線式の例

(3) 三相3線式と単相2線式の比較

(a) 線路電流，線路損失

負荷（力率1.0）と端子電圧および線路の1線当たりの抵抗が同一の場合について，線路電流，1線当たりの線路損失の比（三相3線式／単相2線式）を第8.2表に示します．

第8.2表

方式	線路電流〔A〕	線路損失〔W〕
単相2線式	$\dfrac{P}{V}$	$\dfrac{2RP^2}{V^2}$
三相3線式	$\dfrac{P}{\sqrt{3}\,V}$	$\dfrac{RP^2}{V^2}$
比（三相3線式／単相2線式）	$1/\sqrt{3}$	$1/2$

(b) 所要電線量

所要電線量比（三相3線式／単相2線式）を求めます．

(i) 負荷と線路損失が等しい場合

単相2線式で負荷 P〔W〕，負荷力率1.0，端子電圧 V〔V〕，電線1条の抵抗 R_2〔Ω〕とすると，線路損失 P_{L2}〔W〕は，

$$P_{L2} = \frac{2R_2 P^2}{V^2} \text{〔W〕} \qquad ①$$

三相3線式で負荷 P〔W〕，負荷力率1.0，端子電圧 V〔V〕，電線1条の抵抗 R_3〔Ω〕とすると，線路損失 P_{L3}〔W〕は，

$$P_{L3} = 3R_3 \left(\frac{P}{\sqrt{3}\,V} \right)^2 = \frac{R_3 P^2}{V^2} \text{〔W〕} \qquad ②$$

条件が同一線路損失ですので，①式 ＝ ②式より，

$$\frac{2R_2P^2}{V^2} = \frac{R_3P^2}{V^2}$$

$$\therefore \quad R_3 = 2R_2 \qquad ③$$

電線の抵抗率 ρ 〔Ω・m²/m〕と電線長さ l 〔m〕は同一とし，単相2線式，三相3線式の電線1条当たりのそれぞれの断面積 A_2 〔m²〕，A_3 〔m²〕とすると，③式から，

$$R_3 = \frac{\rho l}{A_3} = \frac{2\rho l}{A_2}$$

$$\therefore \quad A_3 = \frac{A_2}{2} \qquad ④$$

電線単位体積当たりの重量を σ 〔kg/m³〕とすると，単相3線式，単相2線式それぞれの電線重量 W_3 〔kg〕，W_2 〔kg〕は，

$$W_3 = 3\sigma A_3 l = \frac{3\sigma A_2 l}{2} \text{〔kg〕}$$

$$W_2 = 2\sigma A_2 l \text{〔kg〕}$$

所要電線量の比（W_3/W_2）は，

$$\frac{W_3}{W_2} = \frac{\dfrac{3\sigma A_2 l}{2}}{2\sigma A_2 l} = \frac{3}{4}$$

となり，線路損失が等しい場合の所要電線量比は 3/4 となります．

(ii) 負荷と線路容量（電流密度）が等しい場合

単相2線式で負荷 P 〔W〕，負荷力率1.0，端子電圧 V 〔V〕，電線1条当たりの長さ l 〔m〕，断面積 A_2 〔m²〕とすると，電流密度 i_2 〔A/m³〕は，

$$i_2 = \frac{P}{A_2 l V} \text{〔A/m³〕} \qquad ①$$

三相3線式で負荷 P 〔W〕，負荷力率1.0，端子電圧 V 〔V〕，電線1条当たりの長さ l 〔m〕，断面積 A_3 〔m²〕とすると，電流密度 i_3 〔A/m³〕は，

$$i_3 = \frac{P}{\sqrt{3}\, A_3 l V} \text{〔A/m³〕} \qquad ②$$

条件が同一電流密度ですので，①式 ＝ ②式より，

$$\frac{P}{A_2 l V} = \frac{P}{\sqrt{3}\, A_3 l V}$$

$$\therefore \quad A_2 = \sqrt{3}\, A_3 \qquad\qquad\qquad\qquad ③$$

電線単位体積当たりの重量を σ〔kg/m³〕とすると，三相3線式，単相2線式それぞれの電線重量 W_3〔kg〕，W_2〔kg〕は，

$$W_3 = 3\sigma A_3 l \text{〔kg〕}$$

$$W_2 = 2\sigma A_2 l = 2\sqrt{3}\, \sigma A_3 l \text{〔kg〕}$$

所要電線量の比（W_3/W_2）は，

$$\frac{W_3}{W_2} = \frac{2\sqrt{3}\, \sigma A_3 l}{4\sigma A_3 l} = \frac{\sqrt{3}}{2}$$

となり，線路容量が等しい場合の所要電線量比は $\sqrt{3}/2$ となります．

> **練習問題1**
> 400〔V〕配電に関する記述である．誤っているのは次のうちどれか．
> (1) ほかの配電方式に比し導体量を大幅に節約できる．
> (2) 400〔V〕級電動機が採用できる．
> (3) 240/415〔V〕三相4線式とすることにより，電灯・動力共用の配線が可能である．
> (4) 接地保護は，過電流保護のみで目的が達せられる．
> (5) 中性点を接地し，対地電圧を低下できる．

【解答】 (4)

第8章 Lesson 5 V結線配電方式

覚えるべき重要ポイント

- V結線と△結線との出力比
- V結線変圧器の利用率

STEP 1

(1) **V結線配電方式**

　V結線配電方式は，△結線変圧器の一相を取り除いた結線の配電方式であり，△結線変圧器の1台が故障した場合や柱上変圧器に用いられます．

　一般に100/200〔V〕三相4線式として用い，V結線電灯動力共用方式（異容量V結線）とも呼ばれ，単相負荷と三相負荷が加わる変圧器を「共用変圧器」，三相負荷のみが加わる変圧器を「動力専用変圧器」ともいいます（第8.18図参照）．

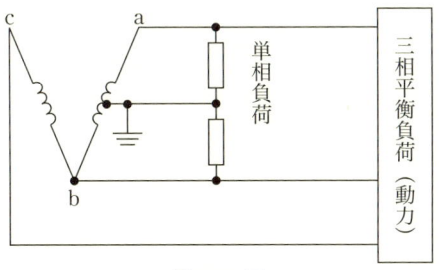

第8.18図

(2) **V結線と△結線の比較**

　第8.19図の回路において線間電圧V〔V〕，相電流I〔A〕，1台の変圧器の容量をP〔V・A〕として次の項目を求めます．

　・V結線と△結線との出力比
　・V結線の変圧器利用率

(a)　V結線と△結線との出力比

　V結線の出力P_V〔V・A〕は，V結線変圧器では，巻線電流が相電流であり，線電流となるため，

$$P_V = \sqrt{3} \times 線間電圧 \times 線電流 = \sqrt{3} \times 線間電圧 \times 相電流$$

$$= \sqrt{3}\,VI = \sqrt{3}\,P \; [\text{V} \cdot \text{A}]$$

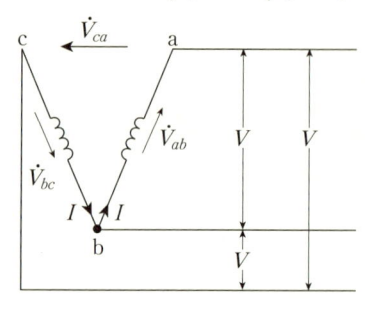

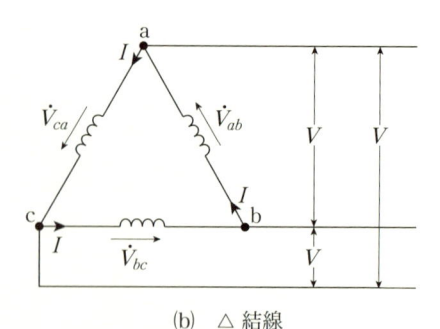

(a) V結線　　　　　　　　(b) △結線

第8.19図　V結線と△結線の比較

△結線の出力 $P_\triangle$ 〔V・A〕は，

△結線では，巻線電流の $\sqrt{3}$ 倍が線電流となるため，

$$P_\triangle = \sqrt{3} \times 線間電圧 \times 線電流 = \sqrt{3} \times 線間電圧 \times (\sqrt{3} \times 相電流)$$
$$= 3VI = 3P \; [\text{V} \cdot \text{A}]$$

V結線と△結線との出力比は，

$$\frac{P_V}{P_\triangle} = \frac{\sqrt{3}\,P}{3P} = \frac{1}{\sqrt{3}}$$

となり，V結線と△結線との出力比は $1/\sqrt{3}$ となります．

(b)　**V結線の変圧器利用率**

単相変圧器2台の合計容量 P_O 〔V・A〕は，

$$P_O = 2P \; [\text{V} \cdot \text{A}]$$

V結線の変圧器利用率〔％〕は，

$$変圧器利用率 = \frac{P_V}{P_O} \times 100$$

$$= \frac{\sqrt{3}\,P}{2P} \times 100 \fallingdotseq 86.6 \; [\%]$$

となり，V結線の変圧器利用率は 86.6〔％〕となります．

(3)　**V結線と単相負荷**

第8.20図(a)のように単相負荷電流 $\dot{I}_1$ 〔A〕，三相負荷電流 $\dot{I}_a$, $\dot{I}_b$, $\dot{I}_c$ 〔A〕，線間電圧 $\dot{V}_{ab}$, $\dot{V}_{bc}$, $\dot{V}_{ca}$ 〔V〕，変圧器Aの電流 $\dot{I}_T$ 〔A〕，単相負荷力率 $\cos\theta_1$ （遅れ），三相負荷力率 $\cos\theta_3$ （遅れ）とするときの変圧器A，変圧器B

それぞれの容量を求めます．

なお，$|\dot{I}_1|=I_1$〔A〕，$|\dot{I}_a|=|\dot{I}_b|=|\dot{I}_c|=I_3$〔A〕，$|\dot{V}_{ab}|=|\dot{V}_{bc}|=|\dot{V}_{ca}|=V$〔V〕，相回転は a−b−c とします．

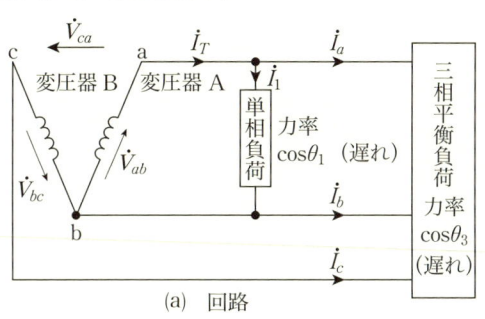

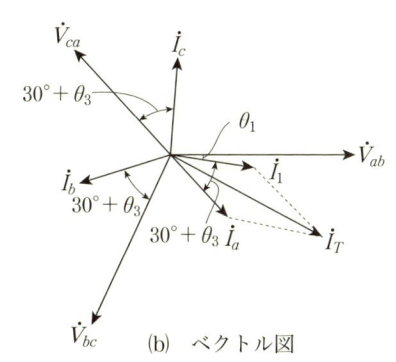

第 8.20 図　V 結線と単相負荷

(a) 変圧器 A の容量

第 8.20 図(b)のベクトル図から，電流 $\dot{I}_1$ と $\dot{I}_a$ を求めます．

$$\dot{I}_1 = I_1(\cos\theta_1 - j\sin\theta_1) \qquad ①$$
$$\dot{I}_a = \dot{I}_3\{\cos(30°+\theta_3) - j\sin(30°+\theta_3)\} \qquad ②$$

変圧器 A の電流 I_T は，

$$\dot{I}_T = \dot{I}_1 + \dot{I}_a$$
$$= I_1\cos\theta_1 + I_3\cos(30°+\theta_3) - j\{I_1\sin\theta_1 + I_3\sin(30°+\theta_3)\}$$

ここで，$I_P = I_1\cos\theta_1 + I_3\cos(30°+\theta_3)$

$$I_Q = I_1\sin\theta_1 + I_3\sin(30°+\theta_3) \qquad ③$$

とすると，

$$\dot{I}_T = I_P - jI_Q$$

$|\dot{I}_T| = I_T$ とおくと,
$$I_T = \sqrt{I_P{}^2 + I_Q{}^2} \qquad ④$$
また, ③, ④式から $I_T{}^2 =$ の式にすると,
$$I_T{}^2 = I_1{}^2 + I_3{}^2 + 2I_1 I_3 \cos(30° + \theta_3 - \theta_1)$$
となるから,
$$I_T = \sqrt{I_1{}^2 + I_3{}^2 + 2I_1 I_3 \cos(30° + \theta_3 - \theta_1)} \ [\mathrm{A}]$$
変圧器 A の容量 S_A [V・A] は,
$$S_A = VI_T$$
$$\quad = V\sqrt{I_1{}^2 + I_3{}^2 + 2I_1 I_3 \cos(30° + \theta_3 - \theta_1)}$$
ここで, $S_1 = VI_1$ [V・A], $S_3 = VI_3$ [V・A] とすると,
$$S_A{}^2 = S_1{}^2 + S_3{}^2 + 2S_1 S_3 \cos(30° + \theta_3 - \theta_1)$$
$$S_A = \sqrt{S_1{}^2 + S_3{}^2 + 2S_1 S_3 \cos(30° + \theta_3 - \theta_1)} \ [\mathrm{V \cdot A}]$$
となり, 変圧器 A の容量 S_A は,
$$S_A = V\sqrt{I_1{}^2 + I_3{}^2 + 2I_1 I_3 \cos(30° + \theta_3 - \theta_1)} \ [\mathrm{V \cdot A}]$$
または,
$$S_A = \sqrt{S_1{}^2 + S_3{}^2 + 2S_1 S_3 \cos(30° + \theta_3 - \theta_1)} \ [\mathrm{V \cdot A}]$$

(b) 変圧器 B の容量

第 8.20 図(b)のベクトル図から変圧器 B の容量 S_B [V・A] は,
$$S_B = V|\dot{I}_c| = VI_3 \ [\mathrm{V \cdot A}]$$

(c) 単相負荷電力と三相負荷電力

単相負荷電力 P_1 [W] は,
$$P_1 = VI_1 \cos\theta_1 \ [\mathrm{W}]$$
三相負荷電力 P_3 [W] は,
$$P_3 = \sqrt{3} \times 線間電圧 \times 線電流 \times 力率$$
$$\quad = \sqrt{3}\ VI_3 \cos\theta_3 \ [\mathrm{W}]$$

(4) **計算問題**

第 8.21 図(a)の三相 4 線式, V 結線電灯動力共用方式において, 単相負荷 20 [kW] (10 [kW] ×2), 力率 1.0, 三相平衡負荷 30 [kW], 力率角 30° (遅れ) を接続しています. 変圧器 A, 変圧器 B それぞれの容量を求めなさい. なお, $|\dot{V}_{ab}| = |\dot{V}_{bc}| = |\dot{V}_{ca}| = V$ [V], 相回転は a′−b′−c′ とします.

Lesson 5　V結線配電方式

(a)　回路

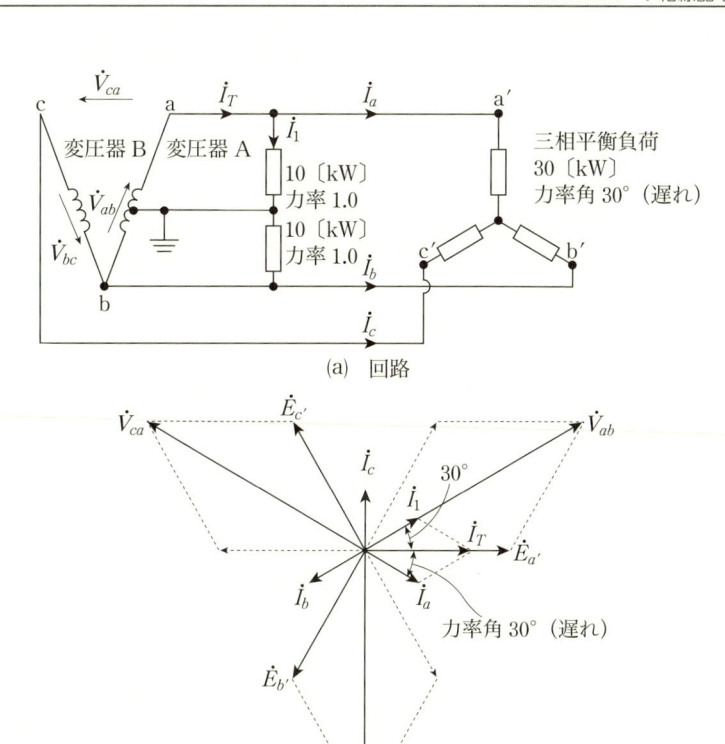

(b)　ベクトル図

第8.21図

(a)　変圧器Bの容量を求めます．

三相平衡負荷 $P_3 = 30$〔kW〕，力率 $\cos 30°$（遅れ），線間電圧 V〔V〕とすると，三相負荷の線電流 I_3〔A〕は，

$$I_3 = \frac{P_3}{\sqrt{3}\,V\cos 30°} = \frac{30 \times 10^3}{\sqrt{3}\,V \times \frac{\sqrt{3}}{2}} = \frac{20 \times 10^3}{V}\,〔A〕$$

変圧器Bの容量 P_B〔kV·A〕は，

$$P_B = VI_3 = V \times \frac{20 \times 10^3}{V} = 20 \times 10^3 = 20\,〔kV·A〕$$

(b)　変圧器Aの容量を求めます．

単相負荷 $P_1 = 20$〔kW〕，力率1.0，線間電圧 V〔V〕とすると，単相電流

341

I_1〔A〕は，

$$I_1 = \frac{P_1}{V} = \frac{20 \times 10^3}{V} \text{〔A〕}$$

ここで，第8.21図(b)のベクトル図より単相電流 I_1 と三相の線電流 I_3 とは大きさは同じで，線間電圧 V_{ab} と I_1 の位相角は 0°，線間電圧 V_{ab} と I_3 の位相角は 60°になります．

よって，変圧器 B の容量 P_B〔kV・A〕は，

$$\begin{aligned}P_A &= V(\dot{I}_1 + \dot{I}_3) \\ &= V(I_1 \cos 30° + I_3 \cos 30°) \\ &= 2VI_1 \cos 30° \\ &= 2V \times \frac{20 \times 10^3}{V} \times \frac{\sqrt{3}}{2} = 34.6 \times 10^3 ≒ 35 \text{〔kV・A〕}\end{aligned}$$

となり，変圧器 A の容量：35〔kV・A〕，変圧器 B の容量：20〔kV・A〕となります．

練習問題1

配電で使われる変圧器に関する記述である．誤っているのは次のうちどれか．

(1) 柱上に設置される変圧器の容量は，50〔kV・A〕以下の比較的小形のものが多い．

(2) 柱上に設置される三相3線式の変圧器は，一般的に同一容量の単相変圧器の V 結線を採用しており，出力は △ 結線の$1/\sqrt{3}$ 倍となる．また，V 結線変圧器の利用率は$\sqrt{3}/2$ となる．

(3) 三相4線式（V 結線）の変圧器容量の設定は，単相と三相の負荷割合やその負荷曲線および電力損失を考慮して決定するので，同一容量の単相変圧器を組み合わせることが多い．

(4) 配電線路の運用状況や設備実態を把握するため，変圧器二次側の電圧，電流および接地抵抗の測定を実施している．

(5) 地上設置形の変圧器は，開閉器，保護装置を内蔵し金属製のケースに収めたもので，地中配電線供給エリアで使用される．

【解答】 (3)

第8章 Lesson 6 配電線路の電圧降下

覚えるべき重要ポイント

- 配電線路の電力損失の低減策
- 単相2線式，三相3線式の電圧降下の計算

STEP 1

(1) 配電線路の電力損失の低減

配電線路の電力損失（線路の抵抗損 $= I^2 R$）を軽減するには I と R を小さくすればよいことになります．

(a) 線路の抵抗を小さくする
  (i) 配電線の太線化
(b) 線路の電流を小さくする
  (i) 回線数の増加
  (ii) 負荷の力率改善
      受電端に電力コンデンサの設置

(2) 単相2線式の電圧降下

第8.22図(a)に示す単相2線式において，電線1条の抵抗 R 〔Ω〕，負荷電流 I〔A〕，力率 $\cos\theta$（遅れ）のときの A−B 間の電圧降下 e〔V〕を求めます．なお，電線のリアクタンスは無視します．

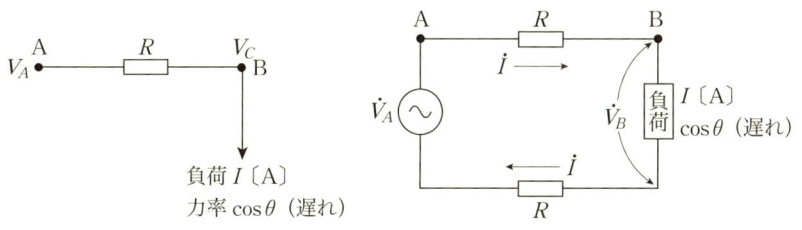

(a) 回路

(b) 電気回路に展開

第8.22図　単相2線式

第8.22図(a)の回路を第8.22図(b)のような電気回路に展開することができます．

343

A−B 間の電圧降下 e〔V〕は,
$$e = V_A - V_B = 2RI \text{〔V〕}$$
となります.

(a) 樹枝状配電線

第 8.23 図(a)に示す単相 2 線式樹枝状配電線において，電線 1 条の抵抗 $R_1 = 0.1$〔Ω〕, $R_2 = 0.2$〔Ω〕, 負荷 A（電流 $I_A = 10$〔A〕, 力率 $\cos\theta_A = 0.8$（遅れ）), 負荷 B（電流 $I_B = 30$〔A〕, 力率 $\cos\theta_B = 0.6$（遅れ））が接続されています.

このときの A 点の電圧が $V_A = 105$〔V〕の場合の B 点と C 点の電圧を求めます. なお, 電線のリアクタンスは無視します.

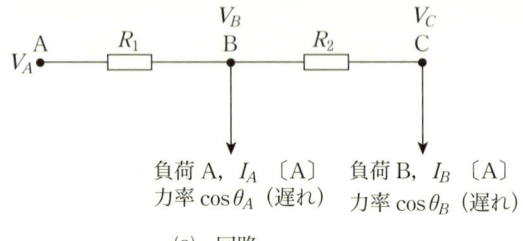

(a) 回路

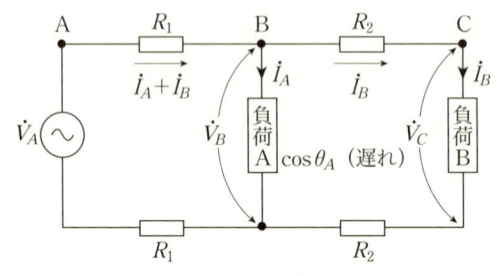

(b) 電気回路に展開

第 8.23 図　単相 2 線式（樹枝状）

負荷電流 $\dot{I}_A$, $\dot{I}_B$ を複素数で表します.

$$\dot{I}_A = I_A(\cos\theta_A - j\sin\theta_A)$$
$$= 10 \times (0.8 - j0.6) = 8 - j6 \text{〔A〕}$$
$$\dot{I}_B = I_B(\cos\theta_B - j\sin\theta_B)$$
$$= 30 \times (0.6 - j0.8) = 18 - j24 \text{〔A〕}$$

電気回路に展開した第 8.25 図(b)にて方程式を立てます.

$$\dot{V}_A = 2R_1(\dot{I}_A + \dot{I}_B) + \dot{V}_B \qquad ①$$

$$\dot{V}_B = 2R_2\dot{I}_B + \dot{V}_C \qquad ②$$

①式より B 点の電圧 $\dot{V}_B$ を求めます．

$$\dot{V}_B = \dot{V}_A - 2R_1(\dot{I}_A + \dot{I}_B)$$
$$= 105 - 2 \times 0.1 \times (8 - j6 + 18 - j24)$$
$$= 99.8 + j6 \ [\text{V}]$$

$\dot{V}_B$ の大きさ $|\dot{V}_B|$ は，

$$|\dot{V}_B| = \sqrt{99.8^2 + 6^2} \fallingdotseq 100 \ [\text{V}]$$

②式より C 点の電圧 $\dot{V}_C$ を求めます．

$$\dot{V}_C = \dot{V}_B - 2R_2\dot{I}_B$$
$$= 99.8 + j6 - 2 \times 0.2 \times (18 - j24)$$
$$= 92.6 + 15.6 \ [\text{V}]$$

$\dot{V}_C$ の大きさ $|\dot{V}_C|$ は，

$$|\dot{V}_C| = \sqrt{92.6^2 + 15.6^2} \fallingdotseq 93.9 \ [\text{V}]$$

となり，B 点の電圧：100〔V〕，C 点の電圧：93.9〔V〕となります．

(b) ループ配電線

第 8.24 図に示すような単相 2 線式ループ配電線において，電線 1 条の抵抗 $R_1 = 0.1$ 〔Ω〕，$R_2 = 0.2$ 〔Ω〕，$R_3 = 0.3$ 〔Ω〕，負荷 A（電流 $I_A = 10$ 〔A〕，力率 $\cos\theta_A = 0.8$（遅れ）），負荷 B（電流 $I_B = 30$ 〔A〕，力率 $\cos\theta_B = 0.6$（遅れ））が接続されています．

このときの A 点の電圧が $V_A = 105$ 〔V〕の場合の B 点と C 点の電圧を求めます．なお，電線のリアクタンスは無視します．

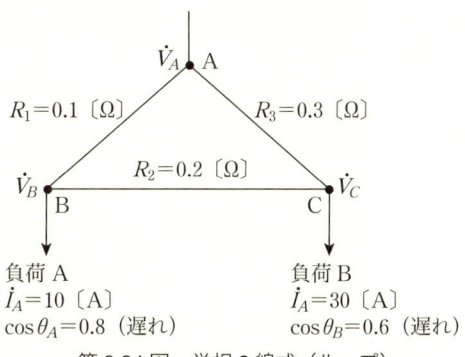

第 8.24 図　単相 2 線式（ループ）

第 8.24 図を第 8.25 図のように書き換え，A－C 間に流れる電流を $\dot{I}$〔A〕とすると，各間の電流は次のようになります．

A－B 間：$\dot{I}_A+\dot{I}_B-\dot{I}$

B－C 間：$\dot{I}_B-\dot{I}$

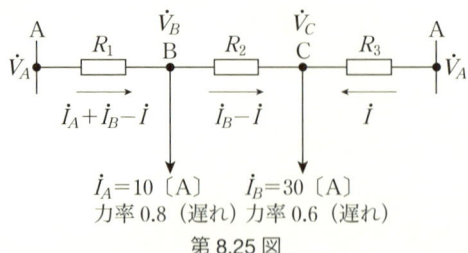

第 8.25 図

負荷電流 $\dot{I}_A$，$\dot{I}_B$ を複素数で表します．

$$\dot{I}_A = I_A(\cos\theta_A - j\sin\theta_A)$$
$$= 10 \times (0.8 - j0.6) = 8 - j6 \text{〔A〕}$$
$$\dot{I}_B = I_B(\cos\theta_B - j\sin\theta_B)$$
$$= 30 \times (0.6 - j0.8) = 18 - j24 \text{〔A〕}$$

第 8.25 図から方程式を立てます．

$$\dot{V}_A = 2R_1(\dot{I}_A+\dot{I}_B-\dot{I}) + 2R_2(\dot{I}_B-\dot{I}) + \dot{V}_C \qquad ①$$
$$\dot{V}_A = 2R_3\dot{I} + \dot{V}_C \qquad ②$$
$$\dot{V}_A = 2R_1(\dot{I}_A+\dot{I}_B-\dot{I}) + \dot{V}_B \qquad ③$$

①式 ＝ ②式より，次のように表すことができます．

$$2R_1(\dot{I}_A+\dot{I}_B-\dot{I}) + 2R_2(\dot{I}_B-\dot{I}) = 2R_3\dot{I}$$
$$\dot{I}(R_1+R_2+R_3) = R_1\dot{I}_A + R_2(\dot{I}_A+\dot{I}_B) \qquad ④$$

④式より，A－C 間に流れる電流 $\dot{I}$〔A〕は，

$$\dot{I} = \frac{R_1(\dot{I}_A+\dot{I}_B) + R_2\dot{I}_B}{R_1+R_2+R_3}$$

$$= \frac{0.1 \times (8-j6+18-j24) + 0.2 \times (18-j24)}{0.1+0.2+0.3}$$

$$\fallingdotseq 10.333 - j13 \text{〔A〕}$$

③式から B 点の電圧 $\dot{V}_B$ を求めます．

$$\dot{V}_B = \dot{V}_A - 2R_1(\dot{I}_A+\dot{I}_B-\dot{I})$$

$$= 105 - 2 \times 0.1 \times \{8 - j6 + 18 - j24 - (10.333 - j13)\}$$
$$\fallingdotseq 101.87 + j3.4 \ [\text{V}]$$

$\dot{V}_B$ の大きさ $|\dot{V}_B|$ は,
$$|\dot{V}_B| = \sqrt{101.87^2 + 3.4^2} \fallingdotseq 101.9 \ [\text{V}]$$

②式から C 点の電圧 $\dot{V}_C$ を求めます.
$$\dot{V}_C = \dot{V}_A - 2R_3 \dot{I}$$
$$= 105 - 2 \times 0.3 \times (10.333 - j13)$$
$$\fallingdotseq 98.8 + j7.8 \ [\text{V}]$$

$\dot{V}_C$ の大きさ $|\dot{V}_C|$ は,
$$|\dot{V}_C| = \sqrt{98.8^2 + 7.8^2} \fallingdotseq 99.1 \ [\text{V}]$$

となり,B 点の電圧:101.9〔V〕,C 点の電圧:99.1〔V〕となります.

(3) 三相 3 線式の電圧降下

第 8.26 図に示す回路で,電線 1 条の抵抗 R〔Ω〕,リアクタンス X〔Ω〕,負荷電流 I〔A〕,力率 $\cos\theta$(遅れ)のときの線間電圧間の電圧降下 e〔V〕を求めます.

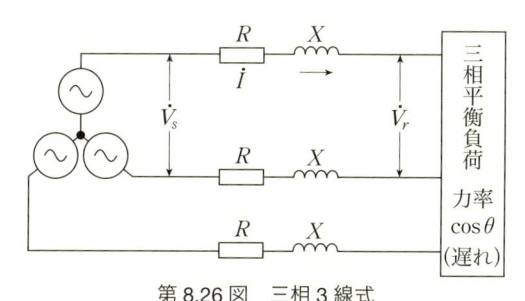

第 8.26 図　三相 3 線式

線間電圧間の電圧降下 $\dot{e}$〔V〕は,
$$\dot{e} = \dot{V}_s - \dot{V}_r$$
$$= \sqrt{3} \, I(\cos\theta - j\sin\theta)(R + jX)$$
$$= \sqrt{3} \, I(R\cos\theta - X\sin\theta) + j\sqrt{3} \, I(X\cos\theta - R\sin\theta) \quad ①$$

ここで,①式の虚数部は零に近いため近似式を用います.
$$e \fallingdotseq \sqrt{3} \, I(R\cos\theta + X\sin\theta) \ [\text{V}]$$

(a) 計算問題

第 8.27 図に示す三相 3 線式 1 回線配電線があり,AB 間の距離は 2〔km〕,

BC間は1〔km〕とし、負荷A（電流 $I_A = 50$〔A〕, 力率 $\cos\theta_A = 0.8$（遅れ））、負荷B（電流 $I_B = 100$〔A〕, 力率 $\cos\theta_B = 0.6$（遅れ））を供給しています。

電線1条当たりのインピーダンスは $0.30+j0.35$〔Ω/km〕とし、点A、BおよびCにおける電圧の相差角は極めて小さいものとします。

このときのA点の線間電圧が $V_A = 6\,600$〔V〕の場合のB点とC点の線間電圧を求めます。

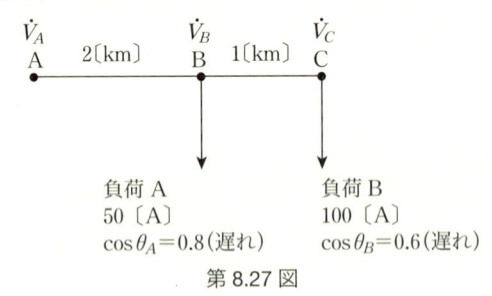

第8.27図

各区間の線路のインピーダンスを求めます。

A－B間：$R_1 + jX_1 = 2 \times (0.30 + j0.35) = 0.6 + j0.7$〔Ω〕

B－C間：$R_2 + jX_2 = 0.30 + j0.35$〔Ω〕

負荷電流 $\dot{I}_A$、$\dot{I}_B$ を複素数で表します。

$$\dot{I}_A = I_A(\cos\theta_A - j\sin\theta_A)$$
$$= 50 \times (0.8 - j0.6) = 40 - j30 \text{〔A〕}$$
$$\dot{I}_B = I_B(\cos\theta_B - j\sin\theta_B)$$
$$= 100 \times (0.6 - j0.8) = 60 - j80 \text{〔A〕}$$

題意より、点A、BおよびCにおける電圧の相差角は極めて小さいため、電圧降下は近似式を用いて、第8.28図から方程式を立てます。

第8.28図

$$V_A = \sqrt{3}\,\{I_A(R_1\cos\theta_A + X_1\sin\theta_A) + I_B$$

$$= (R_1\cos\theta_B + X_1\sin\theta_B)\} + V_B \quad ①$$
$$V_B = \sqrt{3}\ I_B(R_2\cos\theta_B + X_2\sin\theta_B)\} + V_C \quad ②$$

①式より，B点の線間電圧 V_B〔V〕を求めます．

$$V_B = V_A - \sqrt{3}\ \{(R_1 I_A \cos\theta_A + X_1 I_A \sin\theta_A)$$
$$+ (R_1 I_B \cos\theta_B + X_1 I_B \sin\theta_B)\}$$
$$= 6\,600 - \sqrt{3} \times (0.6\times 40 + 0.7\times 30 + 0.6\times 60 + 0.7\times 80)$$
$$\fallingdotseq 6\,363\ 〔V〕$$

②式より，C点の線間電圧 V_C〔V〕を求めます．

$$V_C = V_B - \sqrt{3}\ (R_2 I_B \cos\theta_B + X_2 I_B \sin\theta_B)$$
$$= 6\,363 - \sqrt{3} \times (0.30\times 60 + 0.35\times 80)$$
$$\fallingdotseq 6\,283\ 〔V〕$$

となり，B点の電圧：6 363〔V〕，C点の電圧：6 283〔V〕となります．

練習問題1

図に示す単相2線式において，A点の電圧が105〔V〕の場合のB点とC点の電圧を求めよ．ただし，電線のリアクタンスは無視するものとする．

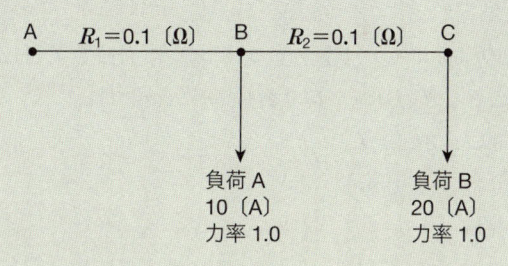

```
A    R₁=0.1 〔Ω〕   B    R₂=0.1 〔Ω〕   C
●────────────────●────────────────●
                 │                 │
                 ↓                 ↓
               負荷A             負荷B
               10〔A〕           20〔A〕
               力率1.0           力率1.0
```

【解答】 B点の電圧：99〔V〕，C点の電圧：95〔V〕

【ヒント】 $V_A = 2R_1(I_A + I_B) + V_B$
$V_B = 2R_2 I_B + V_C$

第8章 Lesson 7 負荷の力率改善

覚えるべき重要ポイント

- コンデンサの接続と容量
- 負荷の力率改善

STEP 1

(1) コンデンサの接続と容量

コンデンサは単相，三相で用い，接続法には第8.29図のような単相，三相△結線，三相Y結線があります．

(a) 単相

第8.29図(a)のように C〔F〕のコンデンサに周波数 f〔Hz〕，V〔V〕の電圧を加えるときのコンデンサ容量 Q〔var〕は，

$$Q = VI = V \times 2\pi f CV$$
$$= 2\pi f CV^2 \text{〔var〕} \qquad ①$$

(b) 三相△結線

第8.29図(b)のように C_d〔F〕のコンデンサに周波数 f〔Hz〕，V〔V〕の線間電圧を加えるときのコンデンサ容量 Q_d〔var〕は，

$$Q_d = 3VI = 3 \times 2\pi f C_d V$$
$$= 6\pi f C_d V^2 \text{〔var〕} \qquad ②$$

(c) 三相Y結線

第8.29図(c)のように C_s〔F〕のコンデンサに周波数 f〔Hz〕，V〔V〕の線間電圧を加えるときのコンデンサ容量 Q_s〔var〕は，

$$Q_s = 3 \times \frac{1}{\sqrt{3}} VI = 3 \times \frac{1}{\sqrt{3}} V \times 2\pi f C_s \frac{1}{\sqrt{3}} V$$
$$= 2\pi f C_s V^2 \text{〔var〕} \qquad ③$$

②，③式から，Q_d と Q_s が等しくなるような関係式は，

$$Q_d = \frac{1}{3} C_s$$

以上から，同じ容量のコンデンサをつくるには△結線にすれば小さい静

電容量のものでよくなり，低圧，高圧は △ 結線，特別高圧は Y 結線となっています．

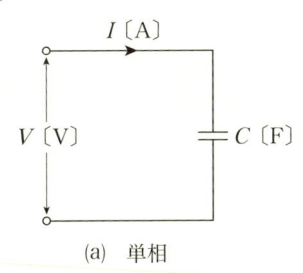

(a) 単相

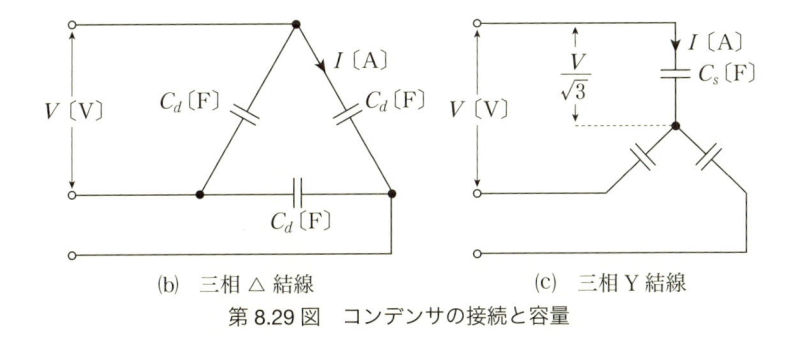

(b) 三相 △ 結線   (c) 三相 Y 結線

第 8.29 図　コンデンサの接続と容量

(2) **負荷の力率改善**

第 8.30 図(a)のような三相 3 線式配電線に負荷 P〔W〕，力率 $\cos\theta$（遅れ）と並列に進相コンデンサ Q_c〔var〕を接続しました．

(a) 進相コンデンサ接続後の負荷の力率改善

負荷電力 $P = 80$〔kW〕，力率 $\cos\theta = 0.8$（遅れ）と並列に進相コンデンサ $Q_c = 30$〔kvar〕を接続したときの負荷力率の改善を求めます．

回路のベクトル図を第 8.30 図(b)に示します．

(a) 回路

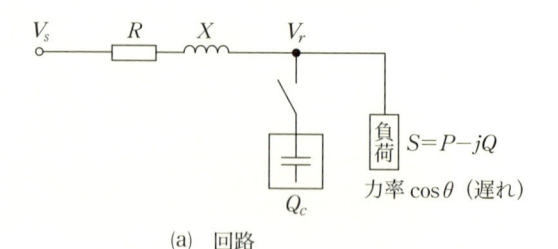

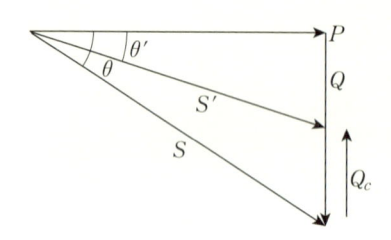

(b) ベクトル図

第 8.30 図

負荷の無効電力 Q〔var〕は，

$$Q = \frac{\sin\theta}{\cos\theta}P = \frac{\sqrt{1-\cos^2\theta}}{\cos\theta}P$$

$$= \frac{\sqrt{1-0.8^2}}{0.8} \times 80 = 60 \text{〔kvar〕}$$

進相コンデンサ Q_c 接続後の負荷力率 $\cos\theta'$ は，

$$\cos\theta' = \frac{P}{\sqrt{P^2+(Q-Q_c)^2}}$$

$$= \frac{80}{\sqrt{80^2+(60-30)^2}} \fallingdotseq 0.936 \text{（遅れ）}$$

となり，進相コンデンサを接続すると負荷力率が 0.8 から 0.936 に改善できます．

(b) 進相コンデンサ接続による線路損失の低減と電圧降下の減少

第 8.30 図(a)のような三相 3 線式配電線 1 条当たりのインピーダンス $Z = R+jX = 0.6+0.7$〔Ω〕，受電端電圧 $V_r = 6\,600$〔V〕に負荷 $P = 80$〔kW〕が接続されています．

進相コンデンサ接続前後の負荷力率 $\cos\theta = 0.8$（遅れ）, $\cos\theta' = 0.95$（遅れ）とするときの線路損失の軽減 $\varDelta P_L$ と電圧降下の減少分 $\varDelta V$〔V〕を求めます．なお，受電端電圧は一定とします．

線路損失の軽減 $\varDelta P_L$〔W〕は，

$$\varDelta P_L = 3RI^2 - 3RI'^2 = 3R(I^2 - I'^2)$$

$$= 3R\left\{\left(\frac{P}{\sqrt{3}\,V_r\cos\theta}\right)^2 - \left(\frac{P}{\sqrt{3}\,V_r\cos\theta'}\right)^2\right\}$$

$$= \frac{RP^2}{V_r^2}\left(\frac{1}{\cos^2\theta} - \frac{1}{\cos^2\theta'}\right)$$

$$= \frac{0.6\times(80\times10^3)^2}{6\,600^2}\times\left(\frac{1}{0.8^2} - \frac{1}{0.95^2}\right)$$

$$\fallingdotseq 40.1\,〔W〕$$

電圧降下の減少分 $\varDelta V$〔V〕は，

$$\varDelta V = \sqrt{3}\,I(R\cos\theta + X\sin\theta) - \sqrt{3}\,I'(R\cos\theta' + X\sin\theta')$$

$$= \sqrt{3}\times\left(\frac{P}{\sqrt{3}\,V_r\cos\theta}\right)(R\cos\theta + X\sin\theta)$$

$$\quad -\sqrt{3}\times\left(\frac{P}{\sqrt{3}\,V_r\cos\theta'}\right)(R\cos\theta' + X\sin\theta')$$

$$= \frac{PX}{V_r}\left(\frac{\sin\theta}{\cos\theta} - \frac{\sin\theta'}{\cos\theta'}\right)$$

$$= \frac{80\times10^3\times0.7}{6\,600}\times\left(\frac{\sqrt{1-0.8^2}}{0.8} - \frac{\sqrt{1-0.95^2}}{0.95}\right)$$

$$\fallingdotseq 3.6\,〔V〕$$

となり，進相コンデンサ接続により線路損失は 4 010〔W〕低減します．

また，電圧降下は 3.6〔V〕減少します．

(c) 進相コンデンサ接続による負荷電力の増加

第8.31図(a)に示すように変圧器容量 $S = 200$〔kV·A〕から負荷A（皮相電力 $S = 200$〔kV·A〕で力率 $\cos\theta_A = 0.8$（遅れ））に供給しています．

負荷B（電力 $P_B = 20$〔kW〕力率 $\cos\theta_B = 0.6$（遅れ））を増設し，変圧器容量以内にするときの進行コンデンサの容量 Q_c〔kvar〕を求めます．

⑧ 配電線路

(a) 回路

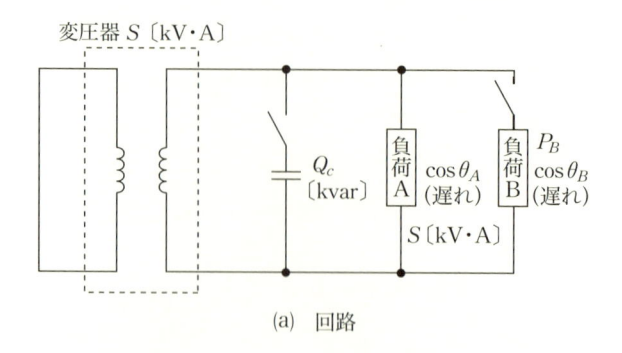

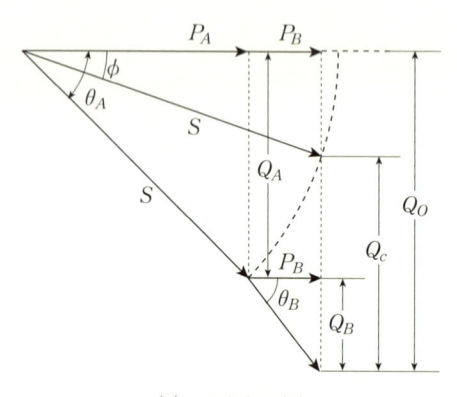

(b) ベクトル図

第 8.31 図

回路のベクトル図を第 8.31 図(b)に示し，負荷 A の電力 P_A〔kW〕と無効電力 Q_A〔kvar〕を求めます．

$$P_A = S\cos\theta_A = 200 \times 0.8 = 160 \text{〔kW〕}$$

$$Q_A = S\sin\theta_A = S\sqrt{1-\cos^2\theta_A}$$
$$= 200 \times \sqrt{1-0.8^2} = 120 \text{〔kvar〕}$$

増設する負荷 B の無効電力 Q_B〔kvar〕は，

$$Q_B = \frac{\sin\theta_B}{\cos\theta_B}P_B = \frac{\sqrt{1-\cos^2\theta_B}}{\cos\theta_B}P_B$$

$$= \frac{\sqrt{1-0.6^2}}{0.6} \times 20 \fallingdotseq 26.67 \text{〔kvar〕}$$

負荷増設後の有効電力 P_O〔kW〕と無効電力 Q_O〔kvar〕は，

$$P_O = P_A + P_B = 160 + 20 = 180 \text{〔kW〕}$$

$$Q_O = Q_A + Q_B = 120 + 26.67 = 146.67 \text{ [kvar]}$$

変圧器容量 $S = 200$ 〔kV・A〕以内にするための負荷増設後の無効電力 Q' 〔kvar〕は，

$$Q' = \sqrt{S^2 - P_O^2} = \sqrt{200^2 - 180^2} \fallingdotseq 87.18 \text{ [kvar]}$$

進相コンデンサの容量 Q_c 〔kvar〕は，

$$Q_c = Q_O - Q' = 146.67 - 87.18 = 59.49 \fallingdotseq 60 \text{ [kvar]}$$

となり，進相コンデンサ容量は 60 〔kvar〕となる．

練習問題 1

静電容量 1 〔μF〕の電力コンデンサ 3 台を Y 接続し，中性点を接地する．これを電圧 77〔kV〕，60〔Hz〕の三相交流電源に接続したときの無効電力〔kvar〕の供給はいくらか．

【解答】 2 235〔kvar〕

【ヒント】 $Q = 2\pi f C V^2$

練習問題 2

送電系統の受電に電力用コンデンサが接続されている場合，受電端電圧が 10〔%〕低下すると，コンデンサから系統に供給される無効電力は電圧低下前の何 % になるか．

【解答】 81〔%〕

【ヒント】 $Q = 2\pi f C \{(1-\alpha)V\}^2$

8 高圧配電線の電圧調整
第8章 Lesson 8

覚えるべき重要ポイント
- 高圧配電線の電圧調整方法
- V結線昇圧器，辺延長△結線昇圧器

STEP 1
(1) 高圧配電線の電圧調整

高圧配電線の電圧調整は，変電所，柱上変圧器，高圧自動電圧調整器で行います．

(a) 変電所

配電用変電所の負荷時タップ切換変圧器にて配電線の送り出し電圧を調整しています．送り出し電圧は，重負荷時に高く，軽負荷時には低くして到着電圧を適切にしています．

(b) 柱上変圧器

変圧器の内部にある高圧側タップ切換により行います．

なお，タップ切換は停電して行う必要があり，変圧器の設置場所に適したタップ値としています．

(c) 高圧自動電圧調整器（SVR：Step Voltage Regulator）

配電線路の電圧は，変電所から遠ざかることにより電圧低下していきますので，線路途中に高圧自動電圧調整器を設置して，電圧を昇圧しています．なお，SVRの電圧調整幅は150〔V〕ステップで300〜600〔V〕まで昇圧できます．

(2) 高圧電圧調整器

高圧電圧調整器は単巻変圧器の一種でV結線昇圧器と辺延長△結線昇圧器があります．

(a) V結線昇圧器

（i）昇圧後の線間電圧

結線とベクトル図を第8.32図に示し，昇圧後の線間電圧 V_2〔V〕を求めます．

昇圧器の一次側線間電圧 V_1〔V〕，昇圧後の線間電圧 V_2〔V〕，変圧比 a とすると，第8.32図(b)のベクトル図より関係式は，

$$a = \frac{V_1}{e} \qquad ①$$

$$V_2 = V_1 + e \qquad ②$$

①式より e は，

$$e = \frac{V_1}{a} \qquad ③$$

③式を②式に代入すると，

$$V_2 = V_1 + \frac{V_1}{a} = V_1\left(1 + \frac{1}{a}\right) \text{〔V〕} \qquad ④$$

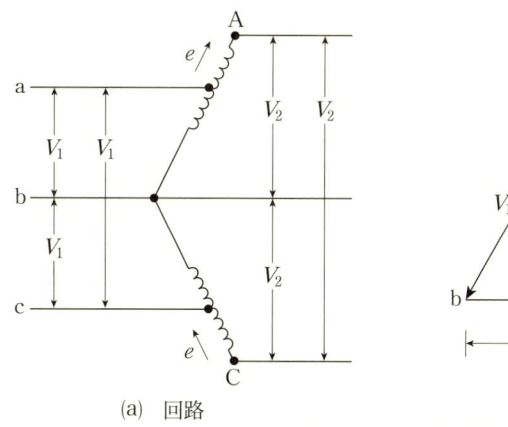

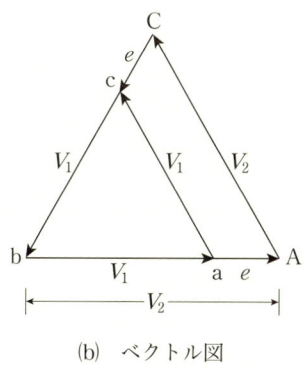

(a) 回路　　　(b) ベクトル図

第8.32図　V結線昇圧器

(ⅱ)　V結線昇圧器の自己容量

変圧比 6 300/210〔V〕の単相変圧器を昇圧器として第8.33図のように接続しています．負荷 $P = 200$〔kW〕，力率 $\cos\theta = 0.8$（遅れ）を $V_1 = 6\,000$〔V〕で供給しているときの変圧器1台の容量〔V・A〕を求めます．

8 配電線路

第8.33図

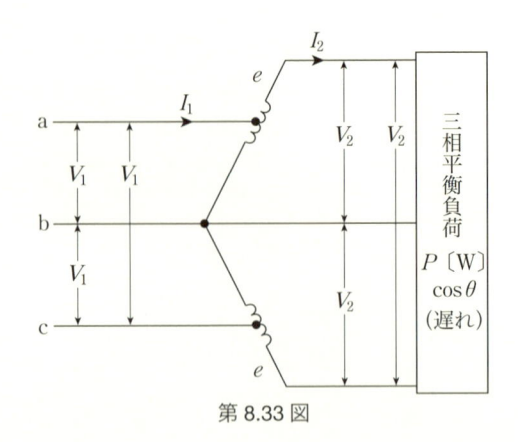

昇圧器の一次側線間電圧 V_1〔V〕，昇圧後の線間電圧 V_2〔V〕，変圧比 a とします．

単相変圧器の変圧比 a は，

$$a = \frac{6\,300}{210} = 30$$

昇圧する電圧 e〔V〕は，

$$e = \frac{6\,000}{a} = \frac{6\,000}{30} = 200 \text{〔V〕}$$

昇圧後の線間電圧 V_2〔V〕は，第8.32図(b)のベクトル図より，

$$V_2 = V_1 + e = 6\,000 + 200 = 6\,200 \text{〔V〕}$$

負荷電流 I_2〔A〕は，

$$I_2 = \frac{P}{\sqrt{3}\,V_2 \cos\theta} = \frac{200 \times 10^3}{\sqrt{3} \times 6\,200 \times 0.8} \fallingdotseq 23.3 \text{〔A〕}$$

変圧器二次側の定格電圧を v_{2n}〔V〕とすると変圧器1台の容量 W〔V・A〕は，

$$W = v_{2n} I_2 = 210 \times 23.3 = 4\,893 \text{〔V・A〕} \fallingdotseq 5 \text{〔kV・A〕}$$

変圧器1台の容量は5〔kV・A〕これは単巻変圧器の自己容量になります．

(b) 辺延長 △ 結線昇圧器

(i) 昇圧後の線間電圧

結線とベクトル図を第8.34図に示し，昇圧後の線間電圧 V_2〔V〕を求めます．

(a) 回路

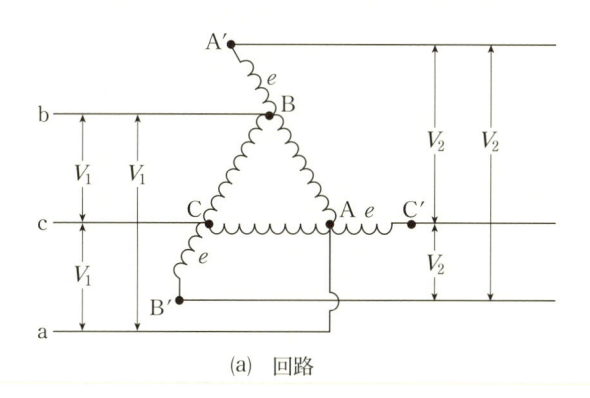

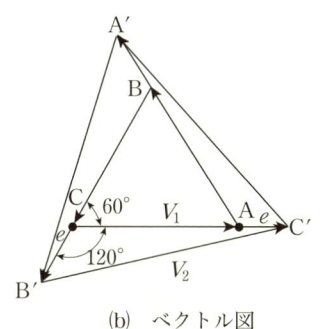

(b) ベクトル図

第 8.34 図　辺延長 △ 結線昇圧器

昇圧器の一次側線間電圧 V_1〔V〕，昇圧後の線間電圧 V_2〔V〕，変圧比 a とすると，第8.34図(b)のベクトル図より関係式は，

$$a = \frac{V_1}{e} \tag{①}$$

$$\begin{aligned}V_2 &= \sqrt{(V_1 + e + e\cos 60°)^2 + (e\sin 60°)^2} \\ &= \sqrt{\left(V_1 + e + \frac{1}{2}e\right)^2 + \left(\frac{\sqrt{3}}{2}e\right)^2} \\ &= \sqrt{V_1^2 + 3V_1 e + 3e^2} \\ &= V_1\sqrt{1 + \frac{3e}{V_1} + \frac{3e^2}{V_1^2}} \end{aligned} \tag{②}$$

①式より e は，

$$e = \frac{V_1}{a} \qquad ③$$

③式を②式に代入すると，

$$V_2 = V_1\sqrt{1 + \frac{3}{a} + \frac{3}{a^2}} \text{〔V〕}$$

(ii) 辺延長 △ 結線昇圧器の自己容量

変圧比 6 300/210〔V〕の単相変圧器を昇圧器として第 8.35 図のように接続しています．負荷 $P = 200$〔kW〕，力率 $\cos\theta = 0.8$（遅れ）を $V_1 = 6\,000$〔V〕で供給しているときの変圧器1台の容量〔V・A〕を求めます．

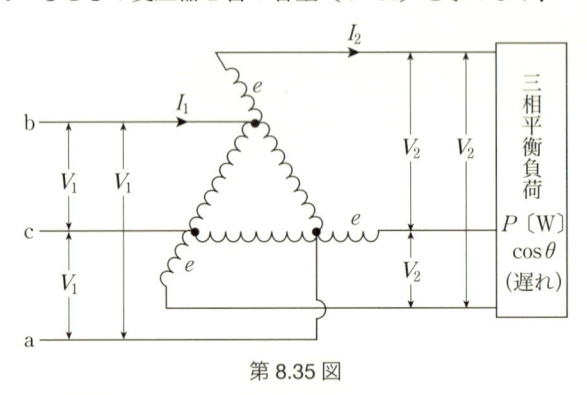

第 8.35 図

昇圧器の一次側線間電圧 V_1〔V〕，昇圧後の線間電圧 V_2〔V〕，変圧比 a とします．

単相変圧器の変圧比 a は，

$$a = \frac{6\,300}{210} = 30$$

昇圧する電圧 e〔V〕は，

$$e = \frac{6\,000}{a} = \frac{6\,000}{30} = 200 \text{〔V〕}$$

昇圧後の線間電圧 V_2〔V〕は，第 8.34 図(b)のベクトル図より，

$$\begin{aligned}
V_2 &= \sqrt{(V_1 + e + e\cos 60°)^2 + (e\sin 60°)^2} \\
&= \sqrt{\left(V_1 + e + \frac{1}{2}e\right)^2 + \left(\frac{\sqrt{3}}{2}e\right)^2} \\
&= \sqrt{V_1^2 + 3V_1 e + 3e^2}
\end{aligned}$$

$$= \sqrt{6\,000^2 + 3 \times 6\,000 \times 200 + 3 \times 200^2}$$
$$\fallingdotseq 6\,300 \,[\text{V}]$$

負荷電流 $I_2 \,[\text{A}]$ は,

$$I_2 = \frac{P}{\sqrt{3}\,V_2 \cos\theta} = \frac{200 \times 10^3}{\sqrt{3} \times 6\,300 \times 0.8} \fallingdotseq 22.9 \,[\text{A}]$$

変圧器二次側の定格電圧を $v_{2n}\,[\text{V}]$ とすると変圧器 1 台の容量 $W\,[\text{V}\cdot\text{A}]$ は,

$$W = v_{2n} I_2 = 210 \times 22.9 = 4\,809 \,[\text{V}\cdot\text{A}] \fallingdotseq 4.8 \,[\text{kV}\cdot\text{A}]$$

変圧器 1 台の容量は $4.8\,[\text{kV}\cdot\text{A}]$ これは単巻変圧器の自己容量になります.

練習問題 1

高圧配電線の電圧調整に関する記述である. 誤っているのは次のうちどれか.

(1) 配電線のこう長が長くて負荷の端子電圧が低くなる場合, 配電線路に昇圧器を設置することは電圧調整に効果がある.

(2) 電力コンデンサを配電線路に設置して, 力率を改善することは電圧調整に効果がある.

(3) 変電所では, 負荷時電圧調整器, 負荷時タップ切換変圧器等を設置することにより電圧を調整している.

(4) 配電線の電圧降下が大きい場合は, 電線を太い電線に張り替えたり, 隣接する配電線との開閉器操作により, 配電系統を変更することは電圧調整に効果がある.

(5) 低圧配電線における電圧調整に関して, 柱上変圧器のタップ位置を変更することは効果があるが, 柱上変圧器の設置地点を変更することは効果がない.

【解答】 (5)

第8章 Lesson 9 配電系統の保護

覚えるべき重要ポイント

- 配電用変電所，高圧配電線，低圧配電線の保護
- 高圧配電線の再送電

STEP 1

(1) 配電系統の保護

配電用変電所，高圧配電線，低圧配電線の保護概要を第8.36図に示します．

(a) 配電用変電所

(i) 高速度過電流継電器（HOCR：High-speed Over Current Relay）

変圧器一次側の短絡を検出し，変圧器一次遮断器を遮断させます．

(ii) 過電流継電器（OCR：Over Current Relay）

変圧器二次側から6.6〔kV〕母線までの短絡を検出し，変圧器一次遮断器を遮断させます．

配電線の短絡故障で動作しないように，配電線OCRと協調をとるため，時限（じげん）を長くしています．

(iii) 地絡過電流継電器（OCGR：Over Current Ground Relay）

変圧器一次側の巻線地絡を検出し，変圧器一次，二次遮断器を遮断させます．

(iv) 圧力継電器（Pr：Pressure Relay）

変圧器の油圧力変化によって変圧器内部故障を検出し，変圧器一次，二次遮断器を遮断させます．

(v) 不足電圧継電器（ふそくでんあつけいでんき）（UVR：Under Voltage Relay）

6.6〔kV〕母線の低電圧を検出し，警報を鳴動します．

(vi) 地絡過電圧継電器（OVGR：Over Voltage Ground Relay）

6.6〔kV〕母線の地絡を検出し，時限により変圧器一次遮断器を遮断させます．配電線DGの後備保護（こうびほご）を兼ねています．

(vii) 配電線過電流継電器（OCR）

配電線の短絡を検出し，配電線遮断器を遮断します．

(ⅷ)　地絡方向継電器（DGR：Directional Ground Relay）

配電線の地絡を検出し，配電線遮断器を遮断します．

　(ⅸ)　再閉路継電器

配電線の故障に伴い保護継電器動作後，一定時間を経て再送電する装置です．

(b)　高圧配電線

　(ⅰ)　高圧カットアウト（PC：Primary Cutout Switch）

柱上変圧器一次側の短絡，過電流保護に用い，電力ヒューズが使われています．

　(ⅱ)　低圧ヒューズ（ケッチ）

低圧引込線の過電流保護に用い，柱側に取り付けています．

(c)　低圧需要家

契約電流制限装置（SB：サービスブレーカ）を取り付けています．

また，屋内配線の過電流保護に配電用遮断器，地絡保護には漏電遮断器を設けています．

(d)　高圧需要家

柱上気中開閉器（PAS：Pole Air Switch）から引き込み，地絡継電器付きPASにて受電設備までの電力ケーブルの地絡を検出し，PASを開にします．

第8.36図 配電系統の保護

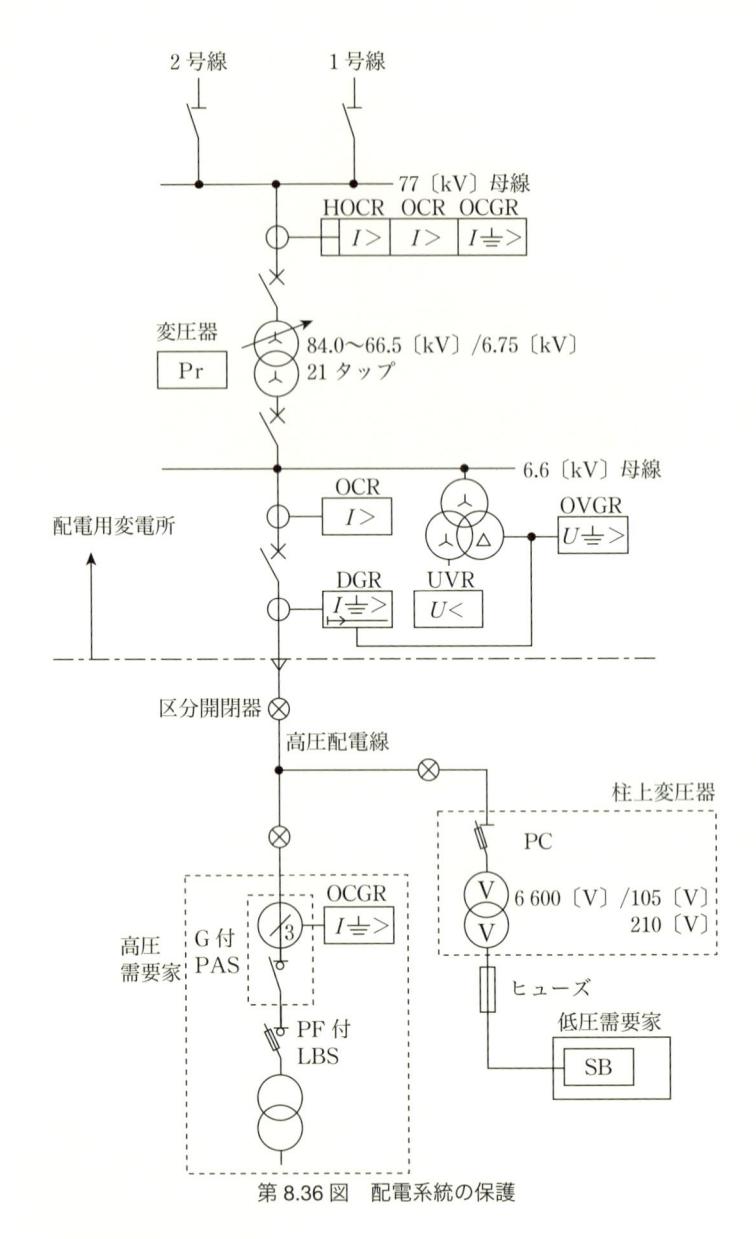

(2) 高圧配電線の再送電

高圧配電線は第 8.37 図のように無電圧引外し開閉器（SS：Section Switch）を設置して複数の区間に分けています．

Lesson 9　配電系統の保護

　高圧配電線の再送電は，一般に複数の区間を順次送電する時限順送式故障分離方式を採用しています．

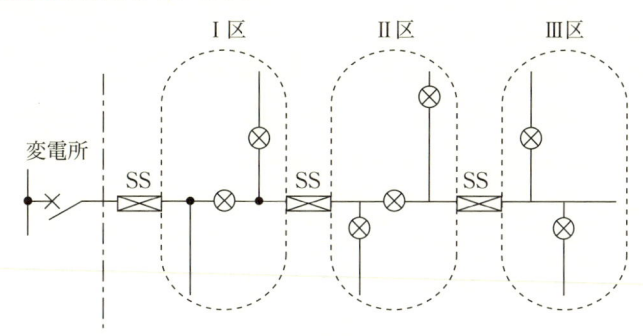

⊠：無電圧引外し開閉器〔SS〕
⊗：区分開閉器
第 8.37 図　配電線の区間

　地絡点がⅡ区内にある場合について説明します（第 8.38 図参照）．

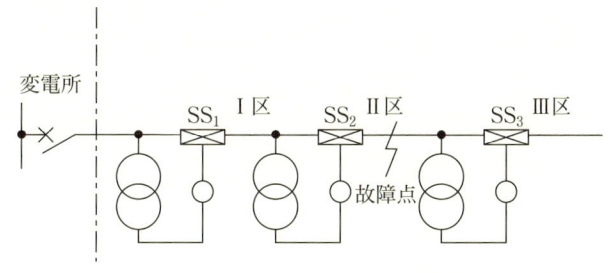

⊠：無電圧引外し開閉器
○○：操作電源用変圧器
○：時限式制御装置
第 8.38 図　配電線の配送電

① 変電所の配電線 DGR が動作して遮断器を遮断させます．
② 配電線に電圧なしのため無電圧引外し開閉器 SS_1，SS_2，SS_3 が「開」となります．
③ 変電所の配電線再閉路継電器により再送電します．
④ 無電圧引外し開閉器 SS_1 は，電圧ありを検出して X 時限後に「閉」としⅠ区を送電します．
⑤ SS_2 は，電圧ありを検出して X 時限後に「閉」としⅡ区を送電します．

⑥ Ⅱ区内の故障点を加圧したため，変電所の配電線DGRが動作して遮断器を遮断させます．
⑦ 電圧なしのためSS₁は「開」，SS₂は「開」で閉動作をロックします．
⑧ 変電所の配電線再閉路継電器により再送電します．
⑨ SS₁は，電圧ありを検出してX時限後に「閉」としⅠ区を送電します．なお，SS₃は故障継続のため「開」状態を継続します．

練習問題1

配電線路の保護方式に関する記述である．誤っているのは次のうちどれか．

(1) 中性点非接地系統の地絡故障保護には，地絡過電流継電器を用いる．
(2) 短絡故障保護には，過電流継電器を用いる．
(3) 中性点単一低抵抗接地系統の地絡故障保護には，地絡過電流継電器が使用されている．
(4) 架空配電線の事故は，瞬時的な事故が多いので，再閉路方式が有効である．
(5) ケーブル部分で発生しやすい間欠アーク地絡では，電流や電圧に波形ひずみを生じ，継電器の誤不動作の原因となることがある．

【解答】 (1)

練習問題2

高低配電線路に設置する保護装置のうち，地絡または過電流保護の機能を有するものにおいて，誤っているのは次のうちどれか．

(1) 変電所の引出口に設置する自動遮断器
(2) 柱上変圧器の一次側に設置する高圧カットアウト
(3) 柱上変圧器の二次側に施すB種接地工事
(4) 高圧需要家の引込線に設置する地絡継電器付き高圧交流負荷開閉器（G付PAS）
(5) 低圧需要架の分電盤内に設置する漏電遮断器

【解答】 (3)

第8章 Lesson 10 配電線路の短絡電流

覚えるべき重要ポイント

- オーム法，パーセント法
- 過電流継電器の特性と整定

STEP 1

(1) **オーム法**

第8.39図の回路において短絡が発生した場合の短絡電流を求めます．

短絡点から見たインピーダンス Z〔Ω〕は，

$$Z = \sqrt{R^2 + X^2}\ \text{〔Ω〕}$$

短絡点に流れる短絡電流 I_s〔A〕は，

$$I_s = \frac{V_s}{Z} = \frac{V_s}{\sqrt{R^2 + X^2}}\ \text{〔A〕}$$

なお，三相回路の場合，I_s は三相短絡電流になります．

ただし，R：変圧器を含む短絡点までの合成抵抗
　　　　X：変圧器を含む短絡点までの合成リアクタンス
　　　　V_s：単相の場合は線間電圧，三相の場合は相電圧

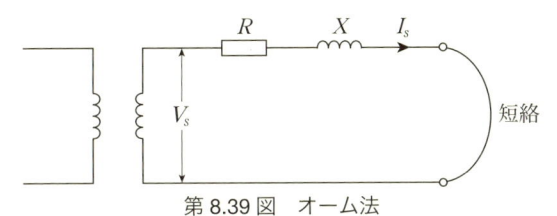

第8.39図　オーム法

(2) **パーセント法**

第8.40図の回路において短絡が発生した場合の短絡電流を求めます．

短絡点から見た％インピーダンス Z〔％〕は，

$$\%Z = \sqrt{\%R^2 + \%X^2}\ \text{〔％〕}$$

短絡点に流れる短絡電流 I_s〔A〕は，

$$I_s = \frac{100}{\%Z} I_n \text{ [A]}$$

なお，三相回路の場合，I_s は三相短絡電流になります．

ここで，基準容量 P_n〔V・A〕，基準線間電圧 V_n〔V〕とすると，定格電流 I_n〔A〕は，

$$単相：I_n = \frac{P_n}{V_n} \text{ [A]}$$

$$三相：I_n = \frac{P_n}{\sqrt{3}\, V_n} \text{ [A]}$$

ただし，%R：変圧器を含む短絡点までの％抵抗の合計
　　　　%X：変圧器を含む短絡点までの％リアクタンスの合計

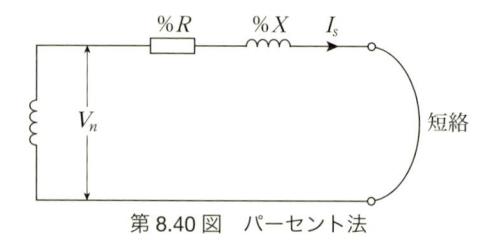

第8.40図　パーセント法

(a) ％インピーダンス，％抵抗，％リアクタンスの求め方

インピーダンス $Z = R + jX$〔Ω〕について，%Z〔％〕，%R〔％〕，%X〔％〕を求めます．

基準容量 P_n〔V・A〕，基準線間電圧 V_n〔V〕とすると，基準インピーダンス Z_n〔Ω〕は，

$$Z_n = \frac{V_n^2}{P_n} \text{ [Ω]} \qquad ①$$

％インピーダンス %Z〔％〕は，

$$\%Z = \frac{Z}{Z_n} \times 100 = \frac{P_n Z}{V_n^2} \times 100 \text{ [％]} \qquad ②$$

％抵抗 %R〔％〕は，

$$\%R = \frac{R}{Z_n} \times 100 = \frac{P_n R}{V_n^2} \times 100 \text{ [％]} \qquad ③$$

％リアクタンス %X〔％〕は，

$$\%X = \frac{X}{Z_n} \times 100 = \frac{P_n X}{V_n^2} \times 100 \ [\%] \qquad ④$$

(b) パーセント値からオーム値への変換

基準容量 P_n〔V・A〕，基準線間電圧 V_n〔V〕として求めます．

インピーダンス Z〔Ω〕は，②式より，

$$Z = \frac{\%Z V_n^2}{100 P_n} \ [\Omega]$$

抵抗 R〔Ω〕は，③式より，

$$R = \frac{\%R V_n^2}{100 P_n} \ [\Omega]$$

リアクタンス X〔Ω〕は，④式より，

$$X = \frac{\%X V_n^2}{100 P_n} \ [\Omega]$$

(3) 2相短絡

一次側 $V_1 = 6\,600$〔V〕，二次側 $V_2 = 200$〔V〕の三相電路において，変圧器容量 $P = 50$〔kV・A〕，％インピーダンス 5〔％〕の変圧器 2 台を V 結

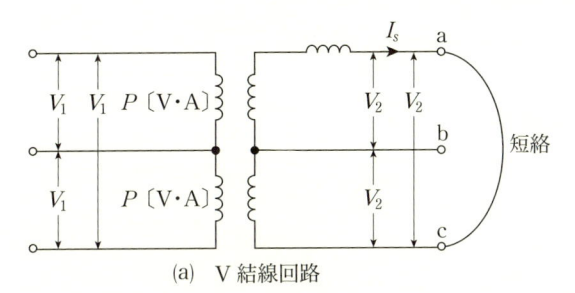

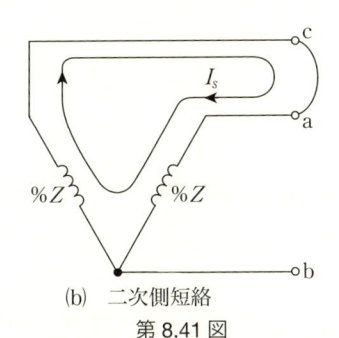

(a) V 結線回路

(b) 二次側短絡

第 8.41 図

線にしたとき，第8.41図(a)のように低圧側2線間が短絡した場合の短絡電流を求めます．

容量 $P = 50$ [kV・A]，電圧 $V_n = 200$ [V] のときの定格電流 I_n [A] は，

$$I_n = \frac{P}{V_n} = \frac{50 \times 10^3}{200} = 250 \text{ [A]}$$

短絡電流 I_n [A] は，第8.41図(b)より，

$$I_s = \frac{100}{\%Z + \%Z} I_n = \frac{100}{5+5} \times 250 = 2\,500 \text{ [A]}$$

となり，短絡電流は2 500 [A] となります．

練習問題 1

単相 100 [kV・A]，6 300/105 [V] の配電用変圧器の % 抵抗 = 3 [%]，% リアクタンス = 4 [%] とすると，定格電圧における短絡電流は定格電圧の何倍になるか．ただし，変圧器の電源側インピーダンスは無視するものとする．

【解答】 20 倍

【ヒント】 $I_s = \dfrac{100}{\sqrt{\%R^2 + \%X^2}} I_n$ [A]

練習問題 2

単相変圧器の定格電圧 3 000 [V]，定格電流 10 [A]，インピーダンス 13.5 [Ω] とすると，% インピーダンスはいくらか．

【解答】 4.5 [%]

【ヒント】 $\%Z = \dfrac{ZI_n}{V_n} \times 100$ [%]

STEP 2

(1) 過電流継電器（OCR）の接続

三相3線式高圧配電線の過電流継電器は第8.42図に示すように，a相とc相に接続しています．

a－b 相間で短絡故障：a 相の過電流継電器が動作します．

b－c 相間で短絡故障：c 相の過電流継電器が動作します．
c－a 相間で短絡故障：a 相と c 相の過電流継電器が動作します．

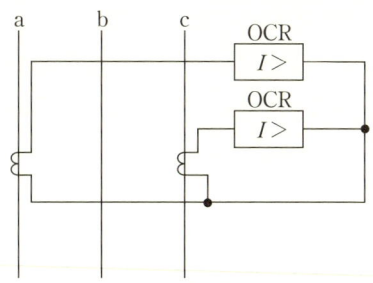

第 8.42 図　過電流継電器の接続

(2) **過電流継電器の特性**

過電流継電器の限時特性を第 8.43 図に示します．

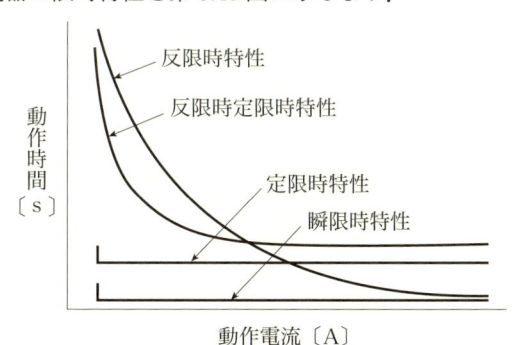

第 8.43 図　過電流継電器の特性

(a) 　反限時特性

動作限時（動作時間）は電流値に反比例するもので，大電流が流れれば短時間で，小電流が流れれば長時間となる特性です．

(b) 　定限時特性

動作限時（動作時間）は電流値にかかわらず，常に一定となる特性です．

(c) 　反限時定限時特性

反限時特性と定限時特性を組み合わせたもので，ある電流値までは反限時，それ以上は定限時となる特性です．

(d) 　瞬限時特性

動作限時に限時を与えないもので，電流値が整定値を超えると瞬時に動作

する特性です．

(3) 過電流継電器の整定

高圧配電線において短絡故障が発生し，CT 一次側に短絡電流 1 600〔A〕が流れました．CT の変流比 400/5〔A〕, OCR の電流タップ値 4〔A〕, レバー値 2 に整定され，OCR のレバー 10 における限時特性は第 8.44 図に示すとおりです．この場合，OCR は何秒で動作するか求めます．

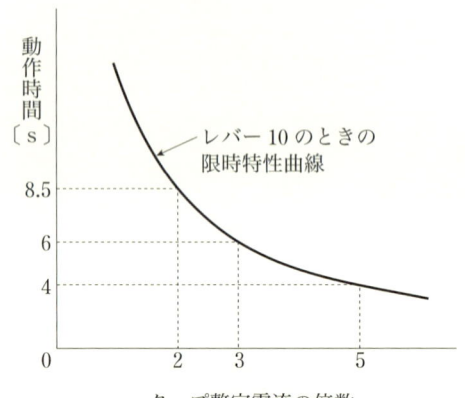

第 8.44 図　過電流継電器の整定

短絡電流 1 600〔A〕のときの CT 二次側に流れる電流 I_2〔A〕は，

$$I_2 = 1\,600 \times \frac{5}{400} = 20 \text{〔A〕}$$

OCR の電流タップ値から何倍の電流が流れるか求めます．

$$\frac{I_2}{電流タップ値} = \frac{20}{4} = 5 倍$$

第 8.44 図より，レバー 10 における電流倍数が 5 倍のときの動作時間が 4 秒であるから，レバー 2 の動作時間は，レバー 10 の 1/5 の時間で動作することになります．

$$動作時間 = 4 \times \frac{1}{5} = 0.8 \text{〔秒〕}$$

となり，OCR は 0.8 秒で動作します．

練習問題1

過電流継電器には [(1)] 形，静止形およびディジタル形がある．[(1)] 形は，電流と動作時限が [(2)] する限時特性を持っている．

近年，ディジタル技術の発展によりディジタル形を新規に採用しつつあり，ディジタル形過電流継電器の限時特性は [(3)] で作成し，CT二次側電流は [(4)] 変換器でサイクリックに電流をディジタル化し，整定値と比較して処理を行っている．

【解答】 (1) 誘導円板，(2) 反比例，(3) ソフトウェア，
(4) AD（アナログ・ディジタル）

第8章 11 配電線路の地絡電流

覚えるべき重要ポイント
- 1線地絡, 1線断線の計算
- 地絡継電器の種類と接続方法

STEP 1

(1) **非接地式高圧系統**

わが国の配電線の多くは 6.6〔kV〕三相3線式の非接地方式です．

〈特徴〉
(a) 通信線への誘導障害が少ない
(b) 高低圧混触時に低圧線の電位上昇が少なくなる
(c) 1線地絡故障時の健全相の対地電圧が線間電圧まで上昇する

(2) **1線地絡故障**

第8.45図のような1線当たりの対地静電容量 C〔F〕，線間電圧 V〔V〕，角周波数 ω〔rad/s〕の非接地系三相3線式配電線において，F点で地絡抵抗 R_g〔Ω〕の1線地絡故障が発生した場合について地絡点の地絡電流を求めます．

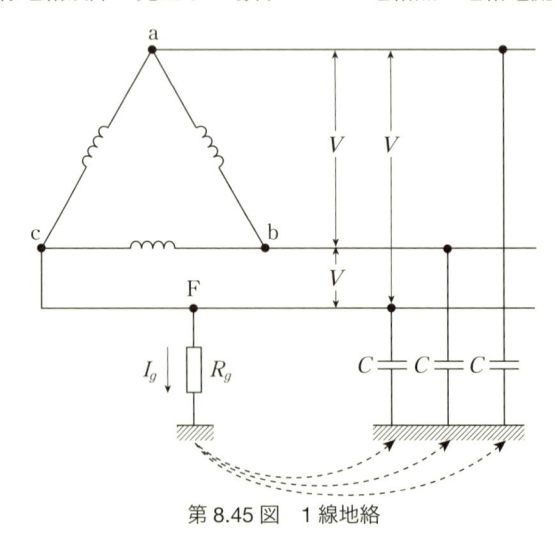

第8.45図 1線地絡

地絡前のF点の対地電圧は$V/\sqrt{3}$〔V〕，F点と大地間からみたインピーダンスから第8.46図のような回路となり，鳳・テブナンの定理を使用して地絡電流を求めます。

回路のインピーダンス$\dot{Z}$〔Ω〕は，

$$\dot{Z} = R_g + \frac{1}{j3\omega C} = R_g - j\frac{1}{3\omega C} \ \text{〔Ω〕}$$

$\dot{Z}$の大きさ$|\dot{Z}|$〔Ω〕は，

$$|\dot{Z}| = \sqrt{R_g^2 + \left(\frac{1}{3\omega C}\right)^2} \ \text{〔Ω〕}$$

地絡点の地絡電流I_g〔A〕は，

$$I_g = \frac{\frac{V}{\sqrt{3}}}{|\dot{Z}|} = \frac{1}{\sqrt{R_g^2 + \left(\frac{1}{3\omega C}\right)^2}} \cdot \frac{V}{\sqrt{3}} \ \text{〔A〕}$$

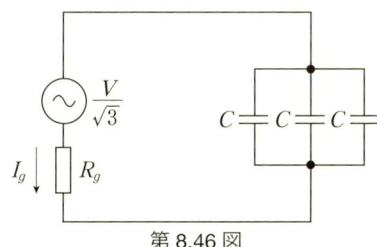

第8.46図

(3) 1線断線故障

第8.47図(a)のようなY形三相平衡負荷に供給電圧V〔V〕で電力を供給する架空配電線があり，1線が断線しました。断線箇所XY間の電圧を求めます。

断線前は負荷に$\dot{E}_a$，$\dot{E}_b$，$\dot{E}_c$の電圧が加わっているとし，XY間が断線すると，断線相（a相）につながるY形負荷には電流が流れません。

1線断線のベクトル図は第8.47図(b)のようになり，断線相以外の二つの星形負荷の直列回路には，点線で示す$\dot{E}_b - \dot{E}_c$の単相電圧が加わり，負荷の中性点がO点からO′点へ移動します。

XY間の電圧E_{XY}〔V〕は，ベクトル図より，

$$E_{XY} = V\cos 30° = \frac{\sqrt{3}}{2}V \text{ [V]}$$

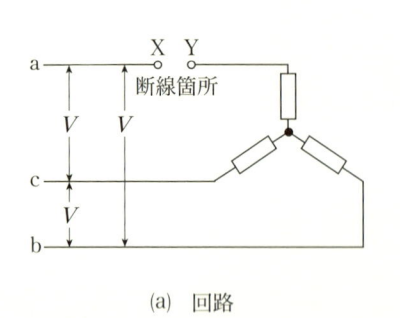

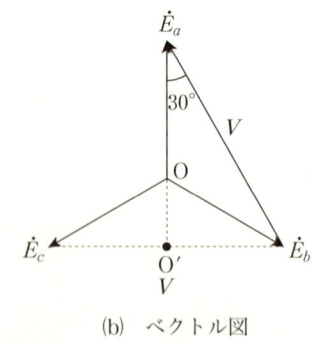

(a) 回路　　　　　(b) ベクトル図

第8.47図　1線断線

練習問題1

　非接地方式の高圧配電線で1線地絡故障が起こった場合の現象に関する記述である．正しいのは次のうちどれか．
(1) 通信線の誘導障害は，直接接地方式に比べて大きい．
(2) 地絡電流は，直接接地方式に比べて小さい．
(3) 健全相の電位上昇は発生しない．
(4) 配電線の電線延長が短いほど地絡電流は大きい．
(5) 中性点の電位上昇は発生しない．

【解答】　(2)

練習問題2

　中性点非接地方式の三相3線式高圧配電線で地絡故障が生じた．地絡電流の大きさに大きく関係するものは，線路の対地電圧のほかに何があるか．正しいのは次のうちどれか．
(1) 電線の抵抗
(2) 対地静電容量
(3) 対地リアクトル
(4) 負荷電流
(5) 線路の漏れ抵抗

【解答】(2)

STEP 2

(1) 地絡継電器

　三相3線式高圧配電線の地絡継電器には地絡過電流継電器（OCGR）と地絡方向継電器（DGR）があります（第8.48図参照）．

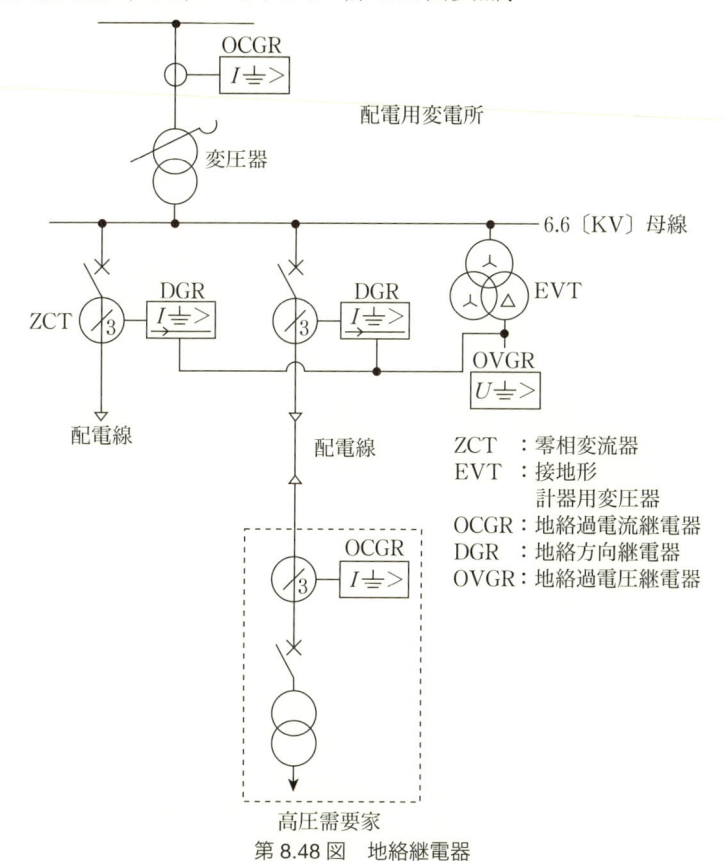

第8.48図　地絡継電器

ZCT　：零相変流器
EVT　：接地形計器用変圧器
OCGR：地絡過電流継電器
DGR　：地絡方向継電器
OVGR：地絡過電圧継電器

(a) 地絡過電流継電器（OCGR）

　地絡過電流継電器は零相電流（地絡電流）の大きさのみで動作しますので，変電所の配電線用継電器には用いず，配電変電所変圧器の一次側や高圧需要家の高圧側の地絡保護に用いられています．

(b) 地絡方向継電器（DGR）

地絡方向継電器は変電所の配電線用継電器として用い，零相電流と零相電圧を入力とし，零相電流（地絡電流）の位相から配電線側の地絡故障を検出して動作します．

なお，零相電流は配電線引出し口に設置した零相変流器（ZCT：Zero-phase-sequence Current Transformer）で，零相電圧は変電所母線に設置した接地形計器用変圧器（EVT：Earthed Voltage Transformer）から検出します．

(2) 接地形計器用変圧器（EVT）

(a) EVT の三次側

EVT の結線一次／二次／三次は，Y／Y／ブロークンデルタとなっており，三次側には制限抵抗 R〔Ω〕を接続します．

制限抵抗 R の値は一般に 50〔Ω〕で，地中配電線系統など充電電流の大きい系統では 25〔Ω〕が用いられています．

高圧配電線に 1 線地絡故障が発生し地絡電流 I〔A〕が流れると，EVT の三次側には第 8.49 図に示す電流が流れ，制限抵抗 R の両端に零相電圧 V_R〔V〕が生じ，この零相電圧は地絡方向継電器の入力となります．

EVT の巻数比を $n:1$，一次側の地絡電流 I〔A〕とすると，制限抵抗 R 両端の零相電圧 V_R〔V〕は，

$$V_R = \frac{1}{3}nIR \text{〔V〕}$$

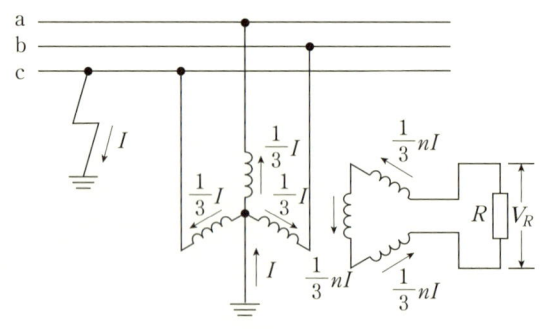

EVT 巻数比 $n:1$
第 8.49 図　零相電圧

(b) 制限抵抗 R の一次側換算値

EVT変圧比を 6 600〔V〕/110〔V〕としたとき，制限抵抗 $R=50$〔Ω〕を一次側に換算した抵抗値 R_n を求めます．

$$R_n = \frac{1}{3} \times \frac{R}{3} n^2 = \frac{n^2 R}{9} \text{〔Ω〕}$$

$$= \frac{1}{9} \times \left(\frac{6\,600}{110}\right)^2 \times 50 = 20\,000 \text{〔Ω〕}$$

(3) **地絡方向継電器の接続**

地絡方向継電器（DGR）は第8.50図のように接続し，ZCTからの零相電流（地絡電流），EVTからの零相電圧を入力とし，零相電圧を基準として零相電流が配電線に流れる電流方向（位相角）と零相電流の大きさが整定値以上になると動作します．

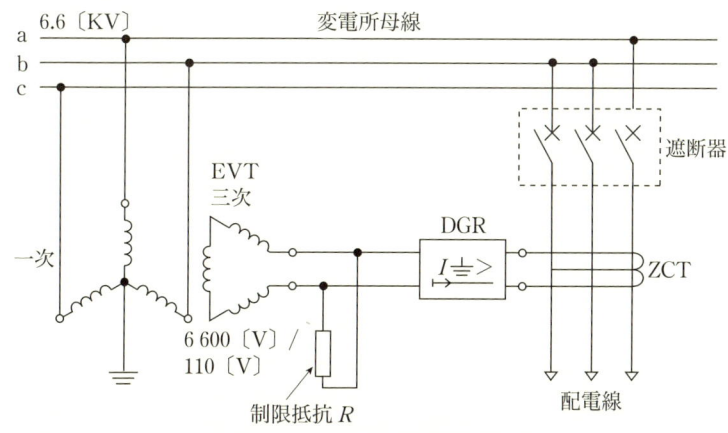

第8.50図 地絡方向継電器の接続

(4) **地絡電流の計算**

第8.51図の回路にてC配電線で1線地絡故障が発生したときのC配電線用ZCTに流れる地絡電流を求めます．

⑧ 配電線路

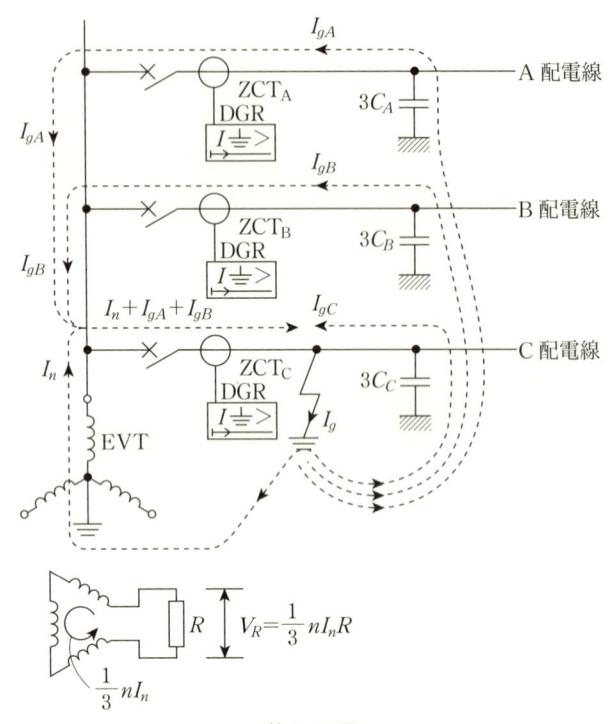

第 8.51 図

等価回路を第 8.52 図(a)に示し，配電線の事前の線間電圧 V〔V〕，角周波数 ω〔rad/s〕，EVT の巻数比 $n:1$，制限抵抗 R〔Ω〕とします．
A，B 配電線と EVT 一次側に流れる地絡電流は，

A 配電線
$$\dot{I}_{gA} = j3\omega C_A \frac{V}{\sqrt{3}} = j\sqrt{3}\,\omega C_A V \text{〔A〕}$$

B 配電線
$$\dot{I}_{gB} = j3\omega C_B \frac{V}{\sqrt{3}} = j\sqrt{3}\,\omega C_B V \text{〔A〕}$$

EVT 一次側
$$\dot{I}_n = \frac{V}{\sqrt{3}\,R_n} \text{〔A〕}$$

ただし，$R_n = \dfrac{n^2 R}{9}$ 〔Ω〕

C配電線のZCTに流れる地絡電流 $\dot{I}_g{}'$ 〔A〕は，

$$\dot{I}_g{}' = \dot{I}_n + \dot{I}_{gA} + \dot{I}_{gB}$$

$$= \left\{\dfrac{1}{\sqrt{3}\,R_n} + j\sqrt{3}\,\omega(C_A + C_B)\right\} V \text{〔A〕}$$

第8.52図(b)に示すベクトル図より，C配電線のDGRは動作します．また，A・B配電線のZCTに流れる地絡電流は方向が反対のため，A・B配電線のDGRは動作しません．

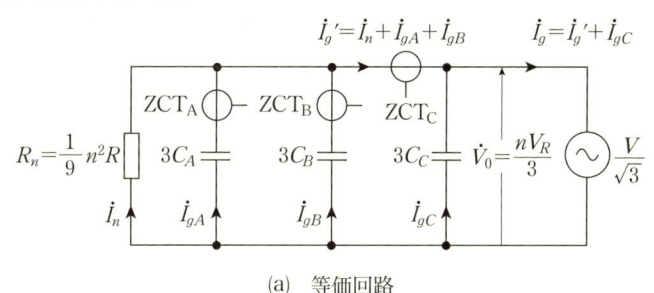

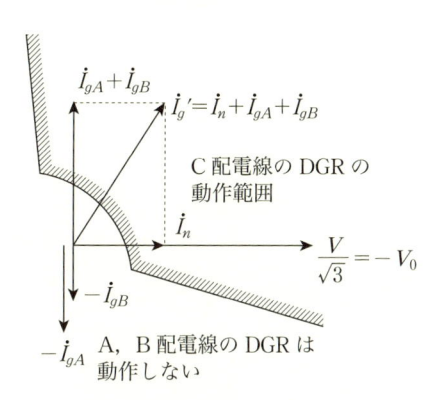

(a) 等価回路

(b) ベクトル図

第8.52図

8 配電線路

> **練習問題1**
> 接地形計器用変圧器のブロークンデルタには，一端を開いた (1) 回路で，(2) 抵抗が接続されている．高圧側に1線 (3) 故障が生じると，(2) 抵抗の端子間に (4) が現れる．

【解答】 (1) △，(2) 制限，(3) 地絡，(4) 電圧

> **練習問題2**
> 配電変電所の高圧配電線の地絡保護として (1) 継電器がある．この継電器は零相変流器から地絡電流（ (2) ）を，接地形計器用変圧器から (3) を検出し，電源から (4) に向かって地絡電流が流れることで継電器が動作する．

【解答】 (1) 地絡方向，(2) 零相電流，(3) 零相電圧，(4) 負荷

第8章 Lesson 12 配電線路の諸設備

覚えるべき重要ポイント

- 電線，ケーブル，がいしの種類
- 遮断器，開閉器の種類

STEP 1

(1) 架空配電線用電線の種類

(a) 屋外用ビニル絶縁電線（OW線：Outdoor Weatherproof）

ビニルで絶縁した電線で，一般に低圧用として広く用いられています．

(b) 引込み用ビニル絶縁電線（DV線：Drop Vynile wire）

ビニルで絶縁した電線で，2本または3本を一体化し，低圧配電線の支持点から一般家庭に引き込むのに用いられます．

(c) 屋外用ポリエチレン絶縁電線（OE線：Outdoor polyethylene）

ポリエチレンで絶縁した電線で，導体には硬銅より線を用い，高圧架空配電線に使用されます．

(d) 屋外用架橋ポリエチレン絶縁電線（OC線：Outdoor Crosslinked polyethylene）

架橋ポリエチレンで絶縁した電線で，導体には硬銅より線を用い，耐熱性に優れ，高圧架空配電線に使用されます．

(e) 引下げ用高圧絶縁電線（PD線：Pole Drop）

架橋ポリエチレンやビニルで絶縁した電線で，高圧配電線と柱上変圧器間をつなぐ高圧引下げ用として用いられます．

(2) 地中配電線用電線の種類

(a) CVケーブル

架橋ポリエチレン絶縁ビニルシースケーブルで，高圧用，低圧用に広く用いられます．

(b) EVケーブル

ポリエチレン絶縁ビニルシースケーブルです．

(c) BN ケーブル

ブチルゴム絶縁クロロプレンシースケーブルです．

(d) VV ケーブル

ビニル絶縁ビニルシースケーブルで，低圧用に用いられます．

(3) がいしの種類

屋外用のがいしには，高圧用，低圧用があります．

(a) 高圧用

ピンがいし，耐張がいし，中実がいし

(b) 低圧用

ピンがいし，引留がいし

(4) 遮断器の種類

(a) 油遮断器（OCB）

油中でアークが発生すると，絶縁油が分解され発生したガスの冷却作用により消弧します．従来，油遮断器は広く用いられてきましたが，火災の危険があるため，最近は真空遮断器に代わってきています．

(b) 真空遮断器（VCB）

アークを真空中で急速に拡散させて消弧します．

(c) 磁気遮断器（MCB）

アークを磁界の作用で消弧します．

(d) 空気遮断器（ACB）

高圧の圧縮空気をアークに吹き付けて消弧します．

(e) ガス遮断器（GCB）

六ふっ化硫黄（SF_6）ガスを用い，アークに高圧ガスを吹き付けて消弧します．

(5) 開閉器

(a) 区分開閉器

区分開閉器は柱上に設置し，作業時の停電区間や故障区間の切り離し用に用いられ，負荷電流の開閉はできますが，短絡電流の遮断はできません．

区分開閉器には，気中負荷開閉器（AS：Air Switch），ガス負荷開閉器（GS：Gas Switch），真空負荷開閉器（VS：Vacuum Switch）があります．

(b) 高圧カットアウト（PC：Primary Cutout Switch）

高圧カットアウトは円筒形または箱形の磁気容器の中に高圧ヒューズを内蔵しており，柱上変圧器の一次側に取り付けられています．

変圧器の過負荷や短絡故障により高圧ヒューズが溶断し，本線の停止を防止しています．

練習問題1

配電線路の柱上開閉器に関する記述である．誤っているのは次のうちどれか．

(1) 柱上開閉器は，配電線路の作業時の区分用および事故時の切離し用として必要である．
(2) 柱上開閉器には，気中形および油入形が用いられている．
(3) 柱上開閉器には，塩じん害などの汚損が問題となる地域では密閉形が用いられる．
(4) 柱上開閉器の操作方式としては，ひも等で操作する手動式と，制御器とを組み合わせた自動式とがある．
(5) 柱上開閉器は，事故時の切離し用として用いられるが，事故電流の自動遮断性能はない．

【解答】 (2)

練習問題2

高圧架空配電線路を構成する機材として使用されるものとして，誤っているのは次のうちどれか．

(1) OC線
(2) 避雷器
(3) 高圧耐張がいし
(4) 柱上真空開閉器
(5) DV線

【解答】 (5)

第8章 Lesson 13 高圧配電線路の雷害対策

覚えるべき重要ポイント

- 高圧配電線路の雷害対策

STEP 1

(1) 高圧配電線路の雷害対策

雷害対策は，誘導雷に耐える対策をおもに行い，高圧配電線の溶断，がいしの破損を防止しています．

(a) 架空地線

架空地線は，直撃雷の遮へい効果と誘導雷サージの低減効果があります．

(b) 避雷器

高圧配電線の避雷器は，雷直撃による逆フラッシオーバ防止を主目的とせず，線路に現れる誘導雷サージに対して，機器，がいしなどの絶縁協調を保ち，線路保護と機器保護を目的としています．

本線に用いる避雷器は，直列ギャップ付き酸化亜鉛形避雷器を採用しています．

また，高圧カットアウトには，酸化亜鉛素子を内蔵した耐雷PCがあります．

(c) 格差絶縁方式

がいしや高圧カットアウトの絶縁レベルを従来の6号級から10号級に格上げし，フラッシオーバ箇所を変圧器一次側，高圧カットアウトのヒューズで続流遮断することにより，配電線故障を防止しています．

(d) 耐雷ホーン

耐雷ホーンは第8.53図のように10号高圧中実がいしにリング状のアークホーン（リングアークホーン）を取り付け，リングアークホーンとがいしのベース金具間に限流素子（酸化亜鉛抵抗体）を挿入したものです．

電線に雷サージが加わると電線とリングアークホーン間でフラッシオーバして消弧するもので，電線の溶断とがいしの破損を防止しています．また，変電所の遮断器も動作せず停電に至らず送電を継続できます．

第 8.53 図　耐雷ホーン

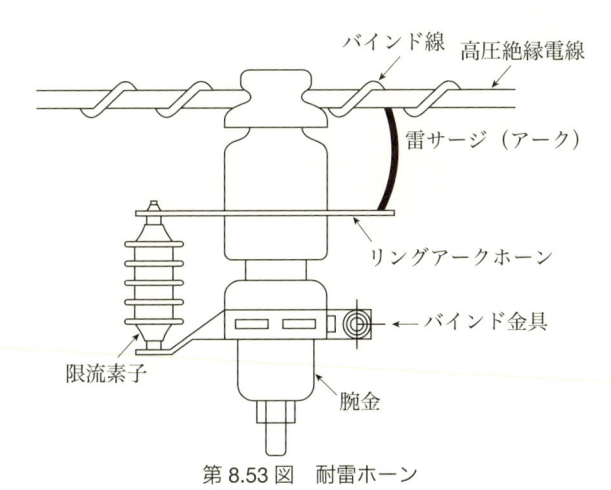

(e)　放電クランプ

　放電クランプは第 8.54 図のように高圧がいしの頂部にフラッシオーバ金具を取り付け，金具とがいしベース金具間でフラッシオーバさせ，電線の溶断とがいしの破損を防止します．

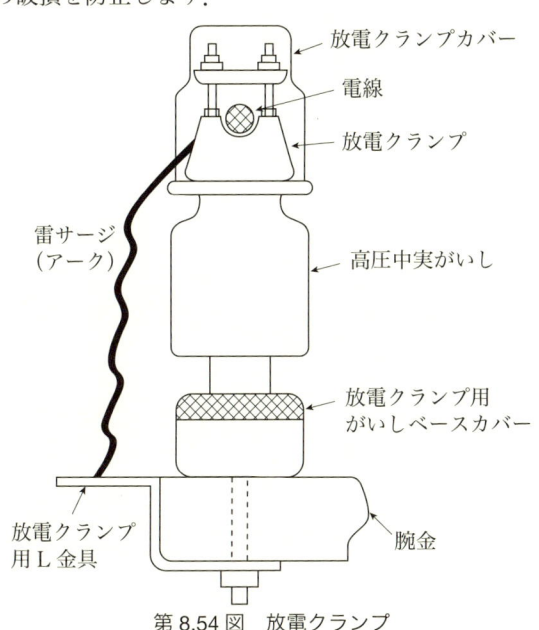

第 8.54 図　放電クランプ

(f) 改良形絶縁電線

改良形絶縁電線は第8.55図のように素線径を大きくしてより線数を少なくして，従来形絶縁電線に比較して溶断時間を10〜20倍に改善したものです．

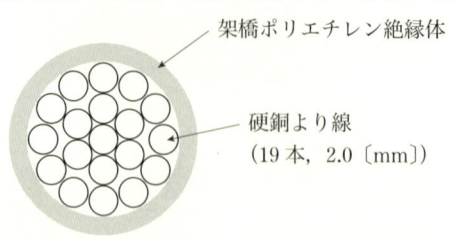

架橋ポリエチレン絶縁体

硬銅より線
（19本，2.0〔mm〕）

(a) 従来形 OC 電線

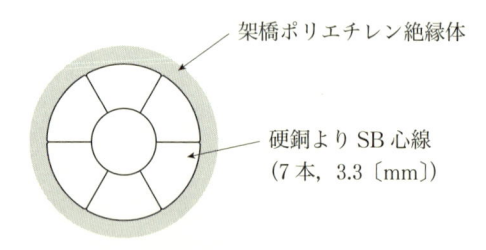

架橋ポリエチレン絶縁体

硬銅より SB 心線
（7本，3.3〔mm〕）

(b) 改良形 OC 電線

第 8.55 図

練習問題1

　架空配電線路の雷害対策として，雷直撃時の逆フラッシオーバの防止と遮へい効果による誘導雷を制して機器を保護するための (1) および線路の誘導雷サージの波高値を抑制して機器を保護するための (2) が一般に用いられてきている．

　最近では，被覆電線の (3) やがいしの破損防止の目的で，放電クランプ，(4) の設置を行っている．

【解答】 (1) 架空地線，(2) 避雷器，(3) 断線（溶断），(4) 耐雷ホーン

第8章 Lesson 14 支線の強度計算

覚えるべき重要ポイント

- 正弦法則，回転モーメント

STEP 1

(1) 支線の強度計算

　鉄筋コンクリート柱などは，支線を用いて強度を分担しています．第8.56図に示すように水平張力を P 〔N〕とすると支線張力 T 〔N〕は，正弦法則を用いて計算します．

　正弦法則は次のとおりです．

$$\frac{T}{\sin\alpha} = \frac{P}{\sin\theta} = \frac{Q}{\sin\phi}$$

よって，支線張力 T 〔N〕は，

$$T = \frac{\sin\alpha}{\sin\theta} P \text{〔N〕}$$

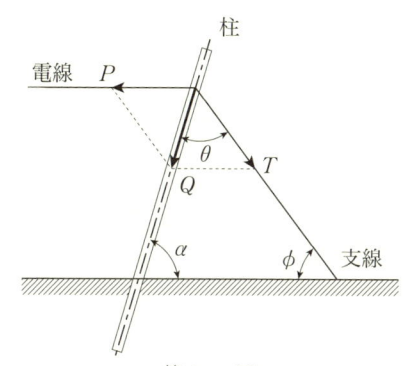

第8.56図

(2) 電線を引き留める場合

　第8.57図に示すように電線を引き留める場合について支線に働く張力 T〔N〕を求めます．

　支持物のO点に対する電線張力の回転モーメント M〔N・m〕は，

$$M = FH \text{ [N·m]} \quad \text{①}$$

支線張力の水平分力の回転モーメント M' [N·m] は,

$$M' = T\sin\theta \times h \text{ [N·m]} \quad \text{②}$$

支線に働く張力 T [N] は, M と M' が釣り合う条件①式 = ②式から求めます.

$$FH = T\sin\theta \times h$$

$$T = \frac{FH}{h\sin\theta} \text{ [N]}$$

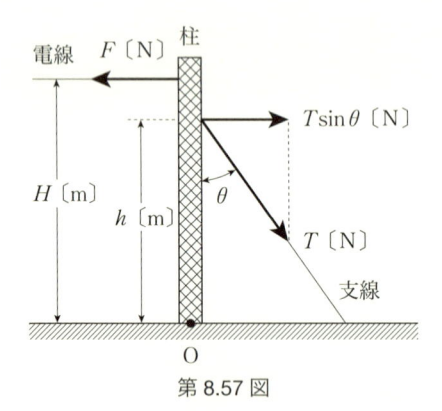

第 8.57 図

(3) 水平角のある場合

第8.58図に示すように電線に水平角がある場合について支線に働く張力 T [N] を求めます.

電線張力の合成力 F [N] は,

$$F = 2F_O\cos\phi \text{ [N]}$$

支持物のO点に対する電線張力の回転モーメント M [N·m] は,

$$M = FH = 2F_O\cos\phi \times H \text{ [N·m]} \quad \text{①}$$

支線張力の水平分力の回転モーメント M' [N·m] は,

$$M' = T\sin\theta \times h \text{ [N·m]} \quad \text{②}$$

支線に働く張力 T [N] は, M と M' が釣り合う条件①式 = ②式から求めます.

$$2F_O\cos\phi \times H = T\sin\theta \times h$$

Lesson 14　支線の強度計算

$$T = \frac{2F_0 H \cos\phi}{h \sin\theta} \ \text{[N]}$$

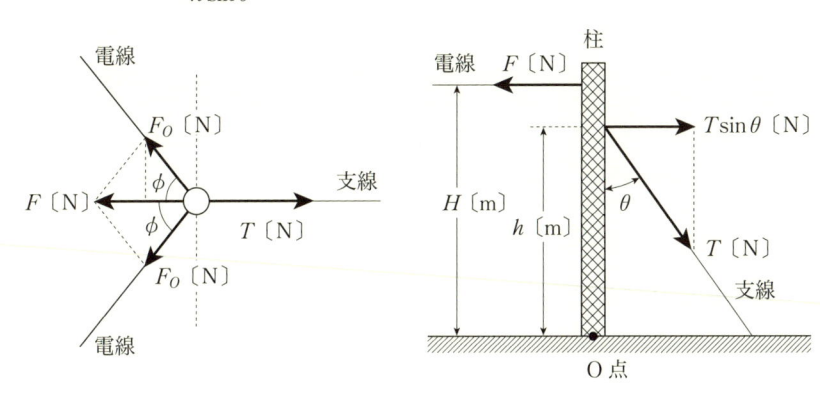

(a) 上方向から見た図　　(b) 横方向から見た図

第 8.58 図

練習問題 1

図に示すように支線柱 120〔N〕の水平張力を受けており，この張力を支線で支持する場合，支線の受ける張力〔N〕を求めよ．

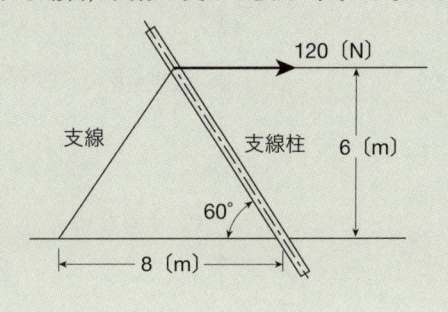

【解答】　113〔N〕

【ヒント】　$T = \sqrt{\overline{\mathrm{AD}}^2 - \overline{\mathrm{BD}}^2}$

第8章 Lesson 15 高圧受電設備

覚えるべき重要ポイント

- 高圧受電設備の種類
- 高圧受電設備の短絡保護, 地絡保護

STEP 1

(1) 高圧受電設備の種類

高圧受電設備には, CB形, PF・CB形およびPF・S形があります（第8.59図参照）.

(a) CB形

遮断器（CB）と過電流継電器（OCR）, 地絡継電器（OCGR）を組み合せ

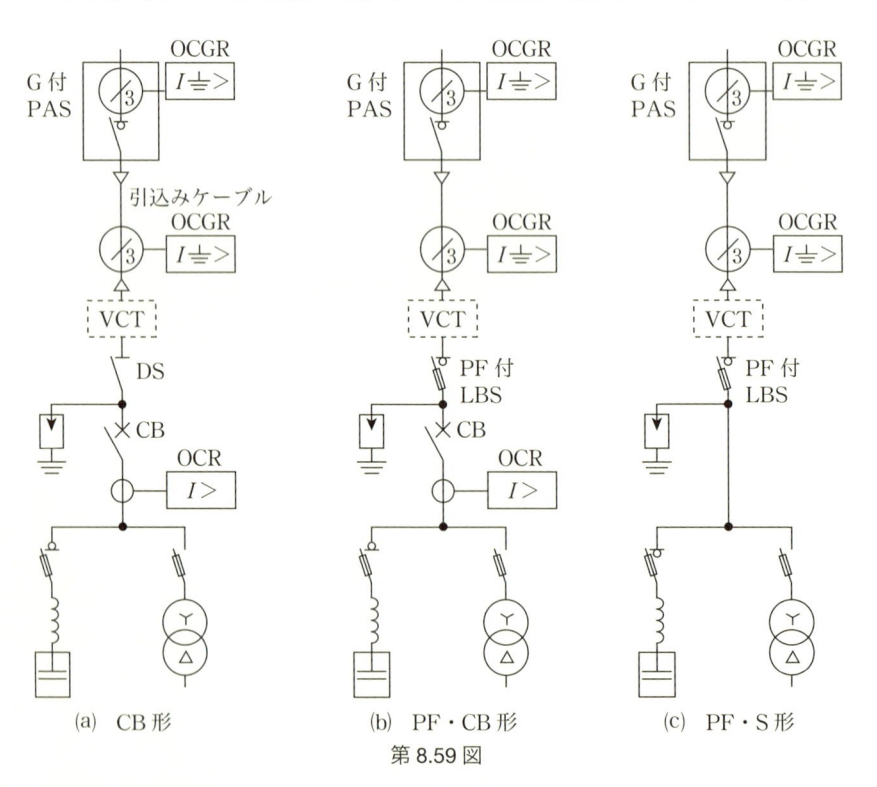

(a) CB形　　(b) PF・CB形　　(c) PF・S形

第8.59図

て，過負荷，短絡電流，地絡電流をCBで遮断させます．

(b) PF・CB形

高圧限流ヒューズ（PF：Power Fuses）と遮断器（CB）を組み合せたもので，遮断器はおもに真空遮断器を用います．

PF：短絡電流を遮断します．

CB：負荷電流の開閉，地絡電流と過電流を遮断します．

(c) PF・S形

高圧限流ヒューズ（PF）と高圧交流負荷開閉器（LBS：Load Break Switches）を組み合せたものです．

PF ：短絡電流を遮断します．

LBS：負荷電流の開閉，地絡電流を遮断します．

(2) **高圧限流ヒューズ（PF）**

限流ヒューズは，高圧カットアウト，高圧受電設備などに使用され，短絡時の限流効果を有するものです．

限流ヒューズは，故障電流が最大値になる前に溶断して故障電流を遮断する能力があります．

(3) **地絡継電器付きPAS**

高圧受電設備の多くは，柱上気中開閉器（PAS）から引き込み，地絡継電器付きPASとして，AOG（気中ヒューズ付き地絡トリップ形：Air Overcurrent Ground Type），GAB（地絡保護付高圧気中遮断器：Ground Air Breaker），SOG（過電流蓄勢トリップ付き地絡トリップ形：Storage Overcurrent Ground Type）があり，PASから受電設備間の電力ケーブルの地絡を検出し，PASを開にしています．

PASに内蔵した地絡継電器には方向性あり，方向性なしの2種類があります．

(4) **高圧受電設備の短絡保護協調**

短絡保護は，高圧受電設備の限流ヒューズ（PF），低圧用配線用遮断器（MCCB：Molded-Case Circuit Breakers）および変電所の配電線OCRで行い，保護協調は第8.60図に示すとおり，電源からみると遠い地点から順番に遮断するように整定しています．

例として，MCCBの負荷側で短絡故障が発生すると，遮断の順は，

① MCCB が遮断します．
② MCCB が不動作の場合は，PF が遮断します．
③ MCCB，PF とも不動作の場合は，変電所の OCR が動作して配電線の遮断器を遮断します．

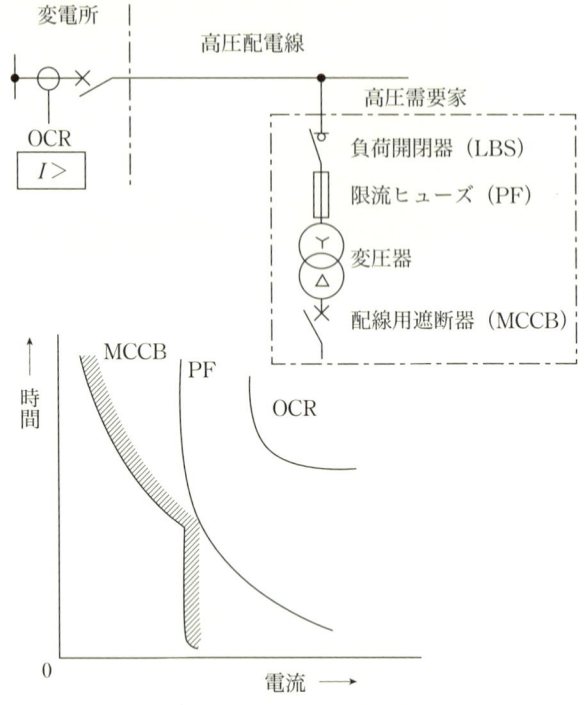

第 8.60 図　短絡保護協調

(5) **高圧受電設備の地絡保護**

地絡保護は通常，零相変流器（ZCT）からの零相電流により動作する地絡過電流継電器（OCGR）を用います．

しかし，構内の高圧ケーブルのこう長が長い場合には，外部（高圧配電線）で発生した地絡により地絡電流が電力ケーブルの静電容量を通して流れるため，OCGR が不必要動作することがあります．

対応策として，コンデンサ形または接地形計器用変圧器を用いて零相電圧を検出し，ZCT からの零相電流との位相により，内部故障か外部故障かを判定し，内部故障時のみ動作する地絡方向継電器（DGR）を用いています（第

8.61図参照）．

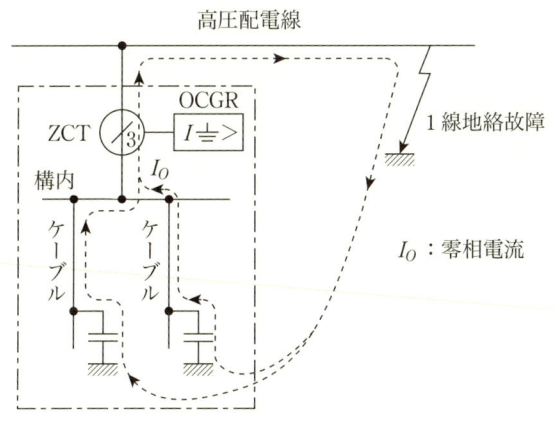

(a) OCGRが外部故障により不必要動作する

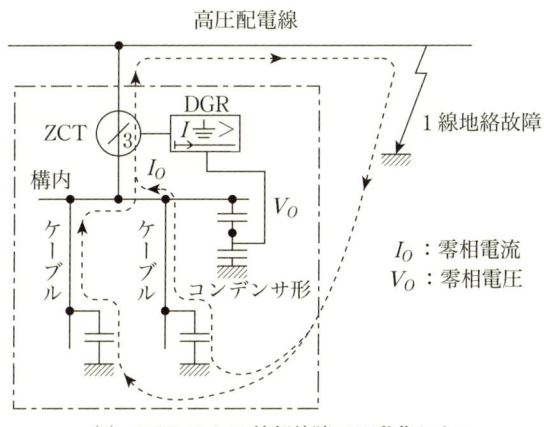

(b) DGRのため外部故障では動作しない

第 8.61 図

練習問題 1

受電設備に関する記述である．誤っているのは次のうちどれか．

(1) MCCB は，PF・CB 形受電方式より母線短絡容量が大となる受電設備に適用される．
(2) MCCB は，電路に過電流が生じたときには自動的に電路を遮断する能力がある．
(3) PF・CB 形受電方式とは，高圧限流ヒューズと高圧交流遮断器を組み合わせて，受電設備の保護する方式である．
(4) PF・CB 形受電方式では，短絡事故は PF で，過電流は CB で保護する．
(5) 負荷開閉器では，一般に短絡電流の遮断は困難である．

【解答】 (1)

練習問題 2

受電設備に関する記述である．誤っているのは次のうちどれか．

(1) 高圧受電設備の主遮断装置は，電路に過電流を生じたときに自動的に電路を遮断する能力を有するものでなければならない．
(2) CB 形受電方式は，主遮断装置として高圧交流遮断器を用い，過電流継電器，地絡継電器などと組み合わせることによって，過負荷，短絡，地絡等の保護を行う．
(3) PF・CB 形受電方式は，高圧限流ヒューズと高圧交流遮断器の組み合わせによって受電設備を保護する．
(4) PF・S 形受電方式では，限流ヒューズと高圧カットアウトの組み合わせによって受電設備を保護する．
(5) 電力ヒューズには，限流形と非限流形の 2 種類がある．限流形は，短絡時の限流効果を有する反面，一般には小電流遮断性能が劣る．

【解答】 (4)

STEP 3

【問題1】 こう長3〔km〕の三相3線式配電線路がある．受電端に電圧6 000〔V〕で力率100〔%〕の負荷1 500〔kW〕を受電しているとき，電圧降下率が10〔%〕であった．今，負荷の力率が80〔%〕（遅れ）で電圧降下率を10〔%〕に抑えようと検討している．次の(a)および(b)の問に答えよ．

ただし，配電線の電線の断面積1〔mm²〕，長さ1〔m〕の電線抵抗を1/55〔Ω〕とし，電線1条の抵抗とリアクタンスの値は等しいものとする．

(a) 受電端電力は何〔kW〕まで許されるか．
(b) この場合の配電線路の電線の断面積〔mm²〕はいくらとなるか．

【問題2】 図において，こう長500〔m〕，線路インピーダンスは抵抗分のみの0.3〔Ω/km〕の単相3線式で負荷A25〔A〕，負荷B20〔A〕，それぞれの負荷力率は100〔%〕を供給している．次の(a)および(b)の問に答えよ．

ただし，変圧器およびバランサの内部インピーダンスは無視し，負荷電流は一定とする．

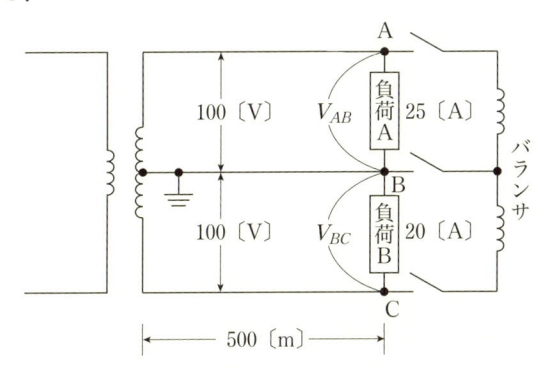

(a) バランサ取り付け前の負荷点AB間の電圧 V_{AB}〔V〕とBC間の電圧 V_{BC}〔V〕はいくらか．
(b) バランサ取り付け後の負荷点AB間の電圧 V_{AB}〔V〕とBC間の電圧 V_{BC}〔V〕はいくらか．

【問題3】 図のような単相2線式配電線でX端より電圧 $E_X = 105$〔V〕，Y端より電圧 $E_Y = 100$〔V〕で三つの負荷を供給している．

次の(a)および(b)の問に答えよ．ただし，X−a，a−b，b−c，c−Yの各間の往復回路の抵抗は等しく0.18〔Ω〕とし，各負荷の力率は100〔%〕とする．

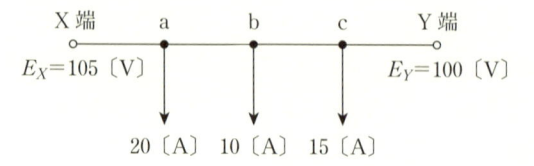

```
X端        a         b         c         Y端
○─────────┬─────────┬─────────┬─────────○
Eₓ=105〔V〕 │         │         │   Eᵧ=100〔V〕
          ↓         ↓         ↓
         20〔A〕   10〔A〕    15〔A〕
```

(a) X端から流れ込む電流 I とすると電流 I は何〔A〕となるか．
(b) X−a，a−b，b−c，c−Yの各区間の電流値〔A〕とその方向はどのようになるか．

【問題4】 三相3線式特別高圧の専用架空配電線路で受電している工場がある．

専用架空配電線路の1条当たりの抵抗とリアクタンスはそれぞれ2〔Ω〕と5〔Ω〕，工場の負荷は40 000〔kW〕で力率60〔%〕（遅れ），工場の受電電圧は70 000〔V〕である．今，受電端電圧を72 000〔V〕に改善したい．

次の(a)および(b)の問に答えよ．ただし，工場の負荷の大きさ，力率および送電端変電所の電圧は一定に保たれているものとする．
(a) 送電端変電所の電圧〔V〕はいくらか．
(b) 設置するコンデンサ容量〔kvar〕はいくらか．

【問題5】 図は高圧三相3線式配電線路の地絡を検出するため，配電用変電所に設けられる接地形計器用変圧器の接続図概要を示すものである．配電線のC線に完全地絡が生じた際について，次の(a)および(b)の問に答えよ．

ただし，配電線の電圧6 600〔V〕，接地形計器用変圧器1相の変圧比は6 600/110〔V〕で二次側に接続される制限抵抗は50〔Ω〕とし，その他の定数は無視するものとする．

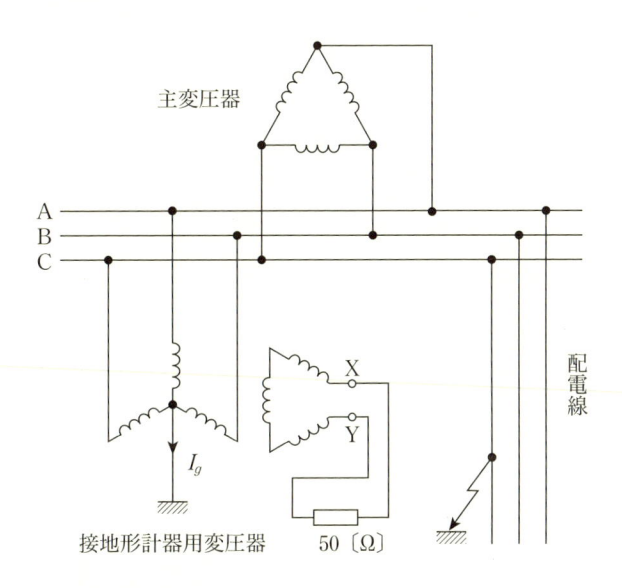

(a) 接地形計器用変圧器二次側の端子 XY 間に生じる電圧〔V〕はいくらか．
(b) 接地形計器用変圧器の接地線に通じる電流〔A〕はいくらか．

【問題6】　図のように単相変圧器2台をV結線して，定格出力37〔kW〕の三相誘導電動機を定格出力で運転している．

次の(a)および(b)の問に答えよ．ただし，負荷の力率は80〔%〕，効率は90〔%〕とする．

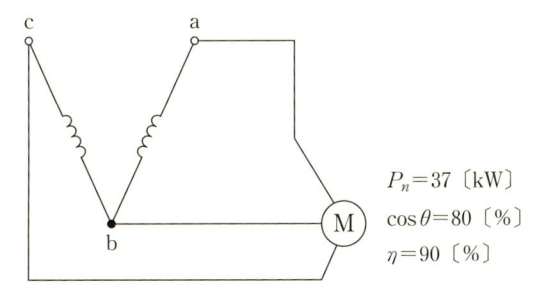

$P_n = 37$〔kW〕
$\cos\theta = 80$〔%〕
$\eta = 90$〔%〕

(a) 誘導電動機の皮相電力〔kV・A〕はいくらか．
(b) 単相変圧器1台当たりの所要定格容量の最小値〔kV・A〕はいくらか．

第9章
電気材料

第9章 Lesson 1 導電材料

覚えるべき重要ポイント

- 導電材料の具備する条件
- 導電率，パーセント導電率
- 銅線，アルミニウム線の種類と特徴

STEP 1

(1) 導電材料

導電材料の目的は，電流を効率よく流すことです．

(a) 導電材料の具備する条件

 (i) 導電率が大きい
 (ii) 加工しやすい
 (iii) 機械的な強さが大きい
 (iv) 耐食性，耐久性に優れている
 (v) 温度による寸法変化が少ない（線膨張係数が小さい）
 (vi) 軽量である
 (vii) 価格が安い

(b) 金属の導電率

$$導電率 = \frac{1}{抵抗率}$$

(c) パーセント導電率

国際標準軟銅の導電率（0.58×10^8〔S/m〕）を100〔%〕とし，これに対する比をパーセント導電率といいます．

$$パーセント導電率 = \frac{金属の導電率}{国際標準軟銅の導電率} \times 100$$

(2) 銅線

銅は，導電率が大きく，加工性，機械的強度が優れています．
銅線には，軟銅線，硬銅線および銅合金線があります．

Lesson 1 導電材料

(a) 軟銅線

硬銅線を500〔℃〕前後で焼なましたもので，屋内配線や電気機器の巻線などの軟らかさと可とう性を必要とするところに用いられます．

焼なましとは，ある温度に加熱した後ゆっくりと冷却して，材料の軟化，結晶組織の調整，内部応力の除去を行います．

(b) 硬銅線

銅を圧延または線引き加工した線のことで，軟銅線に比べて導電率は小さいですが，引張強さが大きいため，架空送電線や配電線に用いられています．

(c) 銅合金線

銅にある種の金属を添加して銅合金をつくり，導電率は下がりますが引張強さを増加させています．

銅合金線には，カドミウム銅線，ケイ銅線，リン青銅線，クロム銅線などがあります．

銅合金線のパーセント導電率は，カドミウム銅線85〔％〕，ケイ銅線45〔％〕，クロム銅線35～45〔％〕です．

(3) **アルミニウム線**

アルミニウムの導電率（パーセント導電率）は61〔％〕ですが，銅に比べ軽量（比重が約1/3），安価のため，硬アルミニウム線やアルミニウム合金線がよく用いられます．

練習問題1

銅は，[(1)]に次いで導電率が大きく，機械特性，価格などの面から導電材料としてよく用いられている．

銅を常温で線引き加工すると[(2)]が大きくなり，[(3)]銅と呼ばれて，回転機の整流子片や[(4)]に使用される．

【解答】 (1) 銀，(2) 抵抗率，(3) 硬，(4) 配電線

第9章 Lesson 2 磁性材料

覚えるべき重要ポイント

- 磁心材料の具備する条件
- ヒステリシス曲線
- ヒステリシス損と渦電流損
- けい素鋼板の特徴

STEP 1

(1) 磁性材料

磁性材料には強磁性体が用いられ，磁束を通す目的で使用される磁心材料と永久磁石をつくる目的で使用される磁石材料に分けられます．

(a) 磁心材料の具備する条件

磁心材料は，変圧器や回転機などの鉄心に用いられます．

- (i) 磁気抵抗が小さい
- (ii) 透磁率が大きい
- (iii) 鉄損が少ない
- (iv) 残留磁気，保磁力が小さい
- (v) 磁気飽和値が大きい
- (vi) 電気抵抗が大きい
- (vii) 機械的に強く，加工が容易

(b) 磁石材料の具備する条件

磁石材料は，発電機，電動機，計器などに用いられます．

- (i) 残留磁気，保磁力が大きい
- (ii) 温度変化，振動などを受けても磁気特性が変化しない

(2) 磁性体

すべての物体は磁性体であり，磁性体には常磁性体，反磁性体および強磁性体があります．

(a) 常磁性体

アルミニウム，鉛のような磁石に吸い付かない物体を常磁性体といいます．

(b) 反磁性体

金，銅のような磁石に吸い付かないうえ，磁界の逆向きに磁化される物体を反磁性体といいます．

(c) 強磁性体

強磁性体とは，磁石によく吸い付き，磁界の方向に磁化される物体をいいます．

鉄（Fe），コバルト（Co），ニッケル（Ni）はフェロ磁性体といい，内部に強磁性体と反磁性体の部分を合わせ持つ磁性体です．

酸化物の磁性体はフェライトと呼ばれ，フェライト磁心材料は，酸化鉄を微細な粉末にして表面を絶縁被膜で覆い圧縮成形した圧粉磁心です．

〈特徴〉

(i) 周波数が高くても渦電流損が小さい

(ii) 高周波特性がよい

(3) **強磁性体のヒステリシス曲線**

強磁性体の磁化特性は第9.1図のヒステリシス曲線（BH曲線）で表され，縦軸に磁束密度 B〔T〕，横軸に磁界の強さ H〔A/m〕を示します．

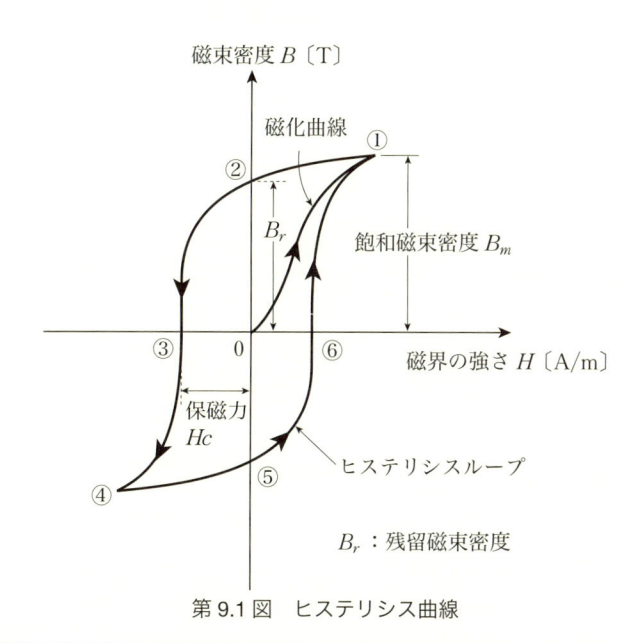

B_r：残留磁束密度

第9.1図　ヒステリシス曲線

〈ヒステリシス曲線の説明〉

$0→①$：まったく磁化されていない磁性材料に磁界 H を加えると，磁束密度 B が増加します．この曲線を磁化曲線といいます．

$①→②$：磁界 H を減らすと，$H=0$ としても B_r が残ります．B_r を残留磁束密度といいます．

$②→③→④$：磁界 H を逆方向に大きくしていくと，③では H_c で $B=0$ となります．この H_c を保磁力といいます．

$④→⑤→⑥→①$：④から磁界 H を 0 に戻し，再び大きくすると①で元の位置に戻るループを描きます．このループをヒステリシスループといいます．

(4) 鉄損

磁性体中で生じる損失を鉄損といい，鉄損には，ヒステリシス損と渦電流損があります．

(a) ヒステリシス損

強磁性体のヒステリシス曲線で囲まれる面積がヒステリシス損で，この面積を小さくすれば小さくなります．

変圧器，回転機などに使われる鉄心には，鉄にけい素を 3〜5〔%〕含有したけい素鋼板を用います．

ヒステリシス損 W_h は次のように求められます．

$$W_h = k_1 f B_m^2 \,〔\mathrm{W/kg}〕$$

ここで，$B_m \propto \dfrac{V}{f}$ ですから，

$$W_h = k_h \dfrac{V^2}{f} \,〔\mathrm{W/kg}〕$$

ただし，k_1, k_h：比例定数，f：周波数〔Hz〕
　　　　B_m：最大磁束密度〔T〕，V：電源電圧〔V〕

〈特徴〉
 (i) 周波数と磁束密度の 2 乗に比例する
 (ii) 周波数と磁束密度を一定とすると，板厚に無関係
 (iii) 電源電圧の 2 乗に比例する

(b) 渦電流損

渦電流は，鉄心を交番する磁束が変化することによって鉄心中に起電力を生じて電流が流れます．渦電流による損失を渦電流損といいます．

渦電流損 W_e は次のように求められます．

$$W_e = k_2 t^2 f^2 B_m^2 \ [\text{W/kg}]$$

ここで，$B_m \propto \dfrac{V}{f}$ ですから，

$$W_e = k_e V^2 \ [\text{W/kg}]$$

ただし，k_2，k_e：比例定数，t：板厚〔m〕，
　　　　f：周波数〔Hz〕，V：電源電圧〔V〕，
　　　　B_m：最大磁束密度〔T〕

〈特徴〉
(i) 周波数，磁束密度，板厚それぞれの 2 乗に比例する
(ii) 周波数と磁束密度を一定とすると，板厚の 2 乗に比例する
(iii) 電源電圧の 2 乗に比例する

〈渦電流損を減少させる方法〉
(i) 抵抗率の大きいけい素鋼板を使用
(ii) 0.35〔mm〕程度の薄いけい素鋼板を積み重ねた成層鉄心とし，鋼板を絶縁して渦電流損を流れにくくしている

鉄損は，ヒステリシス損と渦電流損を加算したもので，無負荷損の大半を占め，その大きさは電源電圧と周波数により決まります．

練習問題 1

変圧器の鉄心材料として必要な条件に関する記述である．誤っているのは次のうちどれか．
(1) 抵抗率が小さいこと．
(2) 比透磁率が大きいこと．
(3) 飽和磁束密度が大きいこと．
(4) 保磁力および残留磁気の値が小さいこと．
(5) 機械的に強く，加工性がよいこと．

【解答】 (1)

練習問題2

強磁性体の鉄損は，主として ⌊(1)⌋ 損と ⌊(2)⌋ 損とからなる．前者を軽減するためには，⌊(3)⌋ 曲線の面積が小さいものを選択する必要があり，後者を軽減するためには，⌊(4)⌋ 鉄心のように薄いけい素鋼板を積み重ねて使用する方法が有効である．

【解答】 (1) ヒステリシス，(2) 渦電流，(3) ヒステリシス，(4) 成層

STEP 2

(1) けい素鋼板

けい素鋼板は，鉄にけい素を3〜5〔%〕含ませたものです．

(a) 特徴

　(i) 比透磁率が大きい

　(ii) 飽和磁気密度と抵抗率が大きい

　(iii) 残留磁束密度と保磁力が小さい

(b) 鉄のけい素含有量が増加するとどうなるか

　(i) 磁気的特性はよくなる

　(ii) もろくなり，加工が困難

　(iii) 機械的強度が低下する

(2) けい素鋼帯の種類

けい素鋼帯は製造方法により，熱間圧延けい素鋼帯と冷間圧延けい素鋼帯とがあり，現在，多く用いられるのは冷間圧延けい素鋼帯です．

冷間圧延けい素鋼帯には，無方向性けい素鋼帯と方向性けい素鋼帯があります．

(a) 無方向性けい素鋼帯

鉄にけい素が3.5〔%〕以下含有し，冷間圧延と熱処理を交互に行って製作した方向性のない鋼帯です．

〈特徴〉

　(i) 板厚は0.35〜0.7〔mm〕

　(ii) 表面の仕上がよく，占積率が優れている

　(iii) 回転機の鉄心として用いられる

(b) 方向性けい素鋼帯

鉄にけい素が3～3.5〔%〕含有し，熱間圧延によって1～2〔mm〕の板厚にした後，冷間圧延と焼なましを交互に繰り返しながら，板厚を0.3～0.35〔mm〕とし，磁化軸を圧延方向にさせ，方向性を持たせた鋼帯です．

〈特徴〉

(ⅰ) 比透磁率が大きい

(ⅱ) 鉄損が少ない

(ⅲ) 巻鉄心変圧器の鉄心として用いられる

(2) アモルファス鉄心

(a) アモルファスとは

金属や合金は原子が周期的に配列した結晶構造を持っていますが，高温の熱で溶かすと液体になり，原子はランダムに詰まった構造に変化します．このような周期的な構造を持たないものを非晶質（アモルファス）と呼んでいます．

合金を液体状態から急速に冷却すると，液体状態の構造を持ったまま固体を形成することができ，これを非晶質合金（アモルファス合金）といいます（第9.2図参照）．

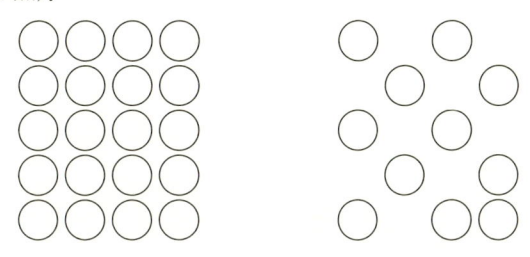

(a) 結晶　　　　(b) 非晶質
　　　　　　　　　（アモルファス）

第9.2図

(b) アモルファス鉄心

アモルファス鉄心は，ほう素（ボロン），シリコン等を添加した強磁性体の溶湯を急速に冷却し，テープ状にしたもので，巻鉄心変圧器の鉄心として用いられます．

〈特徴〉
(i) けい素鋼板を鉄心材料に使用したものに比べ，鉄損が約 1/3〜1/4 に低減できる
(ii) 鉄心厚みが非常に薄く（約 0.03〔mm〕），電気抵抗が大きい
(iii) ヒステリシス損失が少ない
(iv) 渦電流損が少ない
(v) 飽和磁束密度が低く占積率が大きい
(vi) けい素鋼板変圧器と比較して外形と重量は大きい
(vii) 硬くてもろいので加工しにくい
(viii) 磁気ひずみが大きく，騒音が大きい

練習問題 1

鉄にけい素を加えると，ヒステリシス損が [(1)] し，抵抗率が [(2)] なるため，渦電流が [(3)] する．
　けい素の含有量が増えれば，磁気特性はよくなるが，もろくなり，加工が困難で，機械的強度も低下する．けい素の含有量は，最大 [(4)]〔％〕程度である．

【解答】 (1) 減少，(2) 大きく，(3) 減少，(4) 5

練習問題 2

アモルファス鉄心材料を使用した柱上変圧器の特徴に関する記述である．誤っているのは次のうちどれか．
(1) けい素鋼帯を使用した同容量の変圧器に比べ，鉄損が大幅に少ない．
(2) アモルファス鉄心材料は結晶材料である．
(3) アモルファス鉄心材料は高硬度で，加工性があまりよくない．
(4) アモルファス鉄心材料は比較的高価である．
(5) けい素鋼帯を使用した同容量の変圧器に比べ，磁束密度が高くできないので，大形になる．

【解答】 (2)

第9章 Lesson 3 絶縁材料

覚えるべき重要ポイント

- 絶縁材料の具備する条件
- 絶縁材料の種類と特徴
- 機器絶縁の種類

STEP 1

(1) 絶縁材料

絶縁材料の目的は，電位差のある導体間において，その間に流れる電流を絶縁して遮断することです．

(a) 絶縁材料の具備する条件

- (i) 絶縁抵抗が大きい
- (ii) 絶縁耐力が大きい
- (iii) 誘電損が小さい
- (iv) 固体絶縁材料では機械的強度が大きい
- (v) 熱的に強い
- (vi) 耐水，耐油，耐酸，耐アルカリ性に強い

(2) 絶縁材料の種類

絶縁材料には気体絶縁材料，液体絶縁材料および固体絶縁材料があります．

(a) 気体絶縁材料

気体絶縁材料には，空気，真空，六ふっ化硫黄（SF_6）ガス，水素などがあります．

〈空気〉
- (i) 最も手軽に利用できる気体で，絶縁耐力はおよそ3〔kV/mm〕
- (ii) 絶縁破壊を生じても自己回復する
- (iii) 絶縁耐力を高めるため圧縮し，空気遮断器に用いられる

〈真空〉
- (i) 真空は絶縁耐力が非常に高い
- (ii) 真空遮断器，真空開閉器の真空バルブに用いられる

⟨六ふっ化硫黄（SF$_6$）ガス⟩
  (i) 無色，無臭，無害，不燃性，不活性なガス
  (ii) 絶縁耐力は空気の3倍
  (iii) 温室効果ガスの一種としてあげられる
  (iv) ガス遮断器やGISの絶縁ガスとして用いられる

⟨水素⟩
  (i) 熱伝導率がよく，軽い
  (ii) 回転機の冷却ガスとして用いられる

(b) 液体絶縁材料

液体絶縁材料には，鉱物性絶縁油，シリコン油やフロロカーボンなどの合成絶縁油があり，油入変圧器，コンデンサ，OFケーブルの絶縁油に用いられます．

⟨鉱物性絶縁油（鉱油）⟩
  (i)   石油系原油から分溜精製したもの
  (ii) 絶縁耐力，熱伝導度および引火点が高く，ほかの物質を侵さない
  (iii) 冷却性能が優れている
  (iii) 酸化すると劣化する

⟨シリコン油⟩
  (i)   不燃性で，絶縁耐力が高い
  (ii) 化学的に安定
  (iii) 粘性が高く，高価

⟨フロロカーボン⟩

PFC液（パーフルオロカーボン）が一般に使用され，$C_8F_{16}O$ を主成分とした無色，無臭，無害の液体です．

  (i)   不燃性
  (ii) 粘度が鉱油の約1/10と低い
  (iii) 熱伝達率は鉱油の約1.8倍で冷却性能がよい
  (iv) 絶縁耐力が高く，1気圧では鉱油と同等，圧力を上げればさらに向上する
  (v)   価格は鉱油の約100倍と非常に高価

(c) 固体絶縁材料

固体絶縁材料には，気体・液体絶縁材料よりも絶縁性能に優れ，無機絶縁材料と有機絶縁材料がある

〈無機絶縁材料〉

磁器を使用したがいし，ブッシングが代表例です．

(i) 機械的強度が大きい

(ii) 耐熱性，耐アーク性，耐候性に優れている

(iii) 衝撃に弱い

〈有機絶縁材料〉

絶縁紙，合成樹脂（プラスチック），合成ゴムなどがある

(i) 加工しやすい

(ii) 無機絶縁材料と比べ，耐熱性，耐アーク性，耐候性は劣る

練習問題 1

発電機巻線の絶縁材料に要求される性質に関する記述である．誤っているのは次のうちどれか．

(1) 誘電損が小さい．
(2) コロナの発生が少ない．
(3) 湿気を吸収しにくい．
(4) 機械的強度が大きい．
(5) 熱の伝導率が小さい．

【解答】 (5)

STEP 2

(1) **絶縁の種類**

絶縁は構成材料の耐熱特性により，第9.1表のように表します．

第 9.1 表　絶縁材料の温度クラス

温度クラス	記号
90	Y
105	A
120	E
130	B
155	F
180	H
200	N
220	R
250	—

※指定文字は，クラス 180（H）のように括弧を付けて表示することができる．

(2) 絶縁材料の劣化要因

(a) 熱的要因
  (ⅰ) 熱伸縮により，ひずみの発生や空げきなどによる絶縁低下
  (ⅱ) 温度上昇による絶縁物の熱分解，酸化などの化学的変化による絶縁低下

(b) 電気的要因
  (ⅰ) 過大な電圧が加わったときに，絶縁物内部にボイドがある場合に，コロナ放電により絶縁低下する部分放電劣化
  (ⅱ) 絶縁物表面に塩分などが付着し，湿潤により漏れ電流が流れ，局部的な放電により絶縁物が炭化して絶縁低下するトラッキング劣化
  (ⅲ) 絶縁物表面がアーク熱により絶縁低下するアーク劣化
  (ⅳ) 通常電圧で使用中に，時間経過とともに絶縁低下を起こす電圧劣化

(c) 機械的，化学的要因
  (ⅰ) 機械的な衝撃や摩擦などによる絶縁低下
  (ⅱ) 紫外線，吸湿などによる絶縁低下

練習問題1

固体絶縁材料の劣化に関する記述である．誤っているのは次のうちどれか．

(1) 膨張，収縮による機械的な繰り返しひずみの発生が，劣化の原因となる場合がある．
(2) 固体絶縁物の内部の微小空げきで高電圧印加時のボイド放電が発生すると，劣化の原因となる．
(3) 水分は，CVケーブルの水トリー劣化の主原因である．
(4) 硫黄などの化学物質は，固体絶縁材料の変質を引き起こす．
(5) 部分放電劣化は，絶縁体外表面のみに発生する．

【解答】 (5)

9 電気材料

STEP-3 総合問題

【問題1】 電線の導体に関する記述である．誤っているのは次のうちどれか．
(1) 地中ケーブルの銅導体には，伸びや可とう性に優れる軟銅線が用いられる．
(2) 電線の導電材料としての金属には，資源量の多さや導電率の高さが求められる．
(3) 鋼心アルミより線は，鋼より線の周囲にアルミ線をより合わせたもので，軽量で大きな外径や高い引張強度を得ることができる．
(4) 電気用アルミニウムの導電率は銅よりも低いが，電気抵抗と長さが同じ電線の場合，アルミニウム線の方が銅線より軽い．
(5) 硬銅線は軟銅線と比較して曲げにくく，電線の導体として使われることはない．

【問題2】 連続許容電流が同じ場合において，鋼心アルミより線の特徴を硬銅より線と比較についての記述である．誤っているのは次のうちどれか．
(1) 接続工事が面倒である．
(2) 引張り強さが大きい．
(3) 重量が軽い．
(4) 外径が小さく，コロナが発生しやすい．
(5) 軟らかく，傷がつきやすい．

【問題3】 電線の表皮効果に関する記述である．誤っているのは次のうちどれか．
(1) 電線の中心部より外部の方が電線密度が高い．
(2) 電力損失が増える．
(3) 周波数が高いほど小さくなる．
(4) 電線が太いほど大きくなる．
(5) 電線の導電率が大きいほど大きくなる．

【問題4】 電気材料に関する記述である．誤っているのは次のうちどれか．
(1) 変圧器用の鉄心に用いられるけい素鋼板は，回転機用のものに比べてけ

い素の含有量が一般に多い．
(2) B種絶縁の最高許容温度は，A種絶縁のそれよりも高く，F種絶縁よりも低い．
(3) 直流機に用いられるブラシには，炭素ブラシ，黒鉛ブラシ，金属黒鉛ブラシの3種類がある．これらのうち，金属黒鉛ブラシは，接触抵抗が大きいので，高電圧小電流用に用いられる．
(4) アルミニウムの導電率は銅の60〔％〕程度，比重は約1/3であり，引張強さはおよそ1/2である．
(5) 普通用いられている加熱乾燥ワニスの適当な乾燥温度は，およそ100〔℃〕である．

【問題5】 電気材料に関する記述である．誤っているのは次のうちどれか．
(1) 空気は，圧縮して遮断器の消弧媒体として利用することができる．
(2) 真空は，電気絶縁性能に優れているため，遮断器や開閉器に利用されている．
(3) 六ふっ化硫黄ガスは，極めて優れた気体の絶縁材料であるが，消弧作用は空気に劣る．
(4) エポキシ樹脂は，高圧の計器用変圧器，変流器または高圧断路器の絶縁材などに広く使用されている．
(5) 架橋ポリエチレンは，低圧から特別高圧のケーブルまで絶縁物として広く使用されている．

【問題6】 絶縁物に関する記述である．誤っているのは次のうちどれか．
(1) ほとんどの絶縁物は，温度上昇するに従って絶縁耐力の低下，誘電損の増大および絶縁抵抗の低下を起こす．
(2) 高周波絶縁材料には，損失低減のため誘電正接の大きい材料が使用される．
(3) 絶縁抵抗の大きい材料は，絶縁耐力も大きいとは限らない．
(4) 長時間の電圧印加によって，絶縁耐力は一般に低下するといわれている．
(5) 日光の直射，圧力や振動などによって，絶縁物が劣化することもある．

第1章　水力発電

【問題1】　(a)　5.30〔m〕，(b)　23.1〔kPa〕

(a)　流量 Q〔m³/s〕，A 点の吸出し管入口の直径を d〔m〕とすると，速度 v_A〔m/s〕は，

$$v_A = \frac{Q}{\frac{d^2}{4}\pi} = \frac{2.0}{\frac{0.5^2 \times \pi}{4}} \fallingdotseq 10.19 \text{〔m/s〕}$$

A 点の速度水頭 h_{VA}〔m〕は，

$$h_{VA} = \frac{v_A^2}{2g} = \frac{10.19^2}{2 \times 9.8} \fallingdotseq 5.30 \text{〔m〕} \qquad ①$$

(b)　A 点の位置水頭 h_A〔m〕は，吸出し管の高さになるので，

$$h_A = 3.0 + 1.5 = 4.5 \text{〔m〕} \qquad ②$$

B 点の位置水頭 h_B〔m〕は，吸出し管の下部になるので

$$h_B = 0 \text{〔m〕} \qquad ③$$

B 点の圧力水頭 h_{PB}〔m〕は，放水面を押す大気圧力を圧力水頭に変換した値と，放水面より 1.5〔m〕の深さの合計になるので，

$$h_{PB} = 1.5 + \frac{P_B}{1\,000g} = 1.5 + \frac{101.2 \times 10^3}{1\,000 \times 9.8}$$

$$= 1.5 + 10.33 = 11.83 \text{〔m〕} \qquad ④$$

流量 Q〔m³/s〕，B 点の吸出し管入口の直径 d〔m〕とすると，速度 v_B〔m/s〕は，

$$v_B = \frac{Q}{\frac{d^2}{4}\pi} = \frac{2.0}{\frac{1.0^2 \times \pi}{4}} \fallingdotseq 2.55 \text{〔m/s〕}$$

B 点の速度水頭 h_{VB}〔m〕は，

$$h_{VB} = \frac{v_B^2}{2g} = \frac{2.55^2}{2 \times 9.8} \fallingdotseq 0.332 \text{〔m〕} \qquad ⑤$$

①～⑤の式からベルヌーイの定理は，

$$h_A + \frac{v_A^2}{2g} + \frac{P_A}{1\,000g} = h_B + \frac{v_B^2}{2g} + \frac{P_B}{1\,000g}$$

$$h_A + h_{VA} + \frac{P_A}{1\,000g} = h_B + h_{VB} + h_{PB}$$

A 点の圧力水頭 $h_{PB} = \dfrac{P_A}{1\,000g}$ 〔m〕は，

$$\frac{P_A}{1\,000g} = h_B + h_{VB} + h_{PB} - (h_A + h_{VA})$$
$$= 0 + 11.83 + 0.332 - (4.5 + 5.30) = 2.362 \text{ 〔m〕} \quad ⑥$$

⑥式より，吸出し管入口 A の圧力 P_A 〔kPa〕は，

$$P_A = 1\,000 \times 9.8 \times 2.362 ≒ 23.1 \times 10^3 = 23.1 \text{ 〔kPa〕}$$

【問題 2】　(a)　66 950 〔kW〕，(b)　352×10⁶ 〔kW・h〕

(a)　開きょ水路の損失落差 h_1 〔m〕は，勾配が 1/1 500 から，

$$h_1 = 3\,000 \times \frac{1}{1\,500} = 2.0 \text{ 〔m〕}$$

損失落差の合計 h' 〔m〕は，

$$h' = 2.0 + 1.5 + 1.0 = 4.5 \text{ 〔m〕}$$

有効落差 H 〔m〕は，

$$H = h - h' = 170 - 4.5 = 165.5 \text{ 〔m〕}$$

最大使用水量 Q 〔m³/s〕，水車効率 η_T，発電機効率 η_G とすると，発電所の最大出力 P 〔kW〕は，

$$P = 9.8 Q H \eta_T \eta_G$$
$$= 9.8 \times 50 \times 165.5 \times 0.86 \times 0.96 = 66\,952 ≒ 66\,950 \text{ 〔kW〕}$$

(b)　年間発電電力量 W 〔kW・h〕は，

$$W = \text{最大出力〔kW〕} \times 365 \text{〔日〕} \times 24 \text{〔時間/日〕} \times \text{年負荷率}$$
$$= 66\,952 \times 365 \times 24 \times 0.6 ≒ 352 \times 10^6 \text{ 〔kW・h〕}$$

【問題 3】　(a)　9.48 〔m³/s〕，(b)　5 470 〔kW〕

(a)　有効落差 H 〔m〕，出力 P 〔kW〕，水車効率 η_T，発電機効率 η_G とすると，水車の流量 Q 〔m³/s〕は，$P = 9.8 Q H \eta_T \eta_G$ より，

$$Q = \frac{P}{9.8 H \eta_T \eta_G} = \frac{7\,500}{9.8 \times 100 \times 0.85 \times 0.95} ≒ 9.48 \text{ 〔m³/s〕}$$

(b) 有効落差が $H'=81$ 〔m〕に減少したときの発電出力 P'〔kW〕は，有効落差の 3/2 乗に比例するので，

$$\frac{P'}{P} = \left(\frac{H'}{H}\right)^{\frac{3}{2}}$$

より，

$$P' = P\left(\frac{H'}{H}\right)^{\frac{3}{2}} = 7\,500 \times \left(\frac{81}{100}\right)^{\frac{3}{2}} \fallingdotseq 5\,470 \text{〔kW〕}$$

【問題 4】 (a) 120.4〔m・kW〕, (b) 600〔min^{-1}〕

(a) 水車の比速度の限度式より，

$$N_S \leqq \frac{23\,000}{H+30} + 40$$

$$N_S \leqq \frac{23\,000}{256+30} + 40$$

$$N_S \leqq 120.4 \text{〔m・kW〕}$$

(b) 有効落差 H〔m〕，最大出力 P〔kW〕，水車の比速度 N_S〔m・kW〕とすると，水車の定格回転速度 N〔min^{-1}〕は，

$$N_S = N\frac{P^{\frac{1}{2}}}{H^{\frac{5}{4}}} \text{ より} \qquad\qquad ①$$

$$N = N_S \frac{H^{\frac{5}{4}}}{P^{\frac{1}{2}}} = 120.4 \times \frac{256^{\frac{5}{4}}}{40\,000^{\frac{1}{2}}} \fallingdotseq 616.4 \text{〔min}^{-1}\text{〕}$$

周波数 f〔Hz〕，発電機の同期速度 N〔min^{-1}〕のときの極数 P は，

$$N = \frac{120f}{P} \text{ より} \qquad\qquad ②$$

$$P = \frac{120f}{N} = \frac{120 \times 50}{616.4} \fallingdotseq 9.73 \qquad\qquad ③$$

③式より発電機の極数は偶数ですので，10 極か 8 極となりますから，$P=8$ 極のときの水車発電機の同期速度 N_1〔min^{-1}〕は②式より，

$$N_1 = \frac{120 \times 50}{8} = 750 \text{〔min}^{-1}\text{〕}$$

$P=10$ 極のときの水車発電機の同期速度 N_2 〔min^{-1}〕は②式より，

$$N_2 = \frac{120 \times 50}{10} = 600 \text{ 〔min}^{-1}\text{〕}$$

N_1 のときの比速度 N_{S1} 〔m・kW〕は，①式より，

$$N_{S1} = 750 \times \frac{40\,000^{\frac{1}{2}}}{256^{\frac{5}{4}}} \fallingdotseq 146.5 \text{ 〔m・kW〕} \quad ④$$

N_2 のときの比速度 N_{S2} 〔m・kW〕は，①式より，

$$N_{S2} = 600 \times \frac{40\,000^{\frac{1}{2}}}{256^{\frac{5}{4}}} \fallingdotseq 117.2 \text{ 〔m・kW〕} \quad ⑤$$

水車の比速度の限度式より，$N_S = 120.4$ 〔m・kW〕が限界ですので，④⑤の値はそれ以下でなければなりません．

　$P=8$ 極のとき
　$146.5 > 120.4$
　$P=10$ 極のとき
　$117.2 < 120.4$

よって，$P=10$ 極とし，水車発電機の回転速度は 600〔min^{-1}〕となります．

【問題 5】　(a)　2 300〔MW・h〕，(b)　24.7〔h〕

(a) 有効揚程 H〔m〕，揚水量 Q〔m³/s〕，ポンプ効率 η_P，電動機効率 η_M とすると，揚水動力 P_M〔kW〕は，

$$P_M = \frac{9.8QH}{\eta_P \eta_M} \text{〔kW〕} \quad ①$$

揚水量 Q〔m³/s〕，揚水時間 T〔h〕とすると下部池の貯水量 V〔m³〕は，1 時間は 3 600 秒ですから，

$$V = 3\,600QT \text{〔m³〕} \quad ②$$

②式より Q は，

$$Q = \frac{V}{3\,600T} \text{〔m³/s〕} \quad ③$$

下部池の貯水量 V〔m³〕の水を揚水するために必要な電力量 W〔MW・h〕は，

421

$$W = P_M T \ [\text{kW} \cdot \text{h}] \qquad ④$$

③式を①式に代入すると P_M は，

$$P_M = \frac{9.8VH}{3\,600 T \eta_P \eta_M} \ [\text{kW}] \qquad ⑤$$

⑤式を④式に代入すると W は，

$$W = \frac{9.8VH}{3\,600 T \eta_P \eta_M} \times T = \frac{9.8VH}{3\,600 \eta_P \eta_M}$$

$$= \frac{9.8 \times 4\,000\,000 \times 180}{3\,600 \times 0.87 \times 0.98} \fallingdotseq 2.3 \times 10^6 \ [\text{kW} \cdot \text{h}]$$

$$= 2\,300 \ [\text{MW} \cdot \text{h}]$$

(b) 下部池の貯水量 V $[\text{m}^3]$，揚水量 Q $[\text{m}^3/\text{s}]$ としたときの上部池へ揚水する所要時間 T $[\text{h}]$ は，

②式より

$$T = \frac{V}{3\,600Q} = \frac{4\,000\,000}{3\,600 \times 45} \fallingdotseq 24.7 \ [\text{h}]$$

【問題6】 (a) 780 $[\text{min}^{-1}]$，(b) 618 $[\text{min}^{-1}]$

(a) 周波数 f $[\text{Hz}]$，発電機の極数 p とすると，発電機の定格回転速度 N_n $[\text{min}^{-1}]$ は，

$$N = \frac{120f}{p} = \frac{120 \times 50}{10} = 600 \ [\text{min}^{-1}]$$

定格回転速度 N_n $[\text{min}^{-1}]$，速度変動率 δ_n $[\%]$ とすると，負荷遮断後の最大回転速度 N_m $[\text{min}^{-1}]$ は，

$$\delta = \frac{N_m - N_n}{N_n} \times 100 \ [\%]$$

より，

$$N_m = N_n(1+\delta)$$
$$= 600 \times (1+0.3) = 780 \ [\text{min}^{-1}]$$

(b) 定格回転速度 N_n $[\text{min}^{-1}]$，速度調定率 R $[\%]$ とすると，無負荷安定時の回転速度 N_0 $[\text{min}^{-1}]$ は，

$$R = \frac{N_0 - N_n}{N_n} \times 100 \ [\%]$$

より，

$$N_0 = N_n(1+R)$$
$$= 600 \times (1+0.03) = 618 \ [\text{min}^{-1}]$$

第2章 汽力発電

【問題1】 (a) $5\,400 \times 10^6$ [kJ/h], (b) 89.1 [%]

(a) 重油の消費量 B [L/h]，発熱量 H [kJ/L] とすると，重油により発熱する熱量 Q [kJ/h] は，

$$Q = BH$$
$$= 133 \times 10^3 \times 40\,600 \fallingdotseq 5\,400 \times 10^6 \ [\text{kJ/h}]$$

(b) 給水ポンプからの水がボイラで蒸気になったときに吸収する熱量 Q_1 [kJ/h] は，

$$Q_1 = (H_1 - H_4)G_4$$
$$= (3\,315 - 1\,218) \times 1\,830 \times 10^3 \fallingdotseq 3\,837.5 \times 10^6 \ [\text{kJ/h}]$$

再熱器で吸収する熱量 Q_2 [kJ/h] は，

$$Q_2 = (H_3 - H_2)G_2$$
$$= (3\,592 - 2\,943) \times 1\,500 \times 10^3 \fallingdotseq 973.5 \times 10^6 \ [\text{kJ/h}]$$

ボイラ効率 η_B [%] は，

$$\eta_B = \frac{Q_1 + Q_2}{Q} \times 100$$
$$= \frac{3\,837.5 \times 10^6 + 973.5 \times 10^6}{5\,400 \times 10^6} \times 100$$
$$\fallingdotseq 89.1 \ [\%]$$

【問題2】 (a) 270.56×10^3 [N·m³/h], (b) 1 751 [t]

(a) 出力 P [kW]，発電端熱効率 η，重油の発熱量 H [kJ/kg] とすると，重油の使用量 G [kg/h] は，

$$G = \frac{3\,600P}{\eta H}$$

$$= \frac{3\,600 \times 100 \times 10^3}{0.35 \times 43\,950} \fallingdotseq 23.403 \times 10^3 \text{ [kg/h]}$$

燃焼の反応式

$$C + O_2 = CO_2$$
$$2H_2 + O_2 = 2H_2O$$

理論空気量 A_0 [N・m³/h] は，

$$A_0 = \frac{1}{0.21}\left(\frac{22.41}{12}C + \frac{22.41}{4}H\right)G$$

$$= \frac{1}{0.21}\left(\frac{22.41}{12} \times 0.85 + \frac{22.41}{4} \times 0.15\right) \times 23.403 \times 10^3$$

$$\fallingdotseq 270.56 \times 10^3 \text{ [N・m}^3\text{/h]}$$

(b) 二酸化炭素の原子量は反応式より，

$$12 + 16 \times 2 = 44$$

炭素の原子量は 12，重油の使用量 G [kg/h]，炭素含有率 C とすると，二酸化炭素量 M [t] は，

$$M = \frac{44}{12}GC \times 24$$

$$= \frac{44}{12} \times 23.403 \times 10^3 \times 0.85 \times 24 \fallingdotseq 1\,751 \times 10^3 \text{ [kg]}$$

$$= 1\,751 \text{ [t]}$$

【問題3】 (a) 39.54 [%], (b) 37.96 [%], (c) 88.75 [%]

(a) 出力 P [kW]，重油の使用量 B [kg/h]，重油の発熱量 H [kJ/kg] とすると，発電端熱効率 η [%] は，

$$\eta = \frac{3\,600P}{BH} \times 100$$

$$= \frac{3\,600 \times 700\,000}{145 \times 10^3 \times 43\,950} \times 100 \fallingdotseq 39.54 \text{ [%]}$$

(b) 所内率 L とすると送電端熱効率 η' [%] は，

$$\eta' = \eta(1-L)$$

$$= 0.3954 \times (1-0.04) \fallingdotseq 37.96 \text{ [%]}$$

(c) タービン室効率 η_H, 発電機効率 η_G, 発電端熱効率 η とすると, ボイラ効率 η_B 〔%〕は,
$$\eta = \eta_B \eta_H \eta_G$$
より,
$$\eta_B = \frac{\eta}{\eta_H \eta_G} \times 100$$
$$= \frac{0.3954}{0.45 \times 0.99} \times 100 = 88.75 \text{〔%〕}$$

【問題 4】 (a) $3\,408 \times 10^6$ 〔kJ〕, (b) 42.5 〔%〕

(a) 冷却水 1 〔m³〕の重量 m 〔kg〕は, 海水の密度が 1.02 〔g/cm³〕であるから,
$$m = 1\text{〔m}^3\text{〕} \times 1.02 \text{〔g/cm}^3\text{〕} \times 100^3 \times 10^{-3} = 1.02 \times 10^3 \text{〔kg〕}$$

復水器から 1 時間当たりに放出される熱量 Q 〔kJ〕は, 題意より, 復水器冷却水量 33 〔m³/s〕, 冷却水の温度上昇 7 〔℃〕, 海水の比熱 4.018 〔kJ/kg℃〕なので,
$$Q = 33\text{〔m}^3\text{/s〕} \times 3\,600 \text{〔s〕} \times 1.02 \times 10^3 \text{〔kg〕} \times 4.018 \text{〔kJ/kg℃〕} \times 7\text{〔℃〕}$$
$$\fallingdotseq 3\,408 \times 10^6 \text{〔kJ〕}$$

(b) 700 000 〔kW〕の汽力発電所が 1 時間運転したときに発生する電力量 W 〔kW・h〕は,
$$W = 700\,000 \text{〔kW・h〕}$$
これを熱量 Q' 〔kJ〕に変換するには, 単位〔J〕=〔Ws〕より求めます.
$$Q' = 700\,000 \text{〔kW・h〕} \times 3\,600 \text{〔s/h〕} = 2\,520 \times 10^6 \text{〔kJ〕}$$
タービン効率 η 〔%〕は,
$$\eta = \frac{\text{出力}}{\text{出力}+\text{損失}} \times 100 = \frac{Q'}{Q'+Q} \times 100$$
$$= \frac{2\,520 \times 10^6}{2\,520 \times 10^6 + 3\,408 \times 10^6} \times 100 \fallingdotseq 42.5 \text{〔%〕}$$

【問題 5】 (a) A 機 194 〔MW〕, B 機 106 〔MW〕, (b) 0.44 〔Hz〕

(a) 次図に示すように, A 機と B 機の出力および速度調定率をそれぞれ P_A

425

[MW], R_A [%] および P_B [MW], R_B [%], 周波数上昇分 Δf [Hz] とすると関係式は,

$$P_A + P_B = 300 \qquad ①$$

$$R_A = \left(\dfrac{\dfrac{\Delta f}{50}}{\dfrac{250-P_A}{250}}\right) \times 100 \qquad ②$$

$$R_B = \left(\dfrac{\dfrac{\Delta f}{50}}{\dfrac{150-P_B}{150}}\right) \times 100 \qquad ③$$

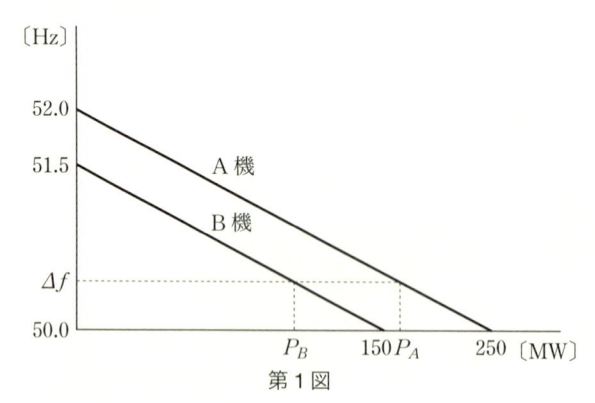

第1図

②③式より, Δf は,

$$\Delta f = \dfrac{50 R_A \times (250-P_A)}{100 \times 250} = \dfrac{50 R_B \times (150-P_B)}{100 \times 150} \qquad ④$$

④式に $R_A = 4$, $R_B = 3$ を代入すると,

$$\Delta f = \dfrac{50 \times 4 \times (250-P_A)}{100 \times 250} = \dfrac{50 \times 3 \times (150-P_B)}{100 \times 150} \qquad ⑤$$

$$4 \times 150 \times (250-P_A) = 3 \times 250 \times (150-P_B) \qquad ⑥$$

⑥式に $P_B = 300 - P_A$ を代入すると,

$$4 \times 150 \times (250-P_A) = 3 \times 250 \times \{150-(300-P_A)\}$$

$$P_A(3 \times 250 + 4 \times 150) = 4 \times 150 \times 250 + 3 \times 250 \times 150$$

$$P_A = \frac{4 \times 150 \times 250 + 3 \times 250 \times 150}{3 \times 250 + 4 \times 150} = 194.444 \fallingdotseq 194 \text{ (MW)}$$

①式に $P_A = 194$ [MW] を代入すると，P_B [MW] は，
$$P_B = 300 - P_A = 300 - 194 = 106 \text{ (MW)}$$

(b) ⑤式より，$P_A = 194.444$ [MW] を代入して周波数上昇分 Δf [Hz] は，
$$\Delta f = \frac{50 \times 4 \times (250 - P_A)}{100 \times 250}$$

$$= \frac{50 \times 4 \times (250 - 194.444)}{100 \times 250} \fallingdotseq 0.44 \text{ (Hz)}$$

第3章 原子力発電

【問題1】 (a) 8.25×10^3 [kW·h]，(b) 3 110 [kg]

(a) ウラン235の1 [g] のエネルギー 9×10^{10} [Ws] を [kW·h] に換算すると，1 [h] は 3 600 [s] ですから，
$$E = 9 \times 10^{10} \text{ [Ws]} \times \frac{1}{3\,600 \text{ [s]}} \times 10^{-3} = 25 \times 10^3 \text{ [kW·h]}$$

原子力発電所の熱効率 η_A とすると，出力 P_A [kW·h] は，
$$P_A = E\eta_A$$
$$= 25 \times 10^3 \times 0.33 = 8.25 \times 10^3 \text{ [kW·h]}$$

(b) 石炭の量を x [kg]，石炭の発熱量を 25 120 [kJ/kg]，汽力発電所の熱効率 $\eta_C = 0.38$ とすると出力 P_C [kW·h] は，
$$P_C = 25\,120 \text{ [kJ/kg]} \, x \times 0.38 \times \frac{1}{3\,600 \text{ [s]}}$$
$$\fallingdotseq 2.6516x \text{ [kW·h]}$$

$P_A = P_C$ であるから，石炭の量 x [kg] は，
$$x = \frac{P_A}{P_C} = \frac{8.25 \times 10^3}{2.6516} \fallingdotseq 3\,110 \text{ [kg]}$$

【問題2】 (a) 2.39×10^{10} [kW·h]，(b) 329 日

(a) 天然ウランに含まれているウラン235の量 m [g] は，
$$m = 150 \times 10^6 \text{ [g]} \times 0.007 = 1.05 \times 10^6 \text{ [g]}$$

発生するエネルギーEを〔kW・h〕に換算すると，
$$E = 1.05 \times 10^6 \text{〔g〕} \times 8.2 \times 10^{10} \text{〔Ws/g〕} = 8.61 \times 10^{16} \text{〔Ws〕}$$
ここで，1〔kW・h〕= $3\,600 \times 10^3$〔Ws〕ですから，
$$E = \frac{8.61 \times 10^{16} \text{〔Ws〕}}{3\,600 \text{〔s/h〕}} \times 10^{-3} \fallingdotseq 2.39 \times 10^{10} \text{〔kW・h〕}$$

(b) ウラン235の発生エネルギーにおける電気的出力P〔MW・h〕は，熱効率が33〔%〕ですから，
$$P = 2.39 \times 10^{10} \text{〔kW・h〕} \times 0.33 \fallingdotseq 7.89 \times 10^9 \text{〔kW・h〕}$$
$$= 7.89 \times 10^6 \text{〔MW・h〕}$$
電気出力1 000〔MW〕の原子力発電所が運転できる日数は，
$$日数 = \frac{7.89 \times 10^6 \text{〔MW・h〕}}{1\,000 \text{〔MW〕} \times 24 \text{〔h〕}} \fallingdotseq 329 \text{〔日〕}$$

【問題3】 (a) 8.1×10^{10}〔J〕, (b) 7 200〔kW・h〕

(a) 1〔g〕のウラン235の質量欠損で生じるエネルギーE〔J〕は，質量欠損が0.09〔%〕ですから，
$$E = mc^2 \text{〔J〕}$$
$$= 1 \text{〔g〕} \times 10^{-3} \times 0.09 \times 10^{-2} \times (3 \times 10^8)^2$$
$$= 8.1 \times 10^{10} \text{〔J〕}$$

(b) 質量欠損で生じるエネルギーを電力P〔kW・h〕に換算すると，
$$P = 8.1 \times 10^{10} \text{〔J〕} \times \frac{1}{3\,600 \text{〔s/h〕}}$$
$$= 2.25 \times 10^7 \text{〔W・h〕} = 2.25 \times 10^4 \text{〔kW・h〕}$$
発電所の熱効率が32〔%〕ですから，出力P_0〔kW・h〕は，
$$P_0 = 2.25 \times 10^4 \times 0.32 = 7\,200 \text{〔kW・h〕}$$

【問題4】 (1) 低濃縮, (2) 天然ウラン, (3) ウラン238, (4) プルトニウム239

軽水炉形原子炉は，減速材と冷却材に軽水を用いています．軽水を用いると，天然ウランでは核分裂を持続することができないため，ウラン235を3～5〔%〕に濃縮した低濃縮ウランが用いられています．

低濃縮されたウランの中にはウラン238が非常に多く含まれており，炉内で中性子を吸収すると，核分裂してプルトニウム239が生成されます．
プルトニウム239は，核分裂するため，再び燃料として使用することができます．

第4章　その他発電

【問題1】　(2)，(4)
(2)　燃料電池は，化学エネルギーから直接電気エネルギーを取り出すもので，電力の貯蔵はできません．
(4)　揚水発電は，深夜の軽負荷時に揚水，昼間の重負荷時に発電する方式です．

【問題2】　(1)
(1)　生産井から得られる熱水が混じった蒸気は，いったん，汽水分離器で蒸気と熱水に分離し，蒸気はタービンへ送り，熱水は還元井へ戻しています．

【問題3】　(1)
(1)　太陽光発電の発電効率は，太陽電池セル当たり14～18〔%〕程度，最新の汽力発電は45〔%〕程度ですので，汽力発電の方が発電効率は高くなっています．

【問題4】　(3)
(3)　直流電力から交流電力へ変換する装置はインバータです．なお，コンバータは，交流電力から直流電力へ変換する装置です．

第5章　変電

【問題1】　(a)　8.37〔kA〕，(b)　10.3〔kV〕
(a)　変圧器の二次側から見た，抵抗 R_T〔Ω〕とリアクタンス X_T〔Ω〕を求めます．

$$R_T = 0.025 \times \left(\frac{33}{77}\right)^2 \fallingdotseq 0.0046 \text{〔Ω〕}$$

$$X_T = 8.65 \times \left(\frac{33}{77}\right)^2 \fallingdotseq 1.589 \ [\Omega]$$

線路の抵抗 R_L〔Ω〕とリアクタンス X_L〔Ω〕を求めます．

$$R_L = 0.15 \times 1.5 = 0.225 \ [\Omega]$$

$$X_L = 0.45 \times 1.5 = 0.675 \ [\Omega]$$

第2図のように回路となり二次側電圧 V_2〔V〕とすると，三相短絡電流 I_S〔kA〕は，

第2図

$$I_S = \frac{\dfrac{V_2}{\sqrt{3}}}{\sqrt{(R_T + R_L)^2 + (X_T + X_L)^2}}$$

$$= \frac{\dfrac{33 \times 10^3}{\sqrt{3}}}{\sqrt{(0.0046 + 0.225)^2 + (1.589 + 0.675)^2}}$$

$$= 8\,372 \fallingdotseq 8.37 \ [\text{kA}]$$

(b) 第3図より，求める相電圧 E〔V〕は，三相短絡電流 I_S が流れたときの電圧降下ですから，

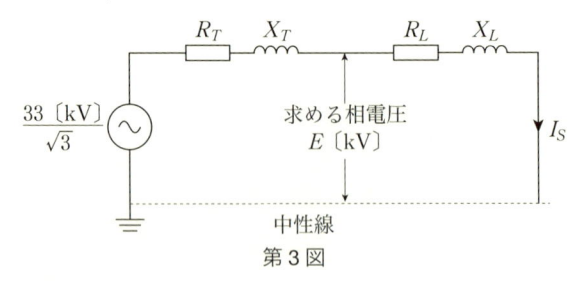

第3図

$$E = I_S \sqrt{R_L{}^2 + X_L{}^2}$$

$$= 8\,372 \times \sqrt{0.225^2 + 0.675^2} \fallingdotseq 5\,957 \ [\text{V}]$$

線間電圧 V〔kV〕は，

$$V = \sqrt{3}\,E = \sqrt{3} \times 5\,957 = 10\,317 \fallingdotseq 10.3\,[\text{kV}]$$

【問題2】 (a) 8.11 [%], (b) 925 [A]

(a) 変圧器の％リアクタンスを 10 [MV・A] 基準容量に変換します．

$$X_A = \frac{10}{20} \times 5 = 2.5\,[\%]$$

$$X_B = \frac{10}{20} \times 4 = 2.0\,[\%]$$

遮断器から電源側を見た回路を第4図に示します．このときの合成％リアクタンス %X [%] は，

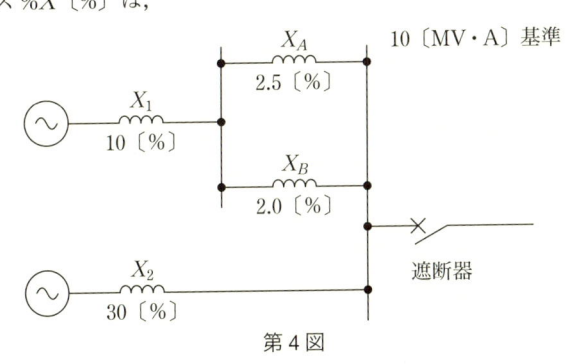

第4図

$$X_0 = X_1 + \frac{X_A \cdot X_B}{X_A + X_B} = 10 + \frac{2.5 \times 2.0}{2.5 + 2.0} \fallingdotseq 11.11\,[\%]$$

$$\%X = \frac{X_0 \cdot X_2}{X_0 + X_2} = \frac{11.11 \times 30}{11.11 + 30} \fallingdotseq 8.11\,[\%]$$

(b) 基準容量 $P_n = 10$ [MV・A]，基準電圧 $V_n = 77$ [kV] のときの基準電流 I_n [A] は，

$$I_n = \frac{P_n}{\sqrt{3}\,V_n} = \frac{10 \times 10^6}{\sqrt{3} \times 77 \times 10^3} \fallingdotseq 75.0\,[\text{A}]$$

F点の三相短絡電流 I_S [A] は，

$$I_S = \frac{100}{\%X} I_n = \frac{100}{8.11} \times 75.0 \fallingdotseq 925\,[\text{A}]$$

【問題3】 (a) A変圧器：3 077〔kV・A〕，B変圧器：923〔kV・A〕
(b) A変圧器が2.6〔%〕過負荷となる

(a) 基準容量3 000〔kV・A〕に変換した%インピーダンスを求めます．

A変圧器　$\%Z_A = 6.3$〔%〕

B変圧器　$\%Z_B = \dfrac{3\,000}{1\,000} \times 7.0 = 21.0$〔%〕

負荷$P = 4\,000$〔kV・A〕のときのA変圧器の負荷分担P_A〔kV・A〕は，

$$P_A = \frac{\%Z_B}{\%Z_A + \%Z_B} P = \frac{21.0}{6.3 + 21.0} \times 4\,000 \fallingdotseq 3\,077 \text{〔kV・A〕}$$

B変圧器の負荷分担P_B〔kV・A〕は，

$$P_B = \frac{\%Z_A}{\%Z_A + \%Z_B} P = \frac{6.3}{6.3 + 21.0} \times 4\,000 \fallingdotseq 923 \text{〔kV・A〕}$$

(b) A変圧器は定格容量3 000〔kV・A〕のため，過負荷しています．

$$\frac{3\,077 - 3\,000}{3\,000} \times 100 \fallingdotseq 2.6 \text{〔%〕}$$

【問題4】 (a) 56.4〔A〕，(b) 8 545〔kV・A〕

(a) A変圧器の二次側電圧V_{A2}〔kV〕は，

$$V_{A2} = \frac{6.6}{33.5} \times 33 \fallingdotseq 6.5 \text{〔kV〕}$$

B変圧器の二次側電圧V_{B2}〔kV〕は，

$$V_{B2} = \frac{6.6}{33.0} \times 33 = 6.6 \text{〔kV〕}$$

変圧器A，B二次側それぞれの誘起相電圧E_A〔kV〕，E_B〔kV〕は，

$$E_A = \frac{6.5}{\sqrt{3}} \text{〔kV〕}$$

$$E_B = \frac{6.6}{\sqrt{3}} \text{〔kV〕}$$

5 000〔kV・A〕基準容量に変換した変圧器A，Bそれぞれの%インピーダンス$\%Z_A$〔%〕，$\%Z_B$〔%〕は，

$$\%Z_A = 5.5 \text{〔%〕}$$

$$\%Z_B = \frac{5\,000}{4\,000} \times 5.0 = 6.25 \,[\%]$$

第5図に示す回路から循環電流 I_0 [A] は，ここで，$\%Z = \%Z_A + \%Z_B$ を二次側電圧 6.6 [kV] でのインピーダンス Z [Ω] へ変換しますと，

$$Z = \frac{\%ZV_n^2}{100P_n}$$

$$= \frac{(5.5+6.25) \times (6\,600)^2}{100 \times 5\,000 \times 10^3} \fallingdotseq 1.0237 \,[\Omega]$$

$$I_0 = \frac{E_B - E_A}{Z} = \frac{\dfrac{6\,600 - 6\,500}{\sqrt{3}}}{1.0237} \fallingdotseq 56.4 \,[\text{A}]$$

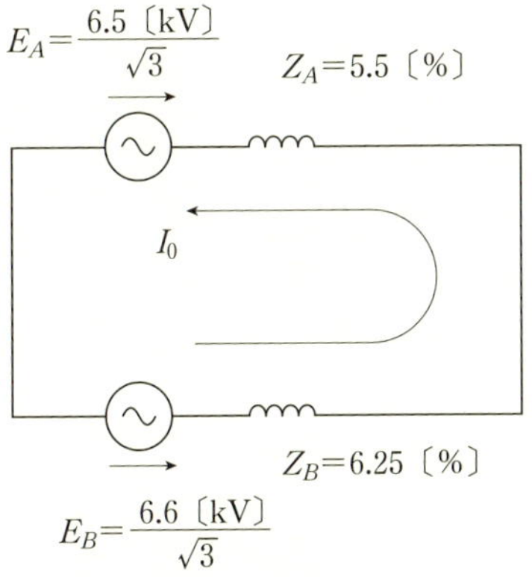

第5図

(b) 最大負荷 P_m [kV・A] を求めるため，各変圧器の定格容量まで負荷分担したときの負荷を変圧器別に算出します．

A 変圧器

$$P_{mA} = \frac{\%Z_A + \%Z_B}{\%Z_B} P_A = \frac{5.5+6.25}{6.25} \times 5\,000 = 9\,400 \,[\text{kV}\cdot\text{A}]$$

B 変圧器

$$P_{mB} = \frac{\%Z_A + \%Z_B}{\%Z_A} P_A = \frac{5.5+6.25}{5.5} \times 4\,000 \fallingdotseq 8\,545 \,[\text{kV}\cdot\text{A}]$$

以上から，最大負荷 $P_m = 8\,545$ [kV・A] となります．

第6章　送電線路

【問題1】 (a) 72.2 [A], (b) 28.4 [mm²]

(a) 受電端電圧 V_r [V], 負荷電力 P [W], 負荷力率 $\cos\theta$ とすると, 1回線送電線の線電流 I [A] は,

$$I = \frac{P}{\sqrt{3}\,V_r \cos\theta} = \frac{\dfrac{6\,000 \times 10^3}{2}}{\sqrt{3} \times 30 \times 10^3 \times 0.8}$$

$$= 72.169 \fallingdotseq 72.2 \text{ [A]}$$

(b) 送電損失 P_L を10 [%] 以下にするには, 線路の抵抗 R [Ω] とすると次の式が成り立ちます.

$$P_L \geqq 3I^2 R \times 2$$

$$P_L \geqq 6I^2 R \quad\quad\quad ①$$

送電損失の最大値 P_L [kW] は,

$$P_L = 0.1 \times P = 0.1 \times 6\,000 = 600 \text{ [kW]}$$

①式より, 1線当たりの抵抗 R [Ω] は,

$$R \leqq \frac{P_L}{6I^2} \quad\quad\quad ②$$

1線当たりの抵抗 R は, 電線の断面積 S [mm²], 抵抗率 ρ [Ω·mm²/m], わたり長 l [m] とすると,

$$R = \frac{\rho l}{S} \quad\quad\quad ③$$

②, ③式より, 電線の断面積 S [mm²] は,

$$S \geqq \frac{6I^2 \rho l}{P_L}$$

$$S \geqq \frac{6 \times 72.169^2 \times \dfrac{1}{55} \times 30 \times 10^3}{600 \times 10^3}$$

$$\geqq 28.4 \text{ [mm²]}$$

【問題2】 (a) 3 189〔kW〕, (b) 6.0〔%〕

(a) 1線当たりの抵抗 R〔Ω〕は,

$$R = 0.15\,〔Ω/km〕× 30\,〔km〕= 4.5\,〔Ω〕$$

受電端電圧 V_r〔V〕, 負荷電力 P〔W〕, 負荷力率 $\cos\theta$ とすると, 1回線送電線の線電流 I〔A〕は,

$$I = \frac{P}{\sqrt{3}\,V_r\cos\theta} = \frac{50\,000 \times 10^3}{\sqrt{3} \times 66 \times 10^3 \times 0.9} ≒ 486\,〔A〕$$

線路損失 P_L〔kW〕は,

$$P_L = 3I^2R = 3 \times 486^2 \times 4.5 = 3\,188.6 \times 10^3\,〔W〕 ≒ 3\,189\,〔kW〕$$

(b) 送電損失率は次の式で表されます.

$$送電損失率 = \frac{線路損失}{送電電力} \times 100 = \frac{線路損失}{線路損失 + 負荷の電力} \times 100\,〔\%〕$$

$$= \frac{3\,188.6}{3\,188.6 + 50\,000} \times 100 = 6.0\,〔\%〕$$

【問題3】 (a) 7.8〔Mvar〕, (b) 64.3〔kV〕

(a) 負荷電力 P〔MW〕, 負荷力率 $\cos\theta$（遅れ）とすると遅れ無効電力 Q〔Mvar〕は,

$$Q = \frac{P}{\cos\theta}\sin\theta = \frac{10.4}{0.8} \times 0.6 = 7.8\,〔Mvar〕$$

(b) 周波数 f〔Hz〕, 1線当たりのインダクタンス L〔H/km〕, 線路のこう長 l〔km〕とすると1線当たりのリアクタンス X〔Ω〕は,

$$X = \omega L l = 2\pi f L l = 2\pi \times 50 \times 1 \times 10^{-3} \times 100 = 10\pi\,〔Ω〕$$

第6図に示すように送電端電圧 $\dot{V}_s$〔V〕, 受電端電圧 $\dot{V}_r$〔V〕, 1線当たりのリアクタンス X〔Ω〕, 線電流 I〔A〕, 負荷力率 $\cos\theta$（遅れ）とすると, 次の関係式が成り立ちます.

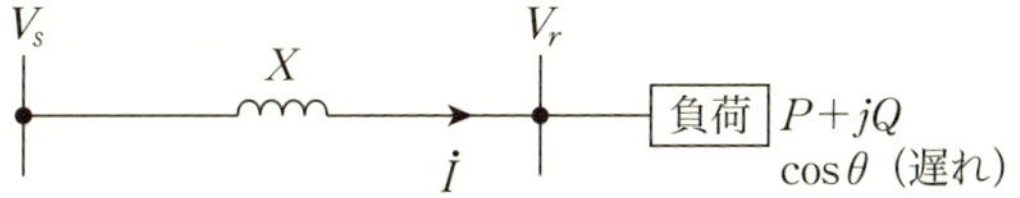

第6図

$$\dot{V}_s = \dot{V}_r + \sqrt{3}\,I(\cos\theta - j\sin\theta) \times jX$$

$$= \dot{V}_r + \sqrt{3}\ IX\sin\theta + j\sqrt{3}\ IX)\cos\theta \qquad ①$$

①式の両辺に，$\dot{V}_r$ を掛けると，

$$\dot{V}_s\dot{V}_r = \dot{V}_r{}^2 + \sqrt{3}\ \dot{V}_r IX\sin\theta + j\sqrt{3}\ \dot{V}_r IX\cos\theta \qquad ②$$

ここで，負荷の電力 P [W] と無効電力 Q [var] は

$$P = \sqrt{3}\ V_r I\cos\theta \qquad ③$$

$$Q = \sqrt{3}\ V_r I\sin\theta \qquad ④$$

③，④式を②式へ代入すると，

$$\dot{V}_s\dot{V}_r = \dot{V}_r{}^2 + QX + jPX \qquad ⑤$$

⑤式より，送電端電圧 V_s [V] は，

$$\dot{V}_s = \dot{V}_r + \frac{QX}{\dot{V}_r} + j\frac{PX}{\dot{V}_r} \qquad ⑥$$

⑥式に数値を代入すると

$$\dot{V}_s = 60 + \frac{7.8\times 10\pi}{60} + j\frac{10.4\times 10\pi}{60}$$

$$\fallingdotseq 64.08 + j5.45\ \text{[kV]}$$

$\dot{V}_s$ の大きさ $|\dot{V}_s|$ [kV] は，

$$|\dot{V}_s| = \sqrt{64.08^2 + 5.45^2} \fallingdotseq 64.3\ \text{[kV]}$$

【問題4】 (a) 0.758 [mS]，(b) 191 [Ω]

(a) 第7図に示すように送電端相電圧 $\dot{E}_s$ [V]，受電端相電圧 $\dot{E}_r$ [V]，アドミタンス B [S]，送電端電流 $\dot{I}$ [A] とすると，次の関係式が成り立ちます．

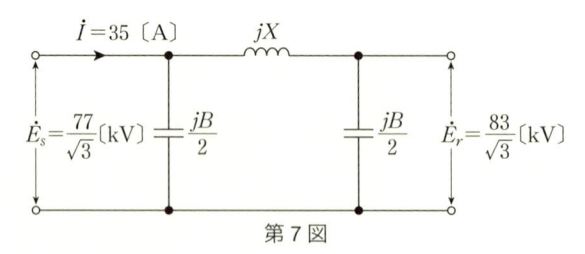

第7図

$$\dot{I} = \frac{jB\dot{E}_s}{2} + \frac{jB\dot{E}_r}{2} = \frac{jB(\dot{E}_s + \dot{E}_r)}{2} \qquad ①$$

①式より，線路アドミタンス B [mS] は，

$$B = \frac{2\dot{I}}{\dot{E}_s + \dot{E}_r} = \frac{2 \times 35}{\left(\dfrac{77}{\sqrt{3}} + \dfrac{83}{\sqrt{3}}\right) \times 10^3}$$

$$\fallingdotseq 0.758 \times 10^{-3} = 0.758 \text{ [mS]}$$

(b) 第1図より送電端相電圧 $\dot{E}_s$ [V], 受電端相電圧 $\dot{E}_r$ [V], アドミタンス B [S], リアクタンス X [Ω] とすると, 次の関係式が成り立ちます.

$$\dot{E}_r = \frac{\dfrac{2}{jB}}{jX + \dfrac{2}{jB}} \dot{E}_s = \frac{1}{1 - \dfrac{BX}{2}} \dot{E}_s \qquad ②$$

②式より, 線路リアクタンス X [Ω] は,

$$X = \left(1 - \frac{\dot{E}_s}{\dot{E}_r}\right) \times \frac{2}{B}$$

$$= \left(1 - \frac{\dfrac{77}{\sqrt{3}}}{\dfrac{83}{\sqrt{3}}}\right) \times \frac{2}{0.758 \times 10^{-3}} \fallingdotseq 191 \text{ [Ω]}$$

【問題5】 (a) 1 406 W [N], (b) 5.56 [m]

(a) 第8図に示すように, 径間 S_1 [m], たるみ D_1 [m], 1 [m] 当たりの荷重を W [N/m], 電線に働く張力を T [N] とすると, 次の関係式が成り立ちます.

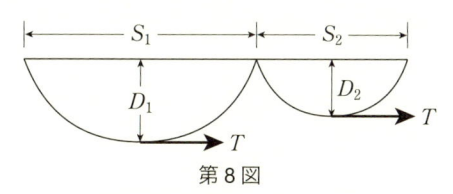

第8図

$$D_1 = \frac{WS_1^2}{8T} \qquad ①$$

①式より, 電線に働く張力 T [N] は,

$$T = \frac{WS_1^2}{8D_1} = \frac{300^2 W}{8 \times 8} = 1\,406.25\,W \fallingdotseq 1\,406\,W\,\text{(N)}$$

(b) 題意より，電線が同一張力で架線されているから，たるみ D_2 〔m〕は，

$$D_2 = \frac{WS_2^2}{8T} = \frac{250^2 W}{8 \times 1\,406.25 W} \fallingdotseq 5.56\,\text{(m)}$$

【問題6】 (a) 50.053〔m〕, (b) 0.664〔m〕

(a) 径間 S〔m〕，たるみ D〔m〕とすると，電線に実長 L〔m〕は，

$$L = S + \frac{8D^2}{3S}$$

$$= 50 + \frac{8 \times 1^2}{3 \times 50} = 50.0533 \fallingdotseq 50.053\,\text{(m)}$$

(b) 大気温度降下前の電線実長 L〔m〕，大気降下温度 t〔℃〕，電線の線膨張係数 $\alpha = 0.000017$〔m/℃〕としたときの大気降下温度後の電線実長 L'〔m〕は，

$$L' = L(1 - \alpha t)$$

$$= 50.0533 \times (1 - 0.000017 \times 35) \fallingdotseq 50.0235\,\text{(m)}$$

大気の温度降下後のたるみ D'〔m〕は，

$$L' = S + \frac{8D'^2}{3S}$$

より，

$$D' = \sqrt{(L' - S) \times \frac{3S}{8}}$$

$$= \sqrt{(50.0235 - 50) \times \frac{3 \times 50}{8}} \fallingdotseq 0.664\,\text{(m)}$$

第7章 地中電線路

【問題1】 (a) $C_S = \dfrac{C_1}{3}$ 〔μF〕, (b) $C_S = \dfrac{3C_2 - C_1}{6}$ 〔μF〕

(a) 問題の回路は第9図のような回路に直すことができます．

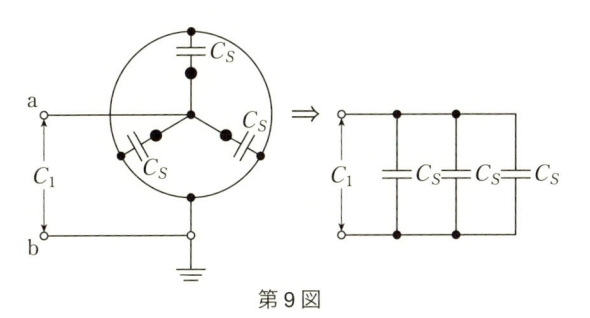

第 9 図

$C_1 = 3C_S$

∴ $C_S = \dfrac{C_1}{3}$ 〔μF〕　　　①

(b) 問題の回路は第 10 図のような回路に直すことができます．

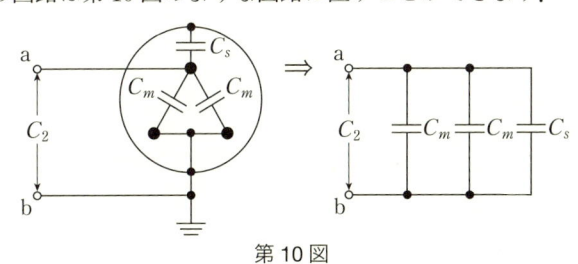

第 10 図

$C_2 = 2C_m + C_S$

$C_m = \dfrac{C_2 - C_S}{2}$　　　②

①式を②式に代入すると，

$C_m = \dfrac{C_2 - (C_1/3)}{2} = \dfrac{3C_2 - C_1}{6}$ 〔μF〕

【問題 2】 (a) 240〔W〕, (b) 4.38〔μF〕

(a) 線間電圧 $V = 66$〔kV〕，周波数 $f = 50$〔Hz〕の三相 3 線式無負荷のケーブルに流れる電流を I〔A〕とすると，第 11 図のようなベクトル図になります．

439

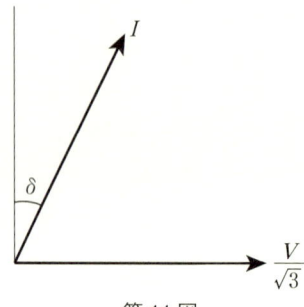

第11図

ケーブルの静電容量を C 〔F〕 とすると誘電損 W_d 〔W〕 は，

$$W_d = 3I\tan\delta\left(\frac{V}{\sqrt{3}}\right) = 3 \times 2\pi fC\tan\delta \times \left(\frac{V}{\sqrt{3}}\right)^2$$
$$= 2\pi fCV^2 \tan\delta \qquad ①$$

①式から，$C\tan\delta$ は一定であるから，

$$C\tan\delta = \frac{W_d}{2\pi fV^2} \qquad ②$$

題意より，ケーブルを線間電圧 $V' = 22$ 〔kV〕，周波数 $f' = 60$ 〔Hz〕の三相3線式を使用した場合の誘電損 W_d' 〔W〕 は，

$$W_d' = 2\pi f'CV'^2 \tan\delta \qquad ③$$

②式を③式に代入すると，

$$W_d' = 2\pi f'V'^2 \times \frac{W_d}{2\pi fV^2} = \frac{f'V'^2}{fV^2} W_d$$

$$= \frac{60 \times (22 \times 10^3)^2}{50 \times (66 \times 10^3)^2} \times 1\,800 = 240 \text{ 〔W〕}$$

(b) ②式より，$\tan\delta = 0.0003$ の場合の1線当たりの静電容量 C 〔μF〕 は，

$$C = \frac{W_d}{2\pi fV^2 \tan\delta}$$

$$= \frac{1\,800}{2\pi \times 50 \times (66 \times 10^3)^2 \times 0.0003}$$

$$\fallingdotseq 4.38 \times 10^{-6} \text{ 〔F〕} = 4.38 \text{ 〔μF〕}$$

【問題3】 (a) $11\pi C \times 10^5$〔A〕, (b) 2.08

(a) 問題から第12図のような回路になり，合成静電容量は $C/2$〔F〕になります．

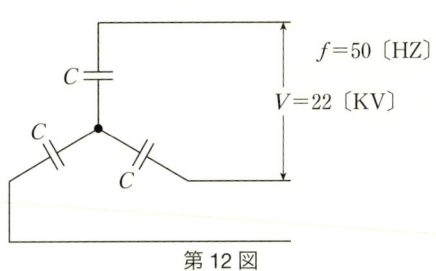

第12図

$f = 50$〔Hz〕, $V = 22$〔kV〕の電圧を加えたときの充電電流 I_1〔A〕は，

$$I_1 = 2\pi f \frac{C}{2} V$$

$$= 2\pi \times 50 \times \frac{C}{2} \times 22 \times 10^3$$

$$= 11\pi C \times 10^5 \text{〔A〕}$$

(b) 問題から第13図のような回路になり，1線と中性線間の静電容量は C〔F〕になります．

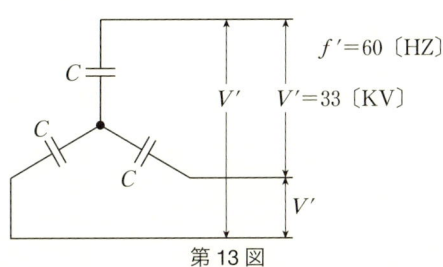

第13図

$f' = 60$〔Hz〕, $V' = 33$〔kV〕の電圧を加えたときの充電電流 I_2〔A〕は，

$$I_2 = 2\pi f' C \frac{V'}{\sqrt{3}}$$

$$= 2\pi \times 60 \times C \times \frac{33 \times 10^3}{\sqrt{3}} \text{〔A〕}$$

I_2/I_1 は，

$$\frac{I_2}{I_1} = \frac{\dfrac{2\pi \times 60 \times C \times 33 \times 10^3}{\sqrt{3}}}{11\pi C \times 10^5} \fallingdotseq 2.08$$

【問題4】 (a) $R_1 x = R_2(2L-x)$, (b) $\dfrac{2L}{1+a}$

(a) ケーブルの単位長さの抵抗を r とする，第14図のようなブリッジ回路になります．1線と中性線間の静電容量は C 〔F〕になります．

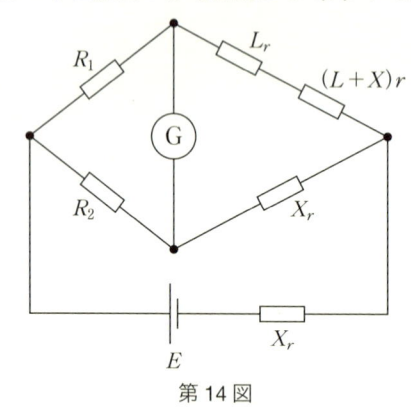

第14図

ブリッジ回路の平衡条件は，
$$R_1 xr = R_2(2L-x)r$$
$$\therefore \quad R_1 x = R_2(2L-x) \qquad ①$$

(b) ①式から故障点までの距離 x 〔m〕を求めていきます．
$$(R_1 + R_2)x = 2LR_2$$
$$x = \frac{2LR_2}{R_1 + R_2} \qquad ②$$

ここで，題意より $R_1/R_2 = a$ であるから，②式の分母，分子を R_2 で割ると，
$$x = \frac{\dfrac{2LR_2}{R_2}}{\dfrac{R_1 + R_2}{R_2}} = \frac{2L}{1+a} \;〔\mathrm{m}〕$$

第8章　配電線路

【問題1】　(a) 857〔kW〕, (b) 23〔mm²〕

(a) 第15図に示すように，送電端線間電圧 V_s〔V〕，受電端線間電圧 V_r〔V〕，1条当たりの線路インピーダンス $R+jX$〔Ω〕，線路の電流 I〔A〕とすると線路の電圧降下 v〔V〕は，

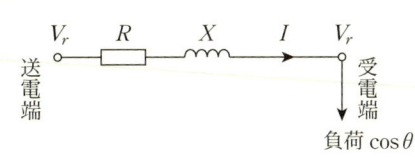

第15図

$$v = V_s - V_r = \sqrt{3}\,I(R\cos\theta + X\sin\theta)\;〔V〕 \quad ①$$

力率100〔%〕，負荷1 500〔kW〕のときの線路電流 I〔A〕は，

$$I = \frac{1\,500 \times 10^3}{\sqrt{3} \times 6\,000} = \frac{750}{3\sqrt{3}}\;〔A〕$$

電圧降下 v は受電端電圧の10〔%〕ですから，①式より，

$$v = 6\,000 \times 0.1 = \sqrt{3} \times \frac{750}{3\sqrt{3}} \times (R \times 1 + 0)$$

$$600 = \frac{750}{3}R \quad ②$$

②式より線路の抵抗 R〔Ω〕は，

$$R = \frac{600 \times 3}{750} = 2.4\;〔Ω〕$$

遅れ力率80〔%〕，求める負荷を P〔kW〕とすると，線路電流 I'〔A〕は，

$$I' = \frac{P \times 10^3}{\sqrt{3} \times 6\,000 \times 0.8} = \frac{P}{4.8\sqrt{3}}\;〔A〕$$

題意より $R=X$ ですから，電圧降下 v は，

$$v = 6\,000 \times 0.1 = \sqrt{3} \times \frac{P}{4.8\sqrt{3}} \times (2.4 \times 0.8 + 2.4 \times \sqrt{1-0.8^2})$$

$$600 = \frac{3.36P}{4.8} \quad ③$$

③式より負荷 P 〔kW〕は,

$$P = \frac{600 \times 4.8}{3.36} \fallingdotseq 857 \text{ 〔kW〕}$$

(b) 電線の抵抗率 ρ 〔mΩ/mm²〕, 長さ l 〔m〕, 断面積 S 〔mm²〕とすると, 抵抗 R は,

$$R = \rho \frac{1}{S} \text{ 〔Ω〕} \qquad ④$$

④式より, 断面積 S 〔mm²〕は,

$$S = \frac{\rho l}{R} = \frac{\frac{1}{55} \times 3\,000}{2.4} \fallingdotseq 23 \text{ 〔mm}^2\text{〕}$$

【問題 2】 (a) $V_{AB} = 95.5$ 〔V〕, $V_{BC} = 97.8$ 〔V〕, (b) $V_{AB} = V_{BC} = 96.6$ 〔V〕

(a) バランサ取り付け前を第 16 図に示します.

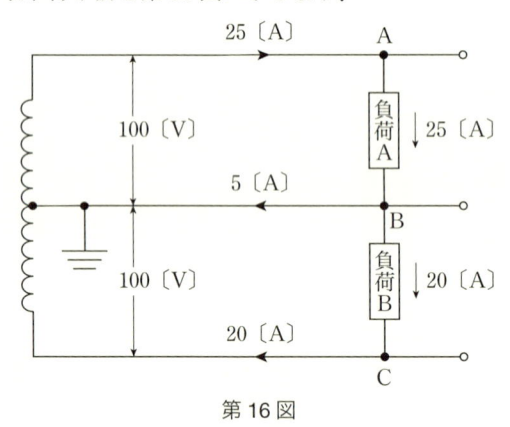

第 16 図

線路抵抗 R 〔Ω〕は,

$$R = 0.3 \text{ 〔Ω/km〕} \times 0.5 \text{ 〔km〕} = 0.15 \text{ 〔Ω〕}$$

負荷点 AB 間の電圧 V_{AB} 〔V〕は,

$$V_{AB} = 100 - 25R - 5R = 100 - 30R$$
$$= 100 - 30 \times 0.15 = 95.5 \text{ 〔V〕}$$

負荷点 BC 間の電圧 V_{BC} 〔V〕は,

$$V_{BC} = 100 + 5R - 20R = 100 - 15R$$
$$= 100 - 15 \times 0.15 ≒ 97.8 \,[\text{V}]$$

(b) バランサを取り付けると第17図のように方向が逆で大きさが等しい電流 $I\,[\text{A}]$ が流れ，バランサの端子電圧は等しくなります．

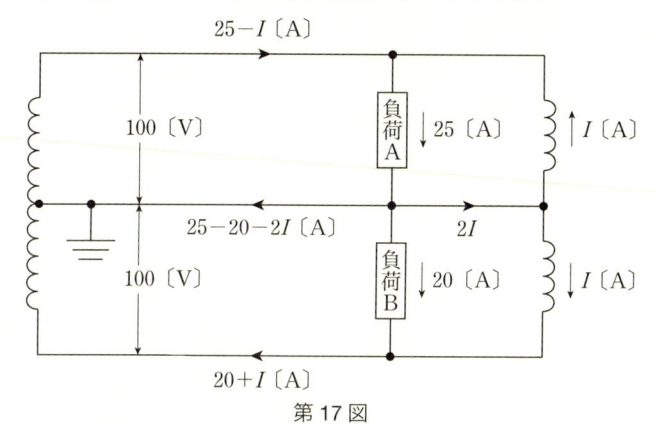

第17図

負荷点 AB 間の電圧 V_{AB} は，
$$V_{AB} = 100 - (25-I)R - (25-20-2I)R$$
$$= 100 - (30-3I)R \qquad ①$$

負荷点 BC 間の電圧 V_{BC} は，
$$V_{BC} = 100 + (25-20-2I)R - (20+I)R$$
$$= 100 + (-15-3I)R$$

バランサを取り付けると $V_{AB} = V_{BC}$ となりますから，バランサに流れる電流 $I\,[\text{A}]$ は，
$$100 - (30-3I)R = 100 + (-15-3I)R$$
$$6I = 15$$
$$I = \frac{15}{6} = 2.5\,[\text{A}] \qquad ②$$

②式を①式に代入して，負荷点 AB 間の電圧 $V_{AB}\,[\text{V}]$ は，
$$V_{AB} = 100 - (30 - 3 \times 2.5) \times 0.15 ≒ 96.6\,[\text{V}]$$

負荷点 BC 間の電圧 $V_{BC}\,[\text{V}]$ は，
$$V_{BC} = V_{AB} = 96.6\,[\text{V}]$$

総合問題の解答・解説

【問題3】　(a)　30.7〔A〕

(b)　X−a間：30.7〔A〕，X→a
　　a−b間：10.7〔A〕，a→b
　　b−c間：0.7〔A〕，b→c
　　c−Y間：14.3〔A〕，Y→c

(a)　X端からaに流れ込む電流をI〔A〕とすると，第18図のような電流分布となり，各区間の往復回路の抵抗を$R=0.18$〔Ω〕とすると，次の関係式が成り立ちます．

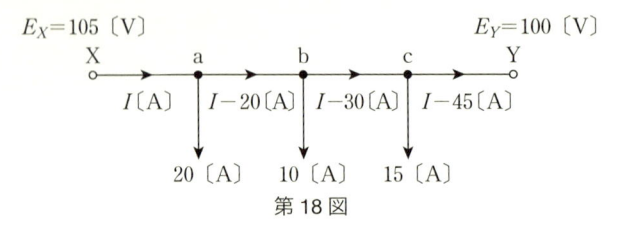

$E_X=105$〔V〕　　　　　　　　　　　　　　$E_Y=100$〔V〕

X————a————b————c————Y

I〔A〕　$I−20$〔A〕　$I−30$〔A〕　$I−45$〔A〕

20〔A〕　10〔A〕　15〔A〕

第18図

$$E_X - IR - (I-20)R - (I-30)R - (I-45)R = E_Y$$
$$E_X - (4I - 95)R = E_Y \qquad ①$$

①式より，X端からaに流れ込む電流I〔A〕は，

$$I = \frac{E_X - E_Y + 95R}{4R}$$

$$= \frac{105 - 100 + 95 \times 0.18}{4 \times 0.18} ≒ 30.7 \text{〔A〕}$$

(b)　各区間の電流値と方向を求めます．

X−a間：$I = 30.7$〔A〕
　　　　X→a
a−b間：$I - 20 = 30.7 - 20 = 10.7$〔A〕
　　　　a→b
b−c間：$I - 30 = 30.7 - 30 = 0.7$〔A〕
　　　　b→c
c−Y間：$I - 45 = 30.7 - 45 = -14.3$〔A〕
　　　　電流値が負となったため，方向はY→c

【問題 4】 (a) 74 950〔V〕, (b) 26 850〔kvar〕

(a) 第 19 図より,負荷の電力 P〔W〕,負荷力率 $\cos\theta$(遅れ)とすると,線路電流 I〔A〕は,

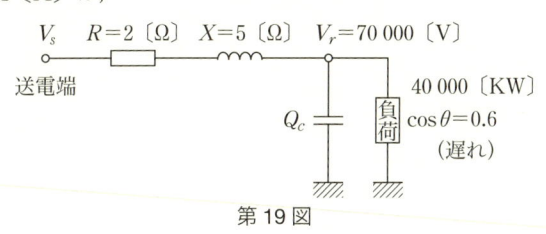

```
   V_s    R=2〔Ω〕  X=5〔Ω〕   V_r=70 000〔V〕
   ○──/\/\/\──mmm──┬──────┬
                    │      │  40 000〔KW〕
   送電端           Q_c    負荷 cosθ=0.6
                    │      │   (遅れ)
   ━━━━━━━━━━━━━━━━┷━━━━━━┷
```
第 19 図

$$I = \frac{P}{\sqrt{3}\,V_r \cos\theta}$$

$$= \frac{40\,000 \times 10^3}{\sqrt{3} \times 70\,000 \times 0.6} = \frac{20\,000}{21\sqrt{3}} \text{〔A〕}$$

送電端線間電圧 V_s〔V〕,受電端線間電圧 V_r〔V〕,1条当たりの線路インピーダンス $R+jX$〔Ω〕,線路電流 I〔A〕とすると,線路の電圧降下 v〔V〕は,

$$v = V_s - V_r = \sqrt{3}\,I(R\cos\theta + X\sin\theta)$$

$$= \sqrt{3} \times \frac{20\,000}{21\sqrt{3}} \times (2 \times 0.6 + 5 \times \sqrt{1-0.6^2})$$

$$\fallingdotseq 4\,950 \text{〔V〕}$$

送電端変電所の電圧 V_s〔V〕は,

$$V_s = V_r + v = 70\,000 + 4\,950 = 74\,950 \text{〔V〕}$$

(b) コンデンサ設置後の受電端線間電圧 $V_r'=72\,000$〔V〕のときの電圧降下 v'〔V〕は,

$$v' = V_s - V_r' = 74\,950 - 72\,000 = 2\,950 \text{〔V〕}$$

また,電圧降下 v'〔V〕は,コンデンサ設置後の負荷力率 $\cos\theta'$,線電流 I' とすると,

$$v' = \sqrt{3}\,I'(R\cos\theta' + X\sin\theta') \qquad ①$$

コンデンサ設置後の有効分電流 $I'\cos\theta'$〔A〕は,

$$I'\cos\theta' = \frac{P}{\sqrt{3}\,V_r'} = \frac{40\,000 \times 10^3}{\sqrt{3} \times 72\,000} = \frac{5\,000}{9\sqrt{3}} \text{〔A〕}$$

①式より,無効分電流 $I'\sin\theta'$〔A〕は,

447

総合問題の解答・解説

$$I'\sin\theta' = \frac{v' - \sqrt{3}\, RI'\cos\theta}{\sqrt{3}\, X}$$

$$= \frac{2\,950 - \sqrt{3} \times 2 \times \dfrac{5\,000}{9\sqrt{3}}}{\sqrt{3} \times 5} \fallingdotseq 212.3 \,\text{〔A〕}$$

コンデンサ設置後の工場の無効電力 Q'〔kvar〕は，

$$Q' = \sqrt{3}\, V_r' I' \sin\theta'$$

$$= \sqrt{3} \times 72\,000 \times 212.3 = 26\,475 \times 10^3 \fallingdotseq 26\,480 \,\text{〔kvar〕}$$

コンデンサ設置前の工場の無効電力 Q〔kvar〕は，

$$Q = \frac{P}{\cos\theta}\sqrt{1 - \cos^2\theta}$$

$$= \frac{40\,000 \times 10^3}{0.6} \times \sqrt{1 - 0.6^2} = 53\,333 \times 10^3 \fallingdotseq 53\,330 \,\text{〔kvar〕}$$

コンデンサ容量 Q_c〔kvar〕は，

$$Q_c = Q - Q'$$

$$= 53\,330 - 26\,480 = 26\,850 \,\text{〔kvar〕}$$

【問題5】 (a) 191〔V〕, (b) 0.191〔A〕

(a) 配電線各線の相電圧を V_A, V_B, V_C, 相回転を A−B−C とし，配電線 C 相で完1線地絡が生じると第20図に示すようなベクトル図となり，接地形計器用変圧器の一次側巻線には C 相以外の A 相，B 相巻線に線間電圧が加わります．

また，接地形計器用変圧器の二次側にはそれに対応した電圧が生じます．変圧比が 6 600/110〔V〕であるから各巻線に加わる電圧は，

　　　一次側：$V_{CA} = V_{CB} = 6\,600$〔V〕

　　　二次側：$v_{ca} = v_{cb} = 110$〔V〕

接地形計器用変圧器の二次側端子 XY 間に生じる電圧 V_O〔V〕はベクトル図より，

$$V_O = 2 v_{ca} \cos 30° = \sqrt{3}\, v_{ca} = \sqrt{3} \times 110 \fallingdotseq 191 \,\text{〔V〕}$$

(b) 制限抵抗 $R = 50$〔Ω〕に通じる電流 I〔A〕は，

$$I = \frac{V_o}{R} = \frac{191}{50} = 3.82 \text{ (A)}$$

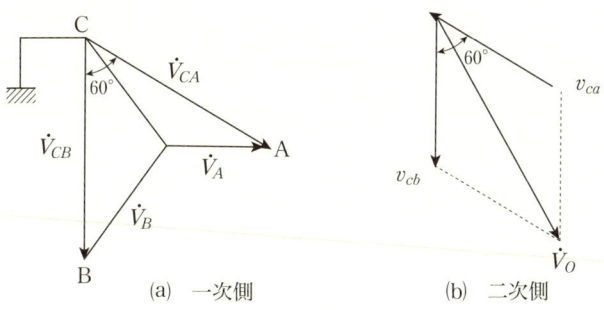

(a) 一次側 (b) 二次側

第20図

　接地形計器用変圧器の一次側巻線に対応する電流が各巻線に流れます．その値 I_1 〔A〕は，

$$I_1 = I \times \frac{110}{6\,600} = 3.82 \times \frac{110}{6\,600} \text{ (A)}$$

　各巻線に流れる電流は同相となりますから，接地形計器用変圧器の接地線に通じる電流 I_g 〔A〕は，

$$I_g = 3I_1 = 3 \times 3.82 \times \frac{110}{6\,600} = 0.191 \text{ (A)}$$

【問題6】 (a) 51.4〔kV・A〕，(b) 30〔kV・A〕

(a) 誘導電動機の出力 P_n〔kW〕，力率 $\cos\theta$，効率 η とすると皮相電力 S〔kV・A〕は，

$$S = \frac{P_n}{\cos\theta \times \eta} = \frac{37}{0.8 \times 0.9} \fallingdotseq 51.4 \text{ (kV・A)}$$

(b) 単相変圧器1台の所要定格容量 P_T〔kV・A〕は，$\sqrt{3}\,P_T = S$ より，

$$P_T = \frac{S}{\sqrt{3}} = \frac{51.4}{\sqrt{3}} \fallingdotseq 29.7 \fallingdotseq 30 \text{ (kV・A)}$$

第9章　電気材料

【問題1】 (5)
(5) 硬銅線は架空送電線路や配電線路の電線に使用し，軟銅線は変圧器，回

転機の巻線材料や電力ケーブルの導体に用いられます．

【問題2】(4)
(4) 鋼心アルミより線は硬銅より線よりも導電率が小さいため，連続許容電流が同じ場合においては，鋼心アルミより線の方が電線の外径が大きくなります．
また，電線の外径が大きくなると，コロナは発生しにくくなります．

【問題3】(3)
(3) 太い導体に電流が流れる場合，電流は導体断面に一様に分布するのではなく，内部に生ずる磁束のため電流は中心部に流れにくく，導体表面に偏って流れます．これを電線の表皮効果といいます．
導体の断面積は等価的に減少し，抵抗値は増え，電力損失は増加します．
また，高周波になるほど電流の流れは表面に集中しますので，表皮効果は大きくなります．

【問題4】(3)
(3) 金属黒鉛ブラシは，接触抵抗が小さく，小電圧大電流用に用いられています．
炭素ブラシは，接触抵抗が大きく整流機能が良好で，機械的に強いため，小容量の低速度，中電圧の直流機に用いられています．
黒鉛ブラシは，電流密度を大きくとれ，高速時の摩擦が少ないため，高速用，大容量の直流機に用いられています．

【問題5】(3)
(3) 六ふっ化硫黄ガスは，2気圧に圧縮すると絶縁油と同様の絶縁耐力であり，アークを消弧する性能も優れています．

【問題6】(2)
(2) 絶縁材料では，誘電正接の小さい材料が使用されています．

450

索 引

あ

アークホーン……………………………240
アーマロッド……………………………240
アモルファス……………………………409
アルミニウム線…………………………403
圧力継電器………………………………362
圧力水頭……………………………………2
油遮断器…………………………………154
暗きょ式…………………………………294

い

インダクタンス…………………………210
硫黄…………………………………………57
異常電圧…………………………………161
位置水頭……………………………………2
異容量V結線……………………………337

う

渦電流損…………………………………407

え

エレクトロンボルト……………………104
エンタルピー……………………………46
エントロピー……………………………46
塩害…………………………………203, 250

お

オーム法…………………………………367
オフセット………………………………249
屋外用架橋ポリエチレン絶縁電線……383
屋外用ビニル絶縁電線…………………383
屋外用ポリエチレン絶縁電線…………383

か

がいしの種類……………………………238
ガイドベーン………………………………14
ガス圧力継電器…………………………193
カスケーディング………………………317
ガス遮断器………………………………155
ガス絶縁開閉装置………………………157
ガスタービン発電…………………………91
ガバナ………………………………………23
カプラン水車………………………………16
加圧水型軽水炉…………………………112
界磁喪失……………………………………86
外導水トリー……………………………292
開閉器……………………………………384
過給機……………………………………128
過給ボイラ方式……………………………98
過剰空気量…………………………………58
過電流継電器………………190, 192, 193, 362
過電流継電器の整定……………………372
過電流継電器の接続……………………370
過電流継電器の特性……………………371
過熱器………………………………………66
架空地線…………………………………254
格差絶縁方式……………………………386
核燃料……………………………………107
核分裂……………………………………104
核分裂生成物……………………………104
可変速揚水…………………………………34
乾き蒸気……………………………………45
貫流ボイラ…………………………………65
管路式……………………………………293

き

キャビテーション…………………………19
ギャロッピング…………………………247
給水加熱器…………………………………76
給水加熱方式………………………………97
給水ポンプ…………………………………76
強制循環ボイラ……………………………63

く

クロスフロー水車…………………………18
クロスボンド接地方式…………………304
空気遮断器………………………………154
空気比………………………………………58
空気予熱器…………………………………66
空洞現象……………………………………19

け

けい素鋼板………………………………408
計器用変圧器……………………………187
軽水炉……………………………………111
原子核……………………………………104
原子燃料サイクル………………………123

451

索引

原子炉の5重の障壁	119
原子炉の種類	111
減速材	108
顕熱	44

こ

コージェネレーションシステム	141
コロナ開始電圧	233
コロナ雑音	244
コロナ損	244
コロナ放電	244
コンバインドサイクル発電	94
高圧カットアウト	363
高圧限流ヒューズ	393
高圧配電線路の雷害対策	386
高圧配電方式	314
高速増殖炉	111, 115
高速中性子炉	107
高速度過電流継電器	362
鋼心アルミより線	232
鋼心イ号アルミ合金より線	232
鋼心耐熱アルミ合金より線	232
光電効果	134
硬銅より線	232
交流励磁方式	80
故障点測定法	307
混圧タービン	72

さ

サージ	10
サージタンク	10
サイクル効率	48
サイリスタ励磁方式	81
再生サイクル	50
再生タービン	72
再熱器	66
再熱サイクル	49
再熱タービン	71
再閉路継電器	363
酸化亜鉛形避雷器	160
三相3線式	332
三相4線式	332
三相短絡電流	199

し

シース損	299
磁気遮断器	156
磁性材料	404
磁性体	404

軸電流	85
支持物	235
止水弁	11
自然循環ボイラ	63
実際空気量	58
質量欠損	104
湿り蒸気	45
遮断器	154, 384
遮へい材	109
斜流水車	15
集じん装置	67
樹枝状方式	314, 316
取水口	10
蒸気タービン	71
衝撃圧力継電器	191, 193
衝動水車	13
衝動タービン	71
使用済燃料	122
所内比率	61
新形転換炉	114
真空遮断器	156
進相運転	84

す

スパイラルロッド	248
スペーサ	241
スポットネットワーク方式	320
スリートジャンプ	246
水圧変動率	39
水撃作用	10, 11
水車	13
水素	57
水槽	10
水素冷却	79
水頭	2
水力発電所	7
水力発電所の出力	22
水路式発電所	7
吸出し管	19

せ

制圧機	14
制御材	109
制動巻線	27
静止形無効電力補償装置	168
静止形励磁方式	80
静電誘導	267
静電容量	211
絶縁材料	411

452

雪害……………………………………246	着氷雪対策…………………………246
節炭器…………………………………66	抽気タービン…………………………72
接地形計器用変圧器………………378	中距離送電線………………………225
潜熱……………………………………44	中性子………………………………104
線路定数……………………………208	中性点接地方式……………………257
	調相設備…………………………149, 165
そ	調相設備の設置目的………………228
送電損失……………………………218	調速機…………………………………23
送電損失の軽減対策………………220	直撃雷…………………………161, 252
送電損失率…………………………218	直接埋設式…………………………293
送電端熱効率…………………………61	直流送電方式………………………280
送電力………………………………222	直列ギャップ付き避雷器…………160
速度水頭………………………………2	沈砂池…………………………………10
速度調定率……………………………24	
速度変動率…………………………24, 38	**つ**
続流…………………………………159	通風装置………………………………66
損失水頭………………………………3	
	て
た	ディーゼル発電……………………128
たるみ………………………………277	低圧配電方式………………………316
タービン効率…………………………59	低圧バンキング方式………………317
タービン室効率………………………60	低圧ヒューズ………………………363
タービン発電機………………………78	低濃縮ウラン…………………104, 122
ダム式発電所…………………………7	抵抗…………………………………208
ダム水路式発電所……………………8	抵抗損……………………………218, 298
ダンパ………………………………240	鉄損…………………………………406
大気汚染対策…………………………88	電圧降下…………………216, 343, 347
太陽光発電…………………………134	電圧降下率…………………………217
太陽電池……………………………134	電圧上昇率……………………………38
耐雷ホーン…………………………386	電圧調整……………………………356
脱気器…………………………………76	電線の種類…………………………231
多導体………………………………232	電力系統の安定度向上対策………273
炭素……………………………………57	電力系統の短絡容量低減対策……275
単相2線式…………………………323	電力損失……………………………343
単相3線式…………………………323	電力用ケーブルの接地……………302
断路器………………………………157	電力用ケーブルの電力損失………298
	電力用ケーブルの布設方法………293
ち	電力用コンデンサ…………………165
チューブラ水車………………………17	天然ウラン…………………………104
遅相運転………………………………84	
弛度…………………………………277	**と**
地熱貯留層…………………………137	ドップラー効果……………………120
地熱発電……………………………137	同期調相機…………………………167
地絡過電圧継電器………191, 192, 193, 362	導水路…………………………………10
地絡過電流継電器………191, 192, 193, 362	導電材料……………………………402
地絡継電器…………………………377	導電率………………………………208
地絡継電器付きPAS………………393	銅線…………………………………402
地絡方向継電器…………………190, 363	
地絡方向継電器の接続……………379	

索引

な
内導水トリー……………………………292
難着雪電線………………………………249

に
ニードル弁…………………………………13

ね
ねん架……………………………………214
熱効率向上策………………………………52
熱サイクル…………………………………48
熱損失………………………………………50
熱中性子炉………………………………107
熱量…………………………………………44
燃焼…………………………………………55
燃料…………………………………………54
燃料改質装置……………………………140
燃料電池発電……………………………140

は
パーセント法……………………………367
バランサの設置…………………………329
パルス法…………………………………309
バルブ水車…………………………………17
パワーコンディショナ…………………135
背圧タービン………………………………71
排気再燃方式………………………………96
排気助燃方式………………………………97
排熱回収方式………………………………97
配電線……………………………………314
配電線過電流継電器……………………362
発電機効率…………………………………60
発電出力……………………………………30
発電端熱効率………………………………60
発電電動機の始動方式……………………30
反射材……………………………………108
反動水車……………………………………13
反動タービン………………………………71

ひ
ヒステリシス曲線………………………405
ヒステリシス損…………………………406
引込み用ビニル絶縁電線………………383
比速度………………………………………21
比率差動継電器……………………190, 193
微風振動…………………………………242
標準気圧……………………………………44
避雷器……………………………………159

ふ
フェランチ効果…………………………225
フライホイール…………………………129
ブラシレス励磁方式………………………80
フラッシオーバ…………………………250
フランシス水車……………………………14
プルサーマル……………………………122
プロペラ水車………………………………15
風力発電…………………………………130
負荷開閉器………………………………157
複合サイクル発電方式……………………94
復水器………………………………………75
復水タービン………………………………71
復水ポンプ…………………………………76
不足電圧継電器…………………………362
不平衡負荷…………………………………85
沸騰水型軽水炉…………………………113
分路リアクトル…………………………166

へ
ペルトン水車………………………………13
ベルヌーイの定理…………………………3
ペレット…………………………………122
変圧器……………………………………171
変圧器の結線方式………………………172
変圧器の絶縁油…………………………178
変圧器の並行運転………………………182
変圧器の保護継電装置…………………190
変圧器の冷却方式………………………177
変流器……………………………………187

ほ
ボイド効果………………………………121
ボイラ………………………………………63
ボイラ効率…………………………………59
ボウタイトリー…………………………292
ポンプ入力…………………………………30
放電クランプ……………………………387
飽和蒸気……………………………………44
母線………………………………………150

ま
マーレーループ法………………………308

み
水トリー…………………………………291
水冷却………………………………………79

ゆ

誘電損 …………………………………… 298
誘導障害 ………………………………… 267
誘導雷 ……………………………… 161, 252

よ

揚水発電所 ………………………………… 30
容量法 …………………………………… 309

ら

ランキンサイクル ………………………… 48
ランナベーン ……………………………… 13

り

力率改善 ………………………………… 351
流況曲線 …………………………………… 5
理論空気量 ……………………………… 57
臨界質量 ………………………………… 105
臨界状態 ………………………………… 105

る

ループ方式 ……………………………… 315

れ

レギュラネットワーク方式 ……………… 317
冷却材 …………………………………… 108
冷却方式 ………………………………… 79
零相変流器 ……………………………… 188
劣化診断法 ……………………………… 306
連鎖反応 ………………………………… 105
連続の原理 ………………………………… 3

ろ

六ふっ化硫黄ガス ……………………… 157

B

BWR ……………………………………… 113

C

CT ………………………………………… 187
CVT ケーブル …………………………… 290
CV ケーブル ……………………… 289, 383

D

DGR ……………………………………… 190
DV 線 …………………………………… 383

E

EVT ……………………………………… 378

G

GIS ……………………………………… 157

L

LNG ……………………………………… 55

M

MOX 燃料 ……………………………… 123

O

OCGR …………………………………… 191
OCR ……………………………………… 190
OC 線 …………………………………… 383
OE 線 …………………………………… 383
OF ケーブル …………………………… 288
OVGR …………………………………… 191
OW 線 ………………………………… 383

P

$P-v$ 線図 ………………………………… 48
PWR ……………………………………… 112

R

RC ……………………………………… 167

S

SC ……………………………………… 165
SF_6 ……………………………………… 157
ShR ……………………………………… 166
SVC ……………………………………… 168

T

$T-s$ 線図 ………………………………… 48

V

VT ……………………………………… 187
V－V 結線 ……………………………… 173
V 結線電灯動力共用方式 ……………… 337
V 結線配電方式 ………………………… 337

Y

Y－△ 結線 ……………………………… 173
Y－Y－△ 結線 ………………………… 172
Y－Y 結線 ……………………………… 172

455

Z

ZCT ································· 188

数字

1線断線故障 ························· 375
1線地絡故障 ···················· 262, 374

記号

△－△結線 ························· 173
△－Y結線 ··························· 173
％インピーダンス ··················· 195

野村　浩司
●著者略歴
　1979年3月　　愛知県立一宮工業高等学校電気科卒業
　1979年4月　　中部電力㈱入社
　　　　　　　以降，変電所の運転・保守，500〔kV〕〜22〔kV〕
　　　　　　　送電線および発変電所の系統運用・運転業務に従事
　2005年　　　第一種電気主任技術者試験合格

●著書
　戦術で覚える　電験2種　二次計算問題　（電気書院）

　　　　　　　　　　　　　　　Ⓒ Hiroshi Nomura　2013

電験3種合格への道123　電力
2013年9月2日　第1版第1刷発行

著　者　野　村　浩　司
発行者　田　中　久米四郎
発　行　所
株式会社　電気書院
www.denkishoin.co.jp
振替口座　00190-5-18837
〒101-0051
東京都千代田区神田神保町1-3 ミヤタビル2F
電話　(03)5259-9160
FAX　(03)5259-9162

ISBN978-4-485-11922-8　C3354　　　　　日経印刷株式会社
Printed in Japan

◆万一，落丁・乱丁の際は，送料当社負担にてお取り替えいたします．
◆正誤のお問合せにつきましては，書名を明記の上，編集部宛に郵送・FAX（03-5259-9162）いただくか，当社ホームページの「お問い合わせ」をご利用ください．電話での質問はお受けできません．正誤以外の詳細な解説・受験指導は行っておりません．

JCOPY　〈㈳出版者著作権管理機構　委託出版物〉
本書の無断複写（電子化含む）は著作権法上での例外を除き禁じられています．複写される場合は，そのつど事前に，㈳出版者著作権管理機構（電話：03-3513-6969，FAX：03-3513-6979，e-mail：info@jcopy.or.jp）の許諾を得てください．
また本書を代行業者等の第三者に依頼してスキャンやデジタル化することは，たとえ個人や家庭内での利用であっても一切認められません．

多くの受験者に大好評の書籍

平成25年版 電験第3種 過去問題集

電験問題研究会 編
B5判／1109ページ　定価2,520円(5%税込)
ISBN978-4-485-12123-8

平成24年から平成15年まで
10年間の全問題・解説と解答

科目ごとに新しい年度の順に編集．
　各科目ごとの出題傾向や出題範囲の把握に役立ちます．また、各々の問題に詳しい解説と、できるだけイメージが理解できるよう図表をつけることにより、解答の参考になるようにしました．
　学習時にはページをめくることなく本を置いたまま学習できるよう、問題は左ページに、解説・解答は右ページにまとめてあります．
　本を開いたままじっくり問題を分析することも、右ページを付録のブラインドシートで隠すことにより、本番の試験に近い形で学習できます．

過去問徹底攻略
- 学習しやすい見開き構成
- 解説・解答部を隠せるブラインドシート付き
- 多くの図表でイメージがつかめる

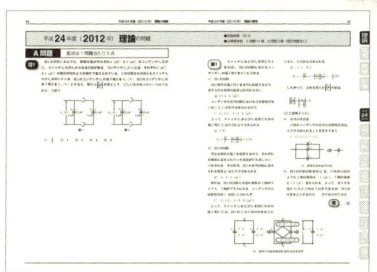

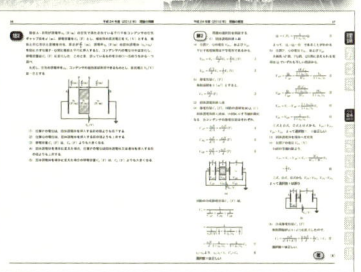

この書籍は、毎年、当年の試験問題を収録した翌年の試験対応版が発行されます．過去問題の征服は合格への第一歩、新しい問題集で学習されることをお勧めします．
（表示しているコード、ページ数は毎年変わります．価格は予告なしに変更することがあります）

全国の書店でお求めいただけます．電話・FAX・ホームページにてもお申し込みいただけます．
ご注文1回につき送料が300円かかります．
電気書院　営業部　TEL：03-5259-9160　FAX：03-5259-9162　ホームページ：http://www.denkishoin.co.jp/

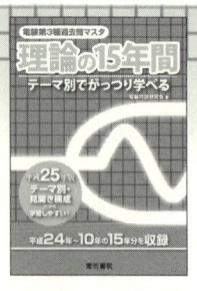

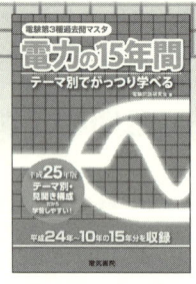

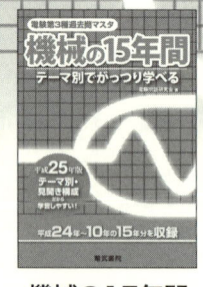

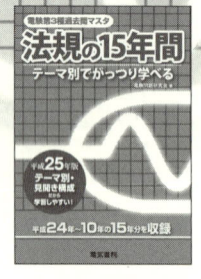

電験第3種
過去問マスタ

テーマ別でがっつり学べる
平成24年～10年の15年分を収録

平成25年版
テーマ別・見開き構成
だから学習しやすい!

理論の15年間
ISBN978-4-485-11841-2
A5判／428ページ
定価 2,520円

電力の15年間
ISBN978-4-485-11842-9
A5判／344ページ
定価 2,310円

機械の15年間
ISBN978-4-485-11843-6
A5判／456ページ
定価 2,520円

法規の15年間
ISBN978-4-485-11844-3
A5判／357ページ
定価 2,310円

表記の定価は、5%税込価格です。

電験第3種の問題において、平成24年より平成10年までの過去15年間の問題を、各テーマごとに分類し編集したものです。
各科目ごとに問題をいくつのテーマ、いくつかの章にわけ、さらに問題の内容を系統ごとに並べて収録しています。
各章ごとにどれだけの問題が出題されているか一目瞭然で把握でき、また出題傾向や出題範囲の把握にも役立ちます。

各科目をテーマ毎に収録

問題は左頁 解答は右頁

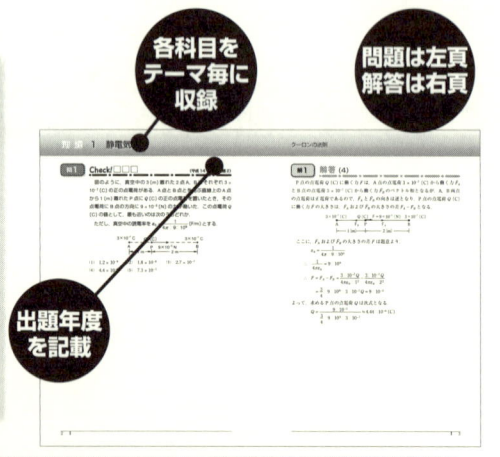

出題年度を記載

この書籍は、毎年、当年の試験問題を収録した翌年の試験対応版が発行されます。過去問題の征服は合格への第一歩。新しい問題集で学習されることをお勧めします。
（表示しているコード、ページ数は毎年変わります。価格は予告なしに変更することがあります）

全国の書店でお求めいただけます。電話・FAX・ホームページにてもお申し込みいただけます。
ご注文1回につき送料が300円かかります。
電気書院 営業部 TEL：03-5259-9160 FAX：03-5259-9162 ホームページ：http://www.denkishoin.co.jp/

はじめての受験者・計算問題が苦手な受験者に最適
電験3種計算問題早わかり
図形化解法マスタ

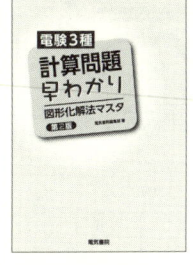

電気計算編集部 著
A5判／230ページ
定価2,100円（5%税込）
ISBN978-4-485-12019-4

計算問題を征服するには、電気の公式や数学の公式をマスタしなければなりません。

本書では、電気の公式や数学の公式を覚えていても、なかなか解けない計算問題を、ほかの参考書・問題集などにある解答・解法とは全く異なるユニークな【図形化解法】を使い、4科目で出題される計算問題の考え方・解き方を取り上げて解説しています。

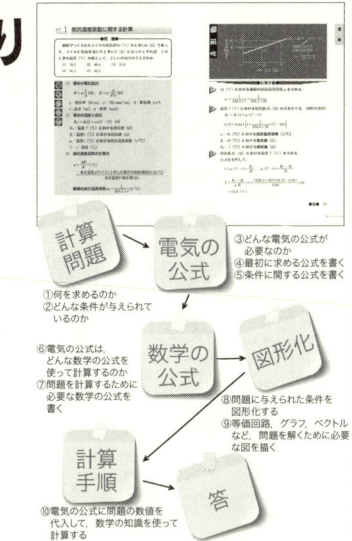

公式と重要事項を覚えて得点UP！
電験第3種
よくでる公式と重要事項

井手三男／松葉泰央 著
A5判　472ページ　定価2,730円（5%税込）
ISBN978-4-485-12015-6

本書は、中学・高校の基礎レベルの数学が理解でき、基本的な学習が一通り終わっている受験者、的を絞りきれずに学習に行き詰まってしまった受験者、公式を何処まで覚えていいかわからない受験者を対象としています。出題テーマごとによくでる公式や重要事項がまとめられているので、効率のよい学習ができます。公式・重要事項はひと目でわかるようになっており、公式や重要事項から例題の学習ができるように構成されています。

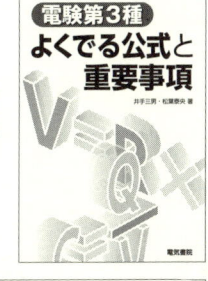

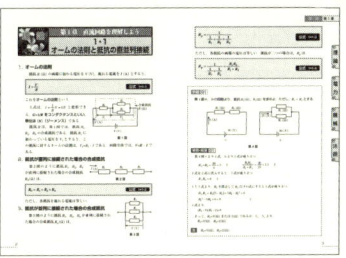

全国の書店でお求めいただけます。電話・FAX・ホームページにてもお申し込みいただけます。
ご注文1回につき送料が300円かかります。
電気書院　営業部　TEL：03-5259-9160　FAX：03-5259-9162　ホームページ：http://www.denkishoin.co.jp/

合格したい人のための月刊誌

B5判・毎月12日発売・送料100円
通常号 定価1,550円（税込）
特大号 定価1,850円（税込）

電気計算

● 電験第3種／電験第2種／エネ管（電気）など
資格試験の情報が満載

● 平成26年度電験第3種
ポイント対策ゼミ掲載スケジュール

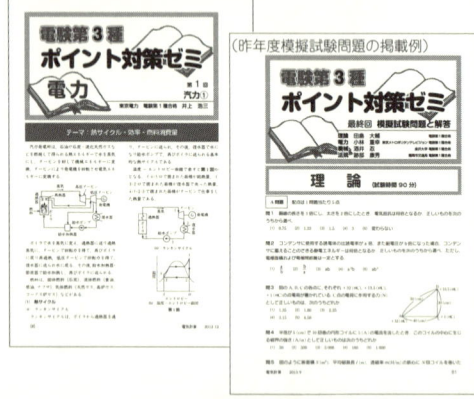

月号	理論	電力	機械	法規
12	静電気	汽力①	照明、電気化学	事業法
1	磁気	汽力②、原子力	自動制御	工事士法・用安法
2	直流回路	その他発電	情報	技術基準・解釈①
3	単相交流	水力	パワエレ	技術基準・解釈②
4	三相交流	電気材料、変電①	直流機	技術基準・解釈③
5	電子理論・その他	変電②	誘導機	技術基準・解釈④、施設・管理①
6	電子回路①	送電	同期機	施設・管理②
7	電子回路②	地中送電	変圧器	施設・管理③
8	電気計測	配電	電動機応用、電熱	施設・管理④
9	模擬試験			

編集の都合により，内容変更の場合があります。

（昨年度模擬試験問題の掲載例）

● 専門外の方でも読める実務記事やニュースも！
学校でも教えてくれない技術者としての常識、一般の書籍では解説されていない盲点、先端技術などを初級技術者、専門外の方が読んでもわかるように解説。電気に関する常識を身に付けるため、話題に乗り遅れないためにも必見の記事を掲載します。

少しでも安く、少しでもお得に購読してほしい！
特別価格の年間購読をご用意しております

お買い忘れることもなく、発売日には、ご自宅・ご勤務先などご指定の場所へお届けする、便利でお得な定期購読をおすすめします。

電気計算を弊社より直接定期購読された方限定の優待ポイント

Point 1 購読料金がダンゼン割り引き
3年購読の場合、定価合計との比較で、8,100円もお得です

Point 2 送料をサービス
購読期間中の送料はすべてサービスします

Point 3 追加料金は一切不要
購読期間中に定価や税率の改正等があっても追加の請求はしません

電気計算を弊社より直接定期購読された方限定の優待ポイント

1年間（12回） 18,900円（送料・税込）（定価合計 18,900円）
1冊当たり 1,575円　定価合計と同じですが、送料がお得

2年間（24回） 35,000円（送料・税込）（定価合計 37,800円）
1冊当たり 1,458円　およそ7.5%OFFとチョットお得

3年間（36回） 48,600円（送料・税込）（定価合計 56,700円）
1冊当たり 1,350円　およそ14.3%OFFとダンゼンお得

定期購読のお申込みは，小社に直接ご注文ください

○電　話　03-5259-9160
○ファクス　03-5259-9162
○インターネット　http://www.denkishoin.co.jp/

本誌は全国の大型書店にて発売されています。また、ご予約いただければどこの書店でもお取り寄せできます。
書店にてお買い求めが不便な方は、小社に電話・ファクシミリ・インターネット等で直接ご注文ください。